高等职业教育系列教材

涵盖从数据获取、预处理、分析、可视化到机器学习建模的完整流程

Python数据分析与应用项目教程

主　编｜刘瑞新
副主编｜张　啸　任宪臻　马光军

机械工业出版社
CHINA MACHINE PRESS

本书结合项目案例，系统介绍数据分析与应用的核心技术，涵盖了从数据获取、预处理、分析、可视化到机器学习建模的完整流程。全书共分为 10 个项目，循序渐进地讲解数据分析相关的关键概念、技术和工具。内容包括 Python 数据分析概述，Anaconda 开发环境与 JupyterLab 的使用，NumPy 的使用，Pandas 基础、数据预处理、数据分组与聚合分析，使用 Matplotlib 实现数据可视化，时间序列数据的处理与分析，文本数据的处理与分析，机器学习基础和综合案例等。每个项目均包含学习目标、知识链接、项目实施和习题，确保理论与实践结合，适合教师授课，能够边学边做。

本书适合作为高等职业院校大数据技术、人工智能等专业"数据分析与应用"或"数据分析与可视化"课程的教材，同样适用于 1+X（人工智能数据处理）职业技能等级证书课程，也适合数据分析初学者、数据分析工程师及相关培训机构学员学习。

本书提供丰富的教学资源包，包括微课视频、电子课件、课程标准、授课计划，以及书中所有例题、习题、案例的源代码、数据文件等资源。需要配套资源的教师可以登录 www.cmpedu.com 免费注册，审核通过后下载，或者联系编辑索取（微信：13261377872，电话：010-88379739）。

图书在版编目（CIP）数据

Python 数据分析与应用项目教程 / 刘瑞新主编. -- 北京：机械工业出版社，2025.7. -- （高等职业教育系列教材）. -- ISBN 978-7-111-78595-8

Ⅰ. TP312.8

中国国家版本馆 CIP 数据核字第 2025TP0464 号

机械工业出版社（北京市百万庄大街22号　邮政编码100037）
策划编辑：和庆娣　　　　　　　　　责任编辑：和庆娣　李培培
责任校对：张勤思　李可意　景　飞　责任印制：任维东
河北环京美印刷有限公司印刷
2025 年 8 月第 1 版第 1 次印刷
184mm×260mm・17.75 印张・462 千字
标准书号：ISBN 978-7-111-78595-8
定价：69.00 元

电话服务　　　　　　　　　　网络服务
客服电话：010-88361066　　　机　工　官　网：www.cmpbook.com
　　　　　010-88379833　　　机　工　官　博：weibo.com/cmp1952
　　　　　010-68326294　　　金　书　网：www.golden-book.com
封底无防伪标均为盗版　　机工教育服务网：www.cmpedu.com

Preface 前 言

"数据分析与应用"或"数据分析与可视化"课程是大数据技术、人工智能等专业的核心课程。本书基于 Python 生态系统，采用项目驱动的方式，系统介绍数据分析与可视化的核心技术，涵盖从数据获取、预处理、分析、可视化到机器学习建模的完整流程。全书共分为 10 个项目，按照循序渐进的方式讲解数据分析的关键概念、核心工具和实际应用，确保读者能够从基础起步，逐步掌握实战技能，并具备独立解决实际问题的能力。

本书的编写旨在满足高等职业院校大数据技术、人工智能等专业的"数据分析与应用"或"数据分析与可视化"课程的需求，同时紧密对接 1+X（人工智能数据处理）职业技能等级证书的知识体系，帮助学生实现"课证融合"，提升职业竞争力和就业能力。

本书特色如下。

1. 坚持正确政治方向，强化育人功能

坚持正确的政治方向和价值导向，全面贯彻党的教育方针，深入推动习近平新时代中国特色社会主义思想和党的二十大精神进教材。各项目均设置"素养目标"，有机融入思政元素，引导学生树立正确的人生观、世界观和价值观，加强职业精神塑造，提升职业素养，践行"育人的根本在于立德"的深刻内涵。

2. 服务国家战略，对接产业需求

紧密对接国家职业教育教学标准和相关行业标准，内容科学、规范，符合教情学情。注重服务国家战略，适应国家职业教育教学改革要求，以学生为中心，注重培养学生的职业综合素质和行动能力，强化教材的育人功能。

3. 结构设计科学，内容逻辑清晰

编排方式科学，内容设计具有整体性和逻辑性，框架清晰，循序渐进，层次分明，模块设置合理。文字、图片、视频等内容有机结合，满足不同教学场景的需求。

4. 突出职业性，校企合作共同开发

尊重高素质技能人才培养规律，对接产业高素质技能人才需求，打破传统学科逻辑体系，以岗位能力培养为主线，突出能力培养和技能提升。教材由教学一线的高校教师会同企业专家共同策划、编写，确保内容紧贴行业实际需求，体现职业教育特色，推进教材建设与行业企业的深度融合。

5. 课证融合，紧贴行业需求

内容紧密对接 1+X（人工智能数据处理）职业技能等级证书的知识体系，不仅满足高等职业院校相关专业的教学需求，还紧密结合职业技能等级证书的考核要求，通过"课证融合"助力学生顺利通过证书考试，提升职业竞争力和就业能力。

6. 课程设计充分体现"教师指导下的以学生为中心"的教学模式

课程设计以学生为认知主体，充分调动学生的积极性和能动性，重视学生自学能力的培养。由教师提出任务，学生独立设计并完成，提升学生的自主学习和实践能力。

7. 满足个性化学习需求，形式灵活多样

内容体现基础性与选择性，深度与广度同课程学习目标相匹配，适应学生的个性化、多样化学习需求。文字通顺流畅、简洁易懂，图、表与内容紧密配合，逻辑清晰，可读性强。

8. 注解详细，易于理解

书中代码均配有详细的注释，帮助初学者理解 Python 编程逻辑。这些案例覆盖数据分析中的常见任务，如学生成绩分析、餐厅订单数据分析、货品销售数据分析等，具备较强的实践性和可操作性。

9. 创新教学模式，强化实践导向

本书采用项目驱动方式，以项目为主线，每个知识点均结合实际案例讲解，采用"理论+实践"的模式。每个项目不仅包括详细的理论讲解，还配有实际案例分析，帮助学生将所学知识应用于实际问题，提高动手能力，培养数据驱动的思维模式。

10. 配套资源丰富，助力高效教学

本书提供完整的教学资源包，包括电子课件、课程标准（教学大纲）、授课计划，以及书中所有例题、习题、案例的源代码、数据文件等资源。这些资源满足弹性教学、分层教学等需要，充分应用数字技术，做到教材内容可更新。

本书可作为高等职业院校大数据技术、人工智能等专业"数据分析与应用"或"数据分析与可视化"课程的教材，也可作为 1+X（人工智能数据处理）职业技能等级证书的学习用书。同时，本书还可作为数据分析初学者、爱好者、工程师及相关培训机构学员的参考用书。

本书由刘瑞新主编，参加编写的有刘瑞新（项目 1 和项目 10）、张啸（项目 2 和项目 4）、马光军（项目 3 和项目 6）、徐小惠（项目 7）、任宪臻（项目 8 和项目 9）、刘克纯（项目 5 的 5.1~5.6 节）、韩建敏（项目 5 的 5.7 节）、庄恒（项目 5 的 5.8 节）。全书由刘瑞新教授统稿。

本书在编写过程中，广泛参考了国内外优秀的数据分析教材、相关学术文献和实际案例，在此对相关作者和研究人员表示由衷感谢。然而，由于编者水平有限，加之数据分析技术日新月异，书中难免存在不足之处，恳请广大师生批评指正。

我们衷心感谢所有使用本书的教师和学生，希望本书能在您的学习和教学过程中发挥积极作用，助力大家在数据分析与可视化的领域迈上新台阶！

编　者

二维码资源清单

序号	名称	二维码	页码	序号	名称	二维码	页码
1	1.2.1 下载 Anaconda 安装包		3	15	例6-4		134
2	1.2.2 安装 Anaconda 工具		5	16	例7-1		161
3	例1-1		15	17	例7-23		171
4	例1-3		16	18	例8-1		211
5	例2-1		24	19	例8-2		212
6	例2-7		25	20	例9-1		235
7	例2-19		31	21	例9-2		238
8	例3-1		52	22	例9-6		242
9	例3-6		54	23	10.2 导入模块与加载数据		261
10	例4-1		79	24	10.3.1 删除重复值、缺失值和修改金额格式		263
11	例4-17		89	25	10.3.2 异常值处理和偏态分布		265
12	例5-1		106	26	10.4.1 货品配送服务分析		267
13	例5-6		109	27	10.4.2 销售区域潜力分析		269
14	例6-3		132	28	10.4.3 商品质量分析		272

目录 Contents

前言

二维码资源清单

项目 1　Python 数据分析概述　1

1.1　数据分析概述　1
1.1.1　数据的定义与分类　1
1.1.2　数据分析的定义和内容　2

1.2　搭建数据分析与可视化开发环境　3
1.2.1　下载 Anaconda 安装包　3
1.2.2　安装 Anaconda　5

1.3　JupyterLab 的使用　7
1.3.1　启动 JupyterLab　7
1.3.2　配置 JupyterLab　8
1.3.3　JupyterLab 的界面　11
1.3.4　JupyterLab 的基本用法　13

习题　19

项目 2　数值计算库 NumPy　20

2.1　NumPy 模块的安装、导入与数组的概念　20
2.1.1　NumPy 模块的导入　20
2.1.2　NumPy 数组的概念　21

2.2　创建数组　23
2.2.1　数组的属性　23
2.2.2　使用 array() 函数创建数组　23
2.2.3　创建数组的其他方式　25
2.2.4　使用随机数模块生成随机数组　26

2.3　数组的数据类型　27
2.3.1　NumPy 的常用数据类型　28
2.3.2　查看数据类型　28
2.3.3　转换数据类型　29

2.4　数组元素的操作　30
2.4.1　整数索引和切片　30
2.4.2　花式索引　32
2.4.3　布尔索引　34
2.4.4　数组元素的添加、删除、修改和查询　35

2.5　数组的算术运算　38
2.5.1　形状相同的数组间运算　39
2.5.2　形状不同的数组间运算　39
2.5.3　数组与标量间的运算　40
2.5.4　数组的布尔运算　40

2.6　数组的重塑与转置　41
2.6.1　数组的重塑　41
2.6.2　数组的转置　42

2.7　数组的读、写文件操作　44
2.7.1　读、写文本文件　44
2.7.2　读、写 CSV 文件　45

2.8 案例：高等数学考试成绩数据
　　　分析 ·· 46
　　2.8.1 案例简介 ·································· 46

2.8.2 案例实现 ·································· 46
习题 ·· 48

项目 3　数据分析库 Pandas 基础 ·················· 49

3.1 Pandas 模块的导入与数据
　　　结构 ·· 49
　　3.1.1 Pandas 模块的导入 ····················· 49
　　3.1.2 Pandas 的数据结构 ····················· 49
3.2 Pandas 对象的创建 ······················· 51
　　3.2.1 创建 Series 对象 ························· 51
　　3.2.2 创建 DataFrame 对象 ················· 53
3.3 Pandas 对象的属性和方法 ············ 56
　　3.3.1 Series 对象的常用属性和方法 ····· 56
　　3.3.2 DataFrame 对象的常用属性和方法 ··· 57
3.4 索引和切片 ··································· 58
　　3.4.1 Series 的索引和切片 ···················· 58
　　3.4.2 DataFrame 的索引和切片 ············ 60
3.5 数据编辑 ······································· 62
　　3.5.1 增加数据 ··································· 62

3.5.2 修改数据 ··································· 63
3.5.3 删除数据 ··································· 65
3.6 算术运算与数据对齐 ····················· 66
3.7 数据排序 ······································· 68
3.8 统计计算与描述 ···························· 70
3.9 Pandas 的文件操作 ······················· 72
　　3.9.1 读写 CSV 和 TXT 文件的数据 ···· 72
　　3.9.2 读写 Excel 文件的数据 ··············· 73
3.10 案例：学生考试成绩数据
　　　分析 ·· 75
　　3.10.1 案例简介 ································ 75
　　3.10.2 案例实现 ································ 75
习题 ·· 77

项目 4　Pandas 数据预处理 ···························· 79

4.1 数据清洗 ······································· 79
　　4.1.1 缺失值的处理 ···························· 79
　　4.1.2 重复值的处理 ···························· 83
　　4.1.3 异常值的处理 ···························· 85
4.2 数据合并 ······································· 88
　　4.2.1 主键合并 ··································· 88
　　4.2.2 堆叠合并 ··································· 89
　　4.2.3 根据索引合并 ···························· 90
　　4.2.4 合并重叠数据 ···························· 91
4.3 轴向旋转 ······································· 91

4.4 转换数据类型 ······························· 93
4.5 数据转换 ······································· 95
　　4.5.1 面元划分 ··································· 95
　　4.5.2 哑变量处理 ······························· 96
4.6 案例：学生综合考试成绩数据
　　　分析 ·· 98
　　4.6.1 案例简介 ··································· 98
　　4.6.2 案例实现 ··································· 98
习题 ·· 101

VII

项目 5　Pandas 数据分组与聚合分析 ……104

- 5.1　数据分组与聚合概述 …… 104
- 5.2　数据分组 …… 105
  - 5.2.1　groupby()方法的基本语法 …… 105
  - 5.2.2　按单个列分组 …… 106
  - 5.2.3　按多个列分组 …… 107
  - 5.2.4　按函数分组 …… 107
- 5.3　数据聚合 …… 108
  - 5.3.1　常用的聚合函数 …… 108
  - 5.3.2　自定义聚合函数 …… 109
- 5.4　多重聚合与聚合结果的格式化 …… 110
  - 5.4.1　通过agg()方法聚合函数 …… 110
  - 5.4.2　聚合结果的格式化与自定义名称 …… 112
- 5.5　分组后的筛选与排序 …… 113
  - 5.5.1　筛选特定分组 …… 113
  - 5.5.2　按条件筛选组内数据 …… 114
  - 5.5.3　对分组结果排序 …… 115
  - 5.5.4　对分组排序结果重置索引 …… 116
- 5.6　分组中的缺失值处理 …… 116
  - 5.6.1　在分组时处理缺失值 …… 116
  - 5.6.2　填充缺失值与丢弃缺失数据 …… 117
  - 5.6.3　处理分组后数据的异常值 …… 118
- 5.7　分组与聚合操作应用实例 …… 119
  - 5.7.1　销售数据按地区分组聚合 …… 119
  - 5.7.2　学生成绩按科目和班级分组统计 …… 120
  - 5.7.3　按部门和职位对员工薪资进行聚合 …… 121
- 5.8　案例：连锁超市销售数据分析与可视化 …… 122
  - 5.8.1　案例简介 …… 122
  - 5.8.2　案例实现 …… 122
- 习题 …… 126

项目 6　使用 Matplotlib 实现数据可视化 ……128

- 6.1　Matplotlib 库基础 …… 128
  - 6.1.1　图表的基本组成 …… 128
  - 6.1.2　Matplotlib 库绘图的层次结构 …… 129
  - 6.1.3　创建简单图表的基本流程 …… 130
  - 6.1.4　创建子图 …… 133
- 6.2　绘制常用图表 …… 136
  - 6.2.1　绘制折线图 …… 136
  - 6.2.2　绘制散点图 …… 139
  - 6.2.3　绘制条形图 …… 140
  - 6.2.4　绘制直方图 …… 142
  - 6.2.5　绘制饼形图 …… 143
  - 6.2.6　绘制面积图 …… 145
  - 6.2.7　绘制热力图 …… 146
  - 6.2.8　绘制雷达图 …… 148
  - 6.2.9　绘制 3D 图形 …… 149
- 6.3　案例：餐厅订单数据分析与可视化 …… 151
  - 6.3.1　案例简介 …… 151
  - 6.3.2　案例实现 …… 152
- 习题 …… 158

项目 7　时间序列数据的处理与分析 ……159

- 7.1　时间序列概述 …… 159
  - 7.1.1　时间序列的定义 …… 159

7.1.2	时间相关的四类核心对象	159
7.1.3	时间序列数据的使用	160

7.2 时间戳与计算 161

7.2.1	创建时间戳对象	161
7.2.2	创建时间戳索引对象	162
7.2.3	创建以时间戳索引为索引的数据对象	163
7.2.4	获取时间序列子集	164
7.2.5	创建固定频率的时间戳索引对象	166
7.2.6	时间戳对象常用的属性和方法	168
7.2.7	时间序列的频率参数	169
7.2.8	时间序列的移动	170

7.3 时期与计算 172

7.3.1	创建时期对象	173
7.3.2	创建时期索引	174
7.3.3	创建固定频率的时期索引	174
7.3.4	创建以时期索引为索引的数据对象	175

7.4 时间差与计算 176

7.4.1	创建时间差对象	177
7.4.2	时间差索引	178
7.4.3	创建以时间差索引为索引的数据对象	180

7.5 日期偏移量与计算 181

7.5.1	日期偏移量别名	181
7.5.2	锚定偏移量	183

7.5.3	创建自定义 DateOffset 对象	184
7.5.4	日期偏移量的 rollforward()和 rollback()方法	184
7.5.5	在 Series 或 DatetimeIndex 中使用日期偏移量	185

7.6 时间序列类型转换 186

7.6.1	日期时间转为时间戳 to_datetime()函数	186
7.6.2	时间戳转为时期 to_period()方法	187
7.6.3	时期转为时间戳 to_timestamp()方法	189
7.6.4	转换为时间差的 pd.to_timedelta()函数	190

7.7 重采样 191

7.7.1	重采样方法	191
7.7.2	降采样	193
7.7.3	升采样	195

7.8 滑动窗口 196

7.9 时间序列数据中的分组与聚合操作 198

7.10 案例：餐厅订单数据分析与可视化（基于时间特征） 201

7.10.1	案例简介	201
7.10.2	案例实现	201

习题 207

项目 8　文本数据的处理与分析 209

8.1 文本数据分析工具概述 209

8.1.1	NLTK 和 jieba 简介	209
8.1.2	安装 NLTK 和 jieba	210
8.1.3	NLP 的处理流程	211

8.2 文本预处理 211

8.2.1	分词	211
8.2.2	词性标注	213
8.2.3	词形归一化	215
8.2.4	去除停用词	216

8.3 文本情感分析 218

8.3.1	文本情感分析的基本概念	218
8.3.2	使用情感词典进行情感分析	219

8.4 文本相似度与语义相似度 …… 220
　8.4.1 文本相似度与语义相似度的基本概念 …… 220
　8.4.2 文本相似度的分析 …… 221
8.5 文本分类 …… 222
　8.5.1 文本分类的基本概念 …… 222
　8.5.2 文本分类的处理 …… 222
8.6 案例：手机评价数据分析与可视化 …… 223
　8.6.1 案例简介 …… 223
　8.6.2 案例实现 …… 224
习题 …… 229

项目 9　机器学习基础　231

9.1 机器学习概述 …… 231
　9.1.1 机器学习的基本概念 …… 231
　9.1.2 机器学习的基本类型 …… 231
　9.1.3 机器学习的常用算法 …… 233
9.2 Scikit-learn 概述 …… 233
　9.2.1 Scikit-learn 的安装 …… 234
　9.2.2 Scikit-learn 的使用步骤 …… 234
　9.2.3 准备数据 …… 235
　9.2.4 创建和训练模型 …… 239
　9.2.5 预测和评估模型 …… 240
9.3 监督学习模型 …… 241
　9.3.1 线性模型 …… 241
　9.3.2 分类模型 …… 246
9.4 无监督学习模型 …… 251
　9.4.1 聚类分析模型 …… 251
　9.4.2 降维算法模型 …… 253
9.5 案例：学生出勤率与成绩预测分析及可视化 …… 256
　9.5.1 案例简介 …… 256
　9.5.2 案例实现 …… 256
习题 …… 259

项目 10　综合案例：货品销售数据分析与可视化　260

10.1 项目介绍和需求分析 …… 260
　10.1.1 项目介绍 …… 260
　10.1.2 需求分析 …… 260
10.2 导入模块与加载数据 …… 261
　10.2.1 创建项目 …… 261
　10.2.2 导入模块 …… 262
　10.2.3 加载数据 …… 262
10.3 数据预处理 …… 263
　10.3.1 删除重复值、缺失值和修改金额格式 …… 263
　10.3.2 异常值处理和偏态分布 …… 265
　10.3.3 月份列的数据规范化 …… 266
10.4 数据分析与可视化 …… 267
　10.4.1 货品配送服务分析 …… 267
　10.4.2 销售区域潜力分析 …… 269
　10.4.3 商品质量分析 …… 272

参考文献 …… 274

项目 1　Python 数据分析概述

本项目主要介绍数据分析的基本概念，明确数据的定义与分类、数据分析的定义和内容。重点介绍 Anaconda 工具的下载和安装、JupyterLab 的基本使用方法。

知识目标	素养目标
◇ 了解数据的定义与分类 ◇ 了解数据分析的定义和内容 ◇ 掌握在 Windows 系统中安装 Anaconda 的方法 ◇ 掌握 JupyterLab 的基本使用方法	◇ 具备独立自主的学习能力 ◇ 具备严谨细致的工作态度 ◇ 培养逻辑思维能力 ◇ 掌握数据分析与处理能力 ◇ 培养社会责任感与公民意识

1.1　数据分析概述

数据是信息的载体，是对现实世界的抽象描述。在学习和实践数据分析时，正确理解数据的定义与分类对建立科学的数据分析思维和方法至关重要。这不仅有助于提升数据处理能力，还能加强分析和解决实际问题的能力。

1.1.1　数据的定义与分类

1. 数据的定义

数据（Data）是对事实、观察结果或其他信息的符号化表示。作为信息的载体，数据可以通过符号表达信息，符号本身则是人为规定的。数据的本质包含两层含义：数据的内容是信息；数据的表现形式是符号。

数据不仅限于数值，还可以是文字、图形、动画、声音或视频。通过数字化处理，数据被存入计算机，用于描述或反映事物的属性、特征或状态。数据是分析、推断、预测和决策支持的基础，其处理通常包括收集、整理、清洗、转换和分析等步骤。通过数据挖掘和分析，各行业可以获得有益的见解和指导。随着大数据、人工智能和物联网技术的发展，数据的规模和复杂性持续增长，数据的管理、分析和应用变得日益重要。

数据按其生成来源和处理过程可以分为原始数据和派生数据。

原始数据：是指在数据采集、记录或测量过程中收集到的未经任何处理和分析的初始数据。这些数据通常以原始的、未经整理的形式存在，可能包含噪声、缺失值或不一致性。

派生数据：是通过对原始数据进行处理、分析、计算、转化等操作后得到的数据。它是对原始数据的加工与衍生，通常用于揭示数据背后的更深层次信息。

需要注意的是，在许多不严谨的场合下，"数据"和"信息"常被混淆使用。例如，人们常将"数据"称为"信息"。实际上，数据不等于信息。数据是信息的一种表现形式，正确的数据可以传递信息，而错误或虚假的数据则可能传递误导性内容。

2．数据的分类

数据可以从不同角度进行分类，包括其形式、性质以及存储和处理方式等。常见的分类如下。

（1）定量数据与定性数据

定量数据：以数字或测量值形式呈现，如高度、体重等。

定性数据：以描述性文本或分类标签表示，如性别、颜色等。

（2）结构化数据、非结构化数据与半结构化数据

结构化数据：定义明确、格式固定的数据，通常以表格或数据库记录形式存储。关系数据库中的表格数据是典型的结构化数据。

非结构化数据：没有固定格式或定义的数据，如文本、图像、音频和视频。这类数据的处理较为复杂，需要借助自然语言处理（NLP）、图像识别或语音识别等技术。

半结构化数据：介于结构化数据和非结构化数据之间，具有一定的结构但不完全符合传统关系型数据库模式。例如，XML 和 JSON 格式的数据属于半结构化数据。

（3）实时数据

即时生成并需要立即处理的数据，如传感器数据、交易数据等。实时数据处理在监控、预警和实时分析等场景中至关重要。

（4）元数据

描述数据本身特性和属性的信息。例如，文件大小、创建时间、作者等信息属于元数据。在数据管理和分析过程中，元数据用于帮助理解和解释数据的含义。

1.1.2　数据分析的定义和内容

1．数据分析的定义

数据分析是指通过对数据进行收集、清洗、转换、建模和可视化等一系列步骤，从数据中发现模式、趋势和关联，进而提取有价值的信息和洞察，以支持决策制定和问题解决的过程。

数据分析的核心目标是揭示数据背后的规律和价值。这一过程通常结合统计学、机器学习和数据挖掘等技术方法，对数据进行深入研究和解释。无论是探索过去、理解现在，还是预测未来，数据分析都扮演着不可或缺的角色。

2．数据分析的内容

数据分析的具体内容包括以下几个方面。

（1）探索性数据分析

探索性数据分析是数据分析的起点，旨在通过统计方法和可视化手段对数据进行探索。主要任务包括了解数据的分布、关系和特征，识别异常值和缺失值，发现趋势和模式。这一阶段的分析为后续的统计建模和决策提供了基础。

（2）统计分析

统计分析是数据分析的重要环节，利用统计学方法对数据进行描述、推断和解释。常见的方法包括描述性统计（如均值、中位数、方差）、推断性统计（如假设检验、回归分析）等。统计分析帮助理解数据之间的关系、差异及其影响因素，为得出客观结论和见解提供科学依据。

（3）预测建模

预测建模是利用机器学习和统计模型对数据进行建模，以预测未来事件或趋势。常见技术包括分类（如判别分析、决策树）、回归（如线性回归、时间序列预测）和聚类（如 K 均值、

层次聚类）。预测建模帮助组织制定未来规划、优化资源配置和评估潜在风险。

（4）数据可视化

数据可视化是通过图表、图形等形式将数据直观地呈现出来，以便更容易发现规律和趋势。常见的可视化工具包括条形图、散点图、折线图、热力图和仪表盘。数据可视化不仅能够支持分析过程，还能有效地传达数据分析的结果，为决策提供支持。

（5）文本分析

文本分析是处理和分析文本数据的过程，旨在从文本中提取信息、情感、主题等内容。常用技术包括自然语言处理、文本挖掘、情感分析和主题建模。文本分析在社交媒体监控、客户反馈分析和舆情研究中应用广泛。

（6）数据挖掘

数据挖掘是从大规模数据中发现隐藏的模式、规律和知识的过程。常用方法包括分类、聚类、关联规则挖掘、异常检测等。数据挖掘适用于市场分析、用户行为研究和商业决策优化等场景。

（7）实时数据分析

实时数据分析是对实时产生的数据进行快速处理和分析的过程。应用场景包括实时监控、预警和动态决策，常见技术包括流式处理和实时数据库。实时分析的特点是高效性和即时性，能够对动态变化迅速做出响应。

3. 数据分析的目的与价值

数据分析的主要目的是通过探索、统计分析、建模和可视化等手段，揭示数据中的模式和规律，进而支持决策制定和问题解决。其价值体现在以下几个方面。

1）发现隐藏信息：从大量数据中挖掘出难以直接观察的模式、关联和趋势。
2）提升决策质量：基于数据驱动的分析结果，帮助组织制定科学决策，降低主观性和盲目性。
3）优化资源配置：通过分析数据，优化资源分配，提高效率，降低成本。
4）预测未来趋势：通过预测建模技术，提前识别潜在风险或机会，制定前瞻性策略。
5）支持业务创新：通过对数据的深度挖掘，发现新市场、新需求，改进现有产品和服务的方向。

1.2 搭建数据分析与可视化开发环境

Anaconda 是一个免费开源的集成环境，专为数据科学和机器学习设计，提供了一系列常用的工具和库，如 Python、NumPy、Pandas、Matplotlib、Scikit-learn、JupyterLab 等。它支持快速搭建和管理数据科学开发环境，为用户提供了一体化的解决方案。Anaconda 预安装了大量工具，如数据科学和机器学习的常用工具和库，极大地简化了环境配置。其中 Conda 是 Anaconda 中的一个组成部分，专门负责包管理和环境管理。

下面以 Windows 版本的 Anaconda 安装包为例，介绍从官方网站下载和安装 Anaconda 的具体步骤。

1.2.1 下载 Anaconda 安装包

说明：由于 Anaconda 官方网站经常改变，网页显示及其下载

Anaconda 安装包的步骤可能会有不同。

下载 Windows 版本 Anaconda 安装包的步骤如下。

1）在浏览器的地址栏中输入 Anaconda 官方网站的地址：https://www.anaconda.com/，显示 Anaconda 官方主页如图 1-1 所示，单击"Free Download"按钮。

2）显示 Distribution 网页，如图 1-2 所示，单击"Skip registration"按钮，跳过注册。

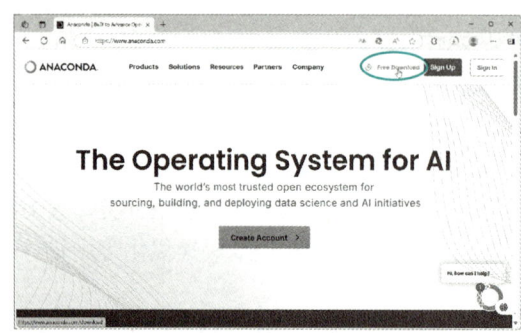

图 1-1　Anaconda 官方主页

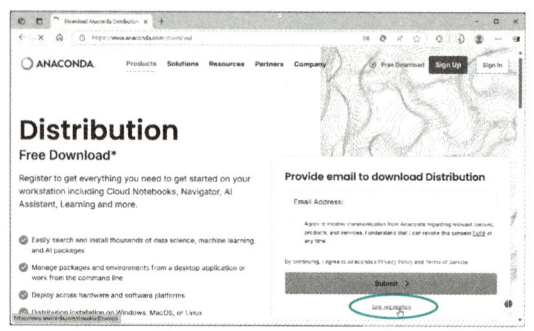

图 1-2　Distribution 网页

3）显示下载 Anaconda 安装包网页，如图 1-3 所示，如果下载 Windows 版本，则单击"Download"按钮或 Windows 下的链接。

4）下载过程中在浏览器右上角显示"下载"进度条，如图 1-4 所示。

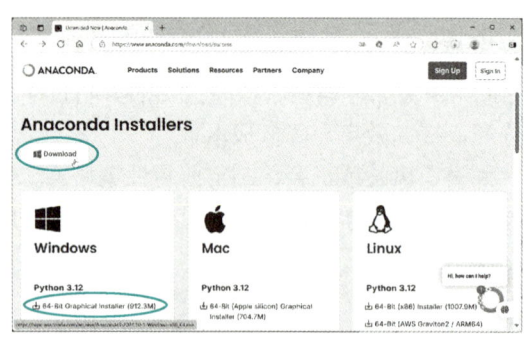

图 1-3　下载 Anaconda 安装包网页

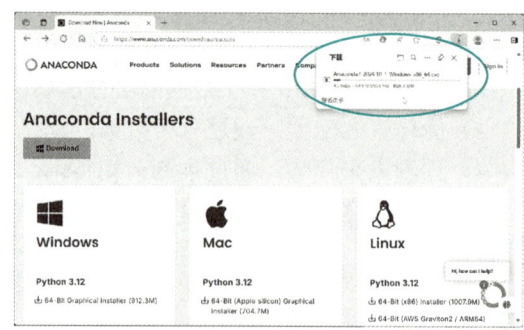

图 1-4　"下载"文件进度条

5）下载完成后在浏览器地址栏右侧单击"下载"按钮↓或按〈Ctrl+J〉组合键，显示下载对话框，如图 1-5 所示，单击"文件夹"按钮📁则在文件资源管理器中查看下载完成的 Anaconda 安装包文件，如图 1-6 所示。

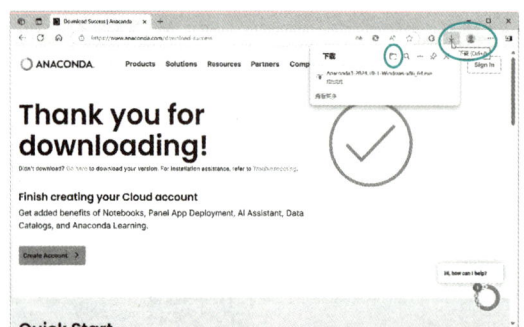

图 1-5　下载 Anaconda 安装包完成对话框

图 1-6　下载完成的 Anaconda 安装包文件

1.2.2 安装 Anaconda

Anaconda 包含了 Python 解释器，因此无须单独安装 Python。如果已经安装了 Python，Anaconda 可以与单独安装的 Python 共存。安装 Anaconda 比较简单，安装步骤如下。

1）打开"文件资源管理器"，双击下载好的 Anaconda 安装包文件，如图 1-6 所示。

2）安装向导启动后，显示安装向导的欢迎窗口，如图 1-7 所示，单击"Next"按钮继续。

3）显示用户许可协议窗口，如图 1-8 所示，阅读协议后，单击"I Agree"按钮同意并继续。

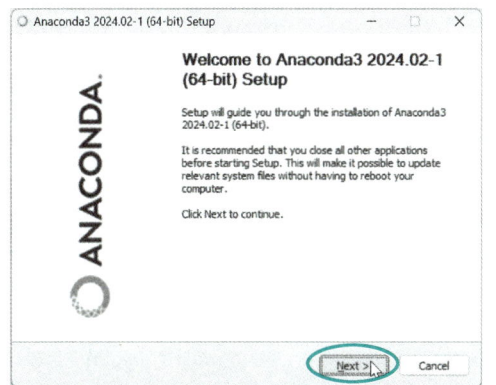

图 1-7　安装向导的欢迎窗口

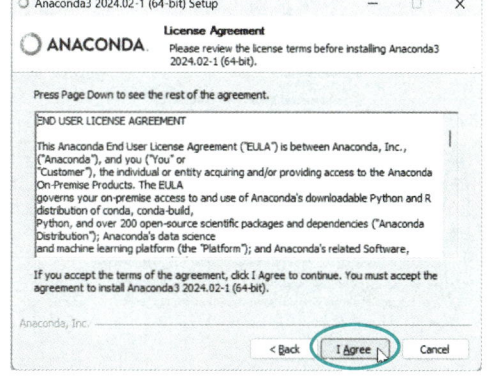

图 1-8　用户许可协议窗口

4）显示选择安装类型窗口，如图 1-9 所示，根据需求选择以下单选按钮：
- Just Me：仅限当前用户使用 Anaconda（推荐）。
- All Users：允许所有用户使用 Anaconda。

本例选择"Just Me"，然后单击"Next"按钮继续。

5）显示选择安装位置窗口，如图 1-10 所示，选择 Anaconda 的安装路径：
- 默认路径（如选择"Just Me"）：安装到用户文件夹下。
- 自定义路径：可以通过单击"Browse"按钮选择其他文件夹，但需确保路径中不包含中文、特殊字符或空格，且目标文件夹为空。

Anaconda 占用约 5 GB 硬盘空间，本例使用默认路径，单击"Next"按钮继续。

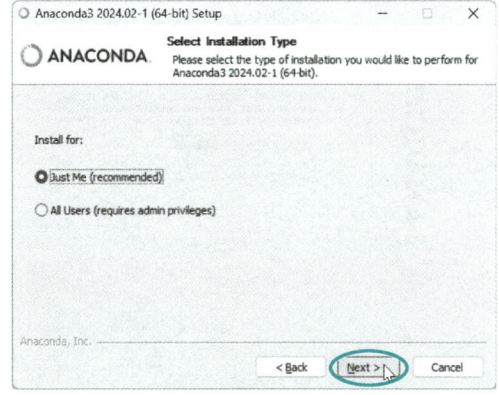

图 1-9　选择安装类型窗口

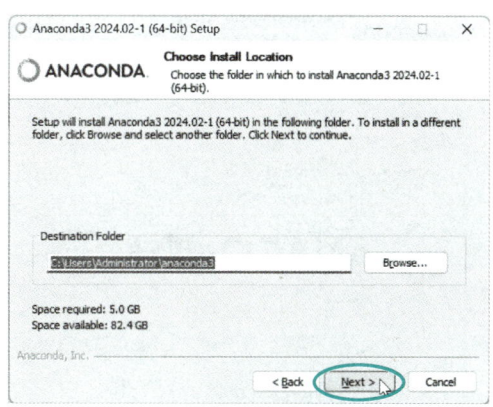

图 1-10　选择安装位置窗口

6）显示高级安装选项窗口，有以下几个复选框（如图 1-11 所示）：
- Create start menu shortcuts（创建开始菜单快捷方式）：建议勾选（适用于包管理）。
- Add Anaconda3 to my PATH environment variable（将 Anaconda3 添加到 PATH 环境变量）：推荐勾选（无须手动配置环境变量；若选择"All Users"，此选项不可用）。
- Register Anaconda3 as my default Python 3.11（默认使用 Python 3.11）：建议勾选。
- Clear the package cache upon completion（完成安装后清除包缓存）：推荐勾选以节省空间。

选中合适的选项后，单击"Install"按钮开始安装。

7）程序开始安装，如图 1-12 所示，此过程需要几分钟时间，耐心等待。安装完成后，直接单击"Next"按钮继续。

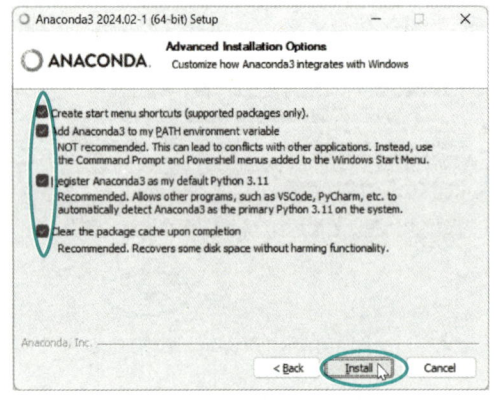

图 1-11　高级安装选项窗口

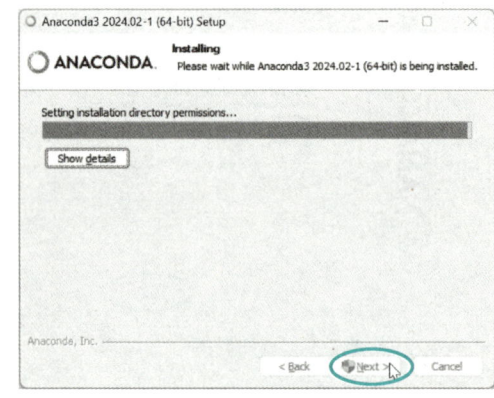

图 1-12　正在安装窗口

8）显示提示窗口，如图 1-13 所示，直接单击"Next"按钮。

9）在安装完成窗口，如图 1-14 所示，有以下两个复选框：
- Launch Anaconda Navigator（打开 Anaconda Navigator）：建议取消勾选（稍后可手动启动）。
- Getting Started with Anaconda Distribution（打开 Anaconda 欢迎页面）：建议取消勾选。

单击"Finish"按钮完成安装。

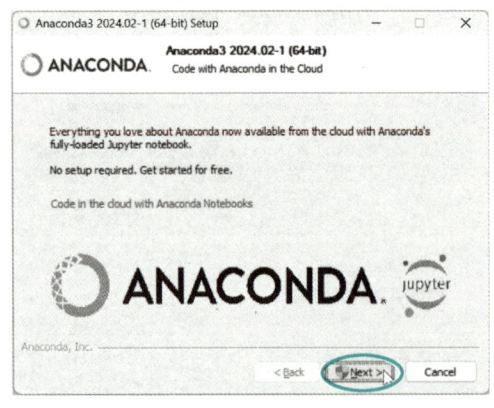

图 1-13　提示窗口

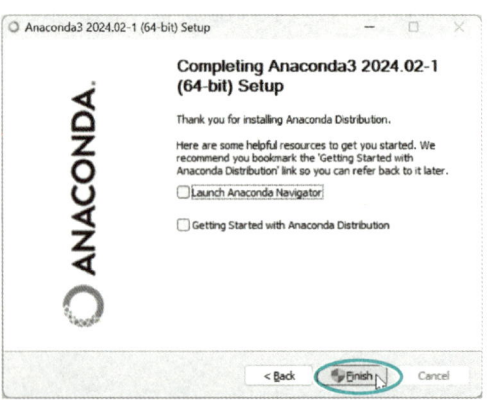

图 1-14　安装完成窗口

1.3 JupyterLab 的使用

JupyterLab 是一个开源工具，专为交互式计算与文档编写设计，广泛应用于数据分析、科学计算、机器学习和教育培训等领域。它提供了强大且灵活的交互式开发环境，集成了多个功能模块，使用户能够高效地进行数据处理和分析。

1.3.1 启动 JupyterLab

Anaconda 工具包中包含 JupyterLab，因此安装 Anaconda 后，系统会自动安装 JupyterLab。以下是通过 Anaconda 启动 JupyterLab 的步骤。

1）打开 Windows 的"开始"菜单，找到"Anaconda3（64-bit）"文件夹，如图 1-15 所示。单击文件夹中的"Anaconda Navigator"，启动 Anaconda Navigator。

图 1-15 开始菜单中的"Anaconda3（64-bit）"文件夹

2）显示"Anaconda Navigator"窗口，找到"JupyterLab"，如图 1-16 所示，单击"Launch"按钮。

启动 JupyterLab 后，在默认浏览器中打开 JupyterLab，如图 1-17 所示。默认访问地址为 http://localhost:8888/lab。

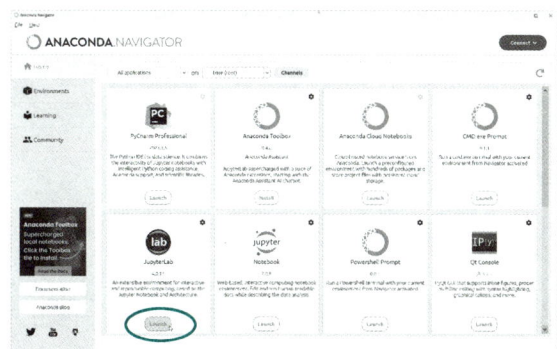

图 1-16 "Anaconda Navigator"窗口

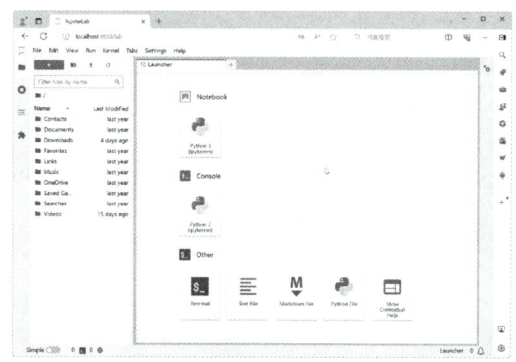

图 1-17 在浏览器中打开 JupyterLab

1.3.2 配置 JupyterLab

1. 设置 JupyterLab 显示中文

JupyterLab 支持多语言界面，以下是安装中文语言包并切换为中文显示的具体步骤。

1）打开"命令提示符"窗口，输入以下命令安装中文语言包：

```
pip install jupyterlab-language-pack-zh-CN
```

2）如果 JupyterLab 已经在浏览器中打开，单击浏览器地址栏左侧的"刷新"按钮↻。在 JupyterLab 网页中，依次单击"Settings"→"Language"→"Chinese(Simplified, China) - 中文(简体, 中国)"命令，如图 1-18 所示。

3）弹出"Change interface language"对话框时，单击"Change and reload"按钮，确认更改语言设置，如图 1-19 所示。

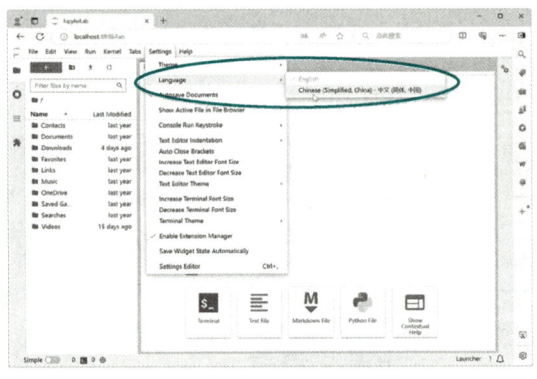

图 1-18 设置中文

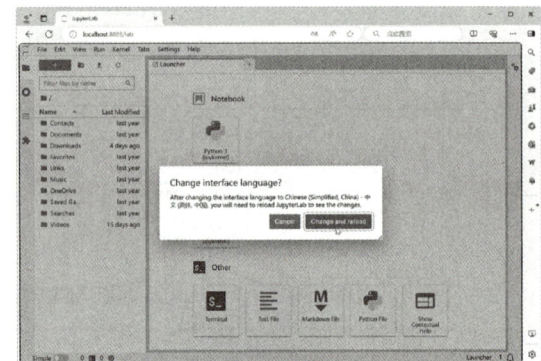

图 1-19 Change interface language 对话框

4）在浏览器地址栏左侧，单击"刷新"按钮↻。刷新后，JupyterLab 的界面语言切换为中文，如图 1-20 所示。

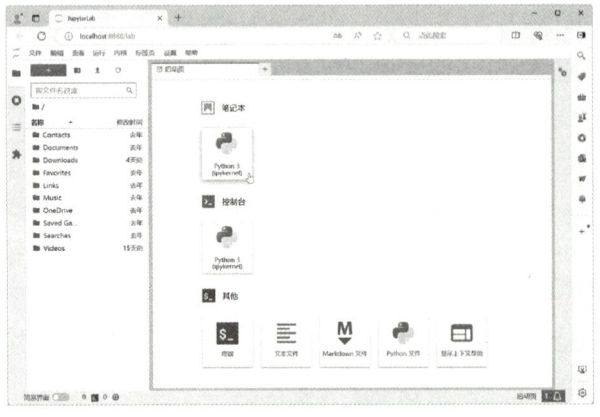

图 1-20 JupyterLab 界面显示中文

2. 启用自动代码补全

1）在 JupyterLab 中，依次单击"设置"→"设置编辑器"命令，如图 1-21 所示。

2）在"设置"选项卡左侧选择"代码补全"，在右侧勾选"启用自动补全"复选框，如图 1-22 所示。

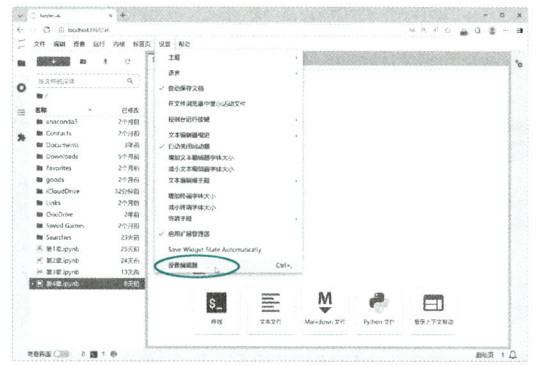
图 1-21 "设置"菜单

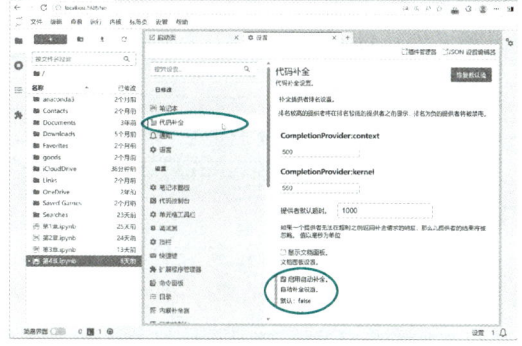
图 1-22 "启用自动补全"复选框

说明：还可以根据自己的喜好选择代码显示方式，具体操作为"设置"选项卡左侧选择"代码控制台"，在右侧勾选"自动闭合括号""高亮显示活动行"等复选框，如图 1-23 所示。

图 1-23 代码控制台

3．修改默认打开的文件夹

安装 JupyterLab 后，其默认工作文件夹为"C:\用户\某用户名"。如果希望每次启动 JupyterLab 时，文件浏览器自动加载指定路径的文件夹，可以按照以下步骤进行设置。

（1）生成配置文件

1）在 Windows "开始"菜单中，打开"Anaconda3（64-bit）"文件夹。

2）单击"Anaconda Prompt(Anaconda)"启动命令行工具。

3）在"Anaconda Prompt"窗口中，输入以下命令生成 JupyterLab 的配置文件：

```
jupyter lab --generate-config
```

效果如图 1-24 所示。

图 1-24 生成配置文件

执行命令后，会在"C:\用户\用户名\.jupyter\"中生成一个名为 jupyter_lab_config.py 的配置文件，保存路径为"C:\用户\某用户名\.jupyter\"。

注意：有些系统中"用户"文件夹显示为 Users。"某用户名"需要替换为当前 Windows 系统的用户名，例如 linru、Administrator（超级用户）等。

（2）编辑配置文件

1）打开文件资源管理器，导航到配置文件路径：C:\用户\某用户名\.jupyter。

2）找到 jupyter_lab_config.py 文件，右击该文件，从快捷菜单中选择"在记事本中编辑"，如图 1-25 所示。

3）在记事本中打开配置文件，按〈Ctrl+F〉组合键搜索"ServerApp.root_dir"，找到相应命令，如图 1-26 所示。

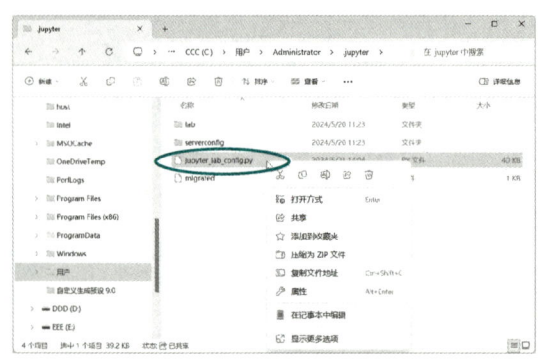
图 1-25　在记事本中编辑该文件

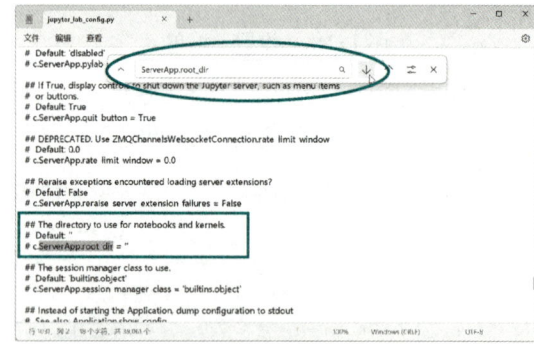
图 1-26　查找该命令

4）复制 c.ServerApp.root_dir="，在下一行粘贴，输入要修改的默认文件夹，例如，在 D:盘先创建 bigdata 文件夹，改为 c.ServerApp.root_dir='D:/bigdata'，如图 1-27 所示。

注意：将开头的注释符"#"去掉，修改完后把这个记事本文档关闭并保存。

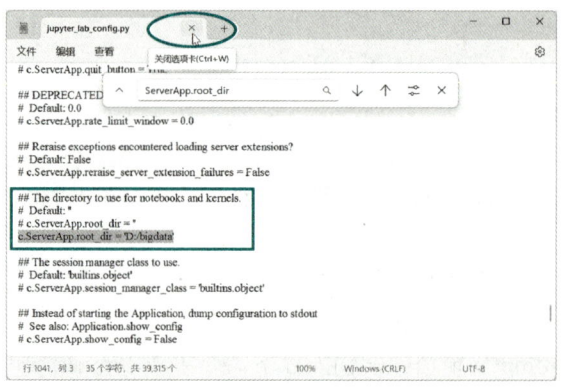
图 1-27　修改命令代码

（3）启动 JupyterLab

1）重新启动 JupyterLab，系统将自动加载设置的默认文件夹作为工作目录。

2）修改完成后，新的默认文件夹将作为 JupyterLab 的主项目文件夹。

（4）注意事项

1）路径中的斜杠建议使用正斜杠"/"，以避免 Windows 系统中的转义字符问题。

2）确保指定的文件夹路径存在，并且当前用户对该文件夹有读写权限。如果文件夹不存在，请提前创建。

3）修改配置文件后，务必重新启动 JupyterLab，以使更改生效。

1.3.3 JupyterLab 的界面

JupyterLab 是一个功能强大的交互式开发环境，集成了文本编辑器、终端、文件浏览器和绘图窗口等多种功能。它允许用户同时编写文档和执行代码，提供逐行或逐块运行代码的能力，并可在同一界面即时查看运行结果，非常适合学习编程语言和验证代码。

启动 JupyterLab 后，默认浏览器会自动打开其网页界面，如图 1-28 所示。JupyterLab 的界面主要分为 6 部分：菜单栏、左侧活动栏、左侧边栏、启动页、右侧活动栏和状态栏。

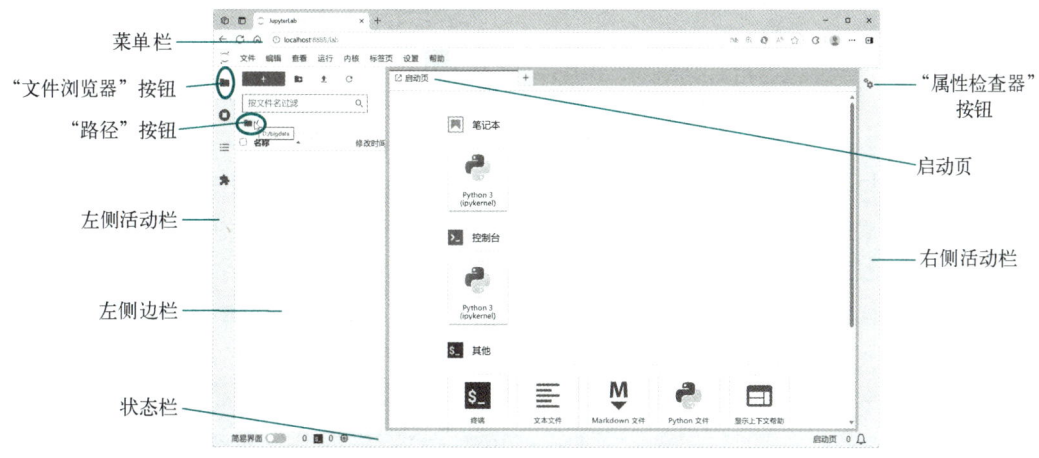

图 1-28　JupyterLab 启动窗口

1．菜单栏

菜单栏位于网页的顶部，功能菜单有"文件""编辑""查看""运行""内核""标签页""设置"和"帮助"。单击某一菜单则打开其下拉菜单，例如，"文件"菜单中有新建、打开、关闭、保存、重命名、关闭等功能，"运行"菜单中有运行选中的单元格、运行所有单元格等。"查看"菜单可以设置外观。

2．左侧活动栏与左侧边栏

左侧活动栏位于左侧边框上，包含 4 个按钮："文件浏览器" 、"正在运行终端和内核" 、"目录" 和"插件管理器" 。

单击相应按钮可显示或隐藏左侧边栏中的对应内容。默认显示"文件浏览器"按钮 ，在左侧边栏中显示"新建启动页"按钮 、"新建文件夹"按钮 、"当前路径"按钮 /、"名称"等按钮或内容，如图 1-28 所示左侧区域。以下内容是关于文件浏览器的使用方法。

1）新建启动页：单击"新建启动页"按钮 ，则在右侧窗格中显示一个新的启动页选项卡，其功能与"启动页"标签右侧的"新建启动页"按钮 + 相同。

2）新建文件夹：单击"新建文件夹"按钮 ，则在当前文件夹中新建一个名为 Untitled Folder 的文件夹，如图 1-29 所示。创建后可以重命名，例如，将其命名为 AAA。

3）上传文件：单击"上传文件"按钮 ，则显示"打开"对话框，浏览到要复制的文件，选择文件上传到当前文件夹。由于 JupyterLab 是基于网页的软件，默认文件夹本质上是一个网站，因此使用了"上传文件"的术语。

4）查看当前路径：将鼠标指针悬停在"当前路径"图标 / 的"文件夹"按钮 上，其下方显示当前文件夹的路径，例如"D:/bigdata"。 右侧显示当前路径，/ 表示当前文件夹是默认文件夹。

5）打开文件夹：在"名称"下双击文件夹AAA，即可进入该文件夹，该文件夹成为当前文件夹。此时，"名称"上方显示路径 ■/AAA/，同时"启动页"标签上方显示该文件夹路径，如图 1-30 所示。单击路径旁的 ■ 符号可返回默认文件夹。

图 1-29　新建文件夹

图 1-30　打开文件夹

6）快捷菜单操作：在"名称"下右击文件夹或文件名，可显示快捷菜单，如图 1-31 所示，通过快捷菜单可以对文件或文件夹执行删除、重命名等操作。

7）显示或隐藏左侧边栏：单击"文件浏览器"按钮 ■ 可隐藏左侧边栏，再次单击可重新显示。

8）调整边栏外观：通过菜单栏的"查看"→"外观"命令，可以显示或隐藏左侧边栏，如图 1-32 所示。

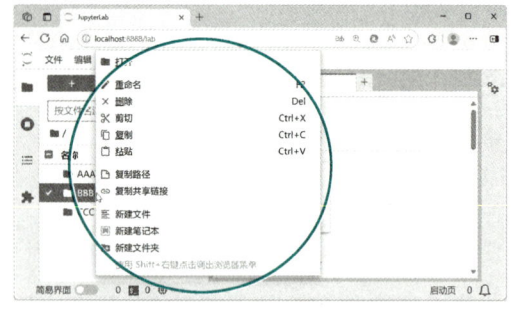

图 1-31　文件夹或文件的快捷菜单

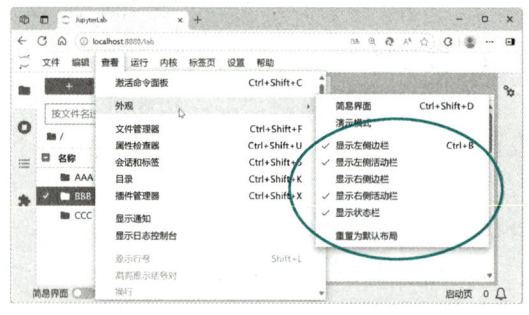

图 1-32　"查看"→"外观"命令

3．启动页

启动页是 JupyterLab 的默认页面，主要有 3 个栏目（如图 1-28 所示）：

- 笔记本：用于新建 Jupyter 笔记本文件（如 Python 3 笔记本）。
- 控制台：创建交互式代码运行控制台。
- 其他：包括文本编辑器、终端等其他工具。

4．右侧活动栏与右侧边栏

右侧活动栏位于右侧边框上，默认显示"属性检查器"按钮 ■。

右侧边栏默认不显示。可以通过以下两种方式显示：

- 在菜单栏中单击"查看"→"外观"→"显示右侧边栏"命令。
- 在右侧活动栏单击"属性检查器"按钮 ■。

显示的右侧边栏中包含属性检查器等功能，如图 1-33 所示。若要关闭右侧边栏，重复上述操作即可。

图1-33 右侧边栏

5．状态栏

状态栏位于窗口底部边框上，提供以下功能。

- 左侧功能：简易界面设置 简易界面 、正在运行的终端和内核 0 1 、内核选择 Python 3 (ipykernel) | 空闲 、服务器状态 已初始化 。
- 右侧功能：当前模式状态（如编辑模式 模式: 编辑 、命令模式 模式: 命令 ）、转到行号 行 2, 列 16 、文档名 p1.ipynb 、通知数量 1 。

1.3.4 JupyterLab 的基本用法

1．新建 Python 脚本文件

1）在"启动页"中，单击"笔记本"下的"Python 3(ipykernel)"。

2）启动页转换为显示 Python 脚本文件页，默认包含一个单元格，如图 1-34 所示。左侧文件浏览器中会显示新建的未命名脚本文件，文件名为 Untitled，扩展名为.ipynb。

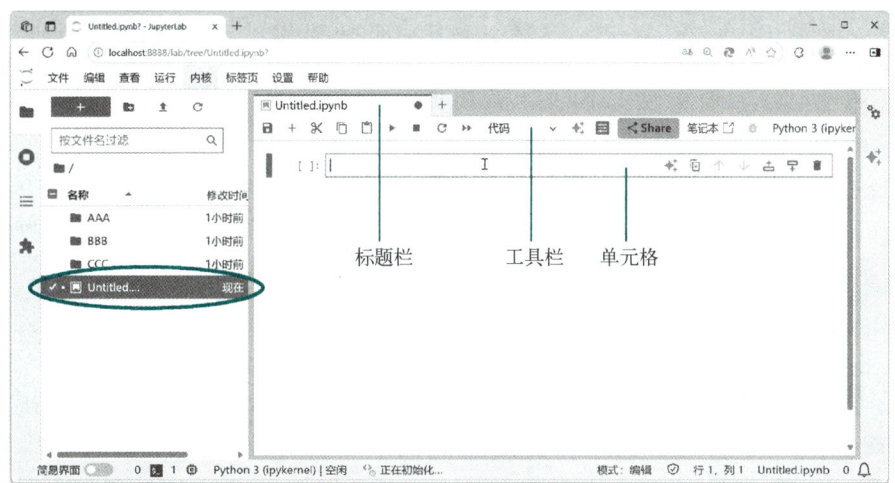

图1-34 Python 脚本文件页

Python 脚本文件页主要由标题栏、工具栏和单元格组成。

（1）标题栏

标题栏位于 Python 脚本文件页的第一行，从左到右依次显示 JupyterLab 图标 、脚本文件名、当前文件的状态按钮。Untitled1 表示未命名的文件，同时右侧显示"未保存"按钮 。单击工具栏上的"保存并创建检查点"按钮 或在文件浏览器中右击该脚本文件，从快捷菜单重命名，则"未保存" 变为"关闭" × 。

如果当前文件状态按钮显示●，鼠标指针指向它则变为⊗，表示该文件没有保存，单击⊗将显示"保存您的工作"对话框，如图1-35所示。单击"取消"按钮回到编辑状态；单击"丢弃"按钮不保存并关闭当前页；单击"保存"按钮，保存后关闭当前页。

右击标题栏，在快捷菜单中可以做多种操作，包括关闭标签页、重命名记事本、删除记事本等。

图1-35 保存对话框

单击标题栏右侧的"新建启动页"按钮 + ，则新建一个启动页，可以创建多个启动页。

（2）工具栏

工具栏位于标题栏下，包括一排快捷键按钮，支持常用的操作，包括插入单元格、剪切单元格、复制单元格、运行单元格等。工具栏的快捷键按钮及其功能如图1-36所示。

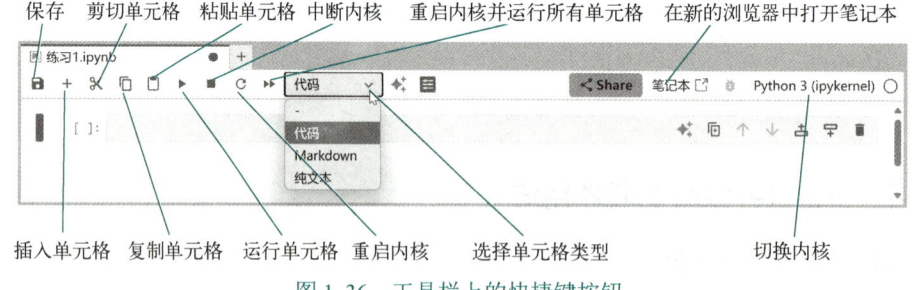

图1-36 工具栏上的快捷键按钮

（3）单元格

单元格位于快捷键工具栏下方，它由一系列单元格组成，如图1-37所示。

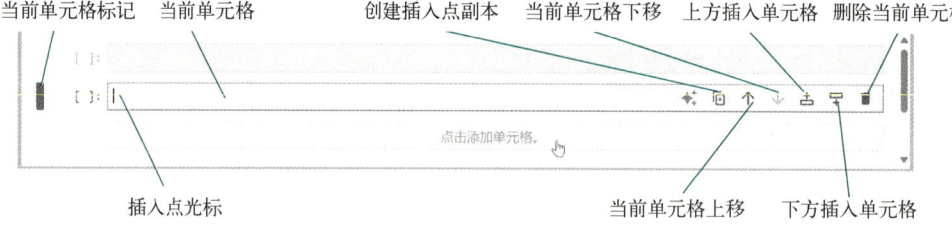

图1-37 单元格

单元格分为以下3种类型，通过下拉框选择。

1）代码单元格：默认类型，用于编写和运行Python代码。使用〈Shift+Enter〉组合键运行代码，运行结果显示在单元格下方。单元格左侧以[ ]:开头，括号内数字表示运行的序号。

2）Markdown单元格：用于编写格式化的文本、公式、图像或链接等。使用〈Shift+Enter〉组合键运行显示格式化结果。

3）纯文本单元格：仅显示普通文本，无法设置格式，也不能运行。

2. 编辑和运行代码

JupyterLab的记事本文档由单元格组成。每个单元格可以包含多行代码或文本。单元格有两种工作模式：

1）编辑模式：单击单元格时，左侧会显示蓝色竖线，单元格框线为蓝色，表示进入编辑状态。单元格内显示闪烁的光标，此时可以修改代码或文本。

2）命令模式：按〈Esc〉键或单击单元格之外的区域，切换到命令模式。此时单元格框线变为灰色,支持快捷键操作,例如〈Ctrl+S〉组合键为保存,〈Shift+Enter〉组合键为运行单元格。

重新单击单元格即可切换回编辑模式。

【例 1-1】 输入代码并运行。

1)在单元格中输入代码"3+5"。

2)单击工具栏上的"运行"按钮▶,或按〈Shift+Enter〉组合键运行。运行结果显示在单元格下方,如图 1-38 所示。

图 1-38 运行第 1 个单元格后的显示

从运行结果看到,该单元格中的代码执行了加法运算,并将运算结果显示到单元格的下方,该单元格和运行结果左侧以"[1]:"开头,同时在下面创建一个新的单元格。注意,"[1]:"中的 1 表示单元格运行次数的序号,而不是单元格所在的行号。把光标移回第 1 个单元格中,重新运行该单元格,则该单元格和运行结果左侧"[ ]:"中的序号会改变。

【例 1-2】 运行多行代码。

1)在新的单元格中输入以下代码:

```
for i in range(5) :
    print(i)
```

输入"for i in range(5) :"后按〈Enter〉键,则在该单元格内换行,然后输入"print(i)"。

2)按〈Shift+Enter〉组合键运行当前单元格中的代码,运行结果显示在单元格下方,如图 1-39 所示。

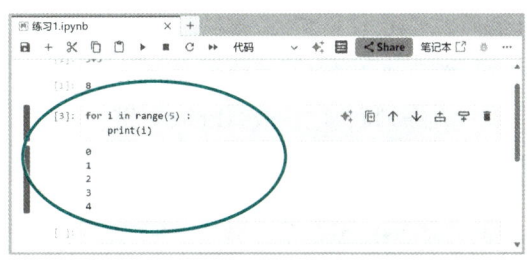

图 1-39 运行第 2 个单元格后的显示

从运行结果看到,在该代码单元格下方显示输出结果,并且创建新的单元格。这次运行结果的左侧没有出现任何标注,是因为运行结果是调用 print() 函数输出的。

还可以修改单元格中的代码,并重新运行单元格中的代码。

3. 常用 Markdown 标记

Markdown 是一种标记语言,用于格式化文本内容。以下是常用的 Markdown 标记。

(1)标题

在 Markdown 单元格中,使用"#"表示标题等级(最多支持六级标题)。

一级标题以一个"#"字符开头与其后的文本之间至少空一格,二级标题以两个"##"字符开头,依此类推,到六级标题。

【例 1-3】 标题标记示例。

1)单击第 1 个单元格,在该单元格右侧单击"上方插入单元格"按钮,把新单元格插入到第 1 行,保持新插入的单元格是当前单元格。

2)在工具栏上,单击"选择单元格类型"下拉列表框,找到设置单元格类型的下拉框单击打开下拉列表,在列表中选中"Markdown",将该单元格变为 Markdown 类型。

3)在该单元格中输入"# 一级标题",输入的标题符号、空格及其文本显示为蓝紫色,按〈Enter〉键;在该单元格的第 2 行输入"## 二级标题",继续输入其他标题,输入完成后效果如图 1-40 所示。

4)单击"运行"按钮▶或者按〈Shift+Enter〉组合键运行当前单元格中的标记语言,可看到该单元格显示为标题,如图 1-41 所示。

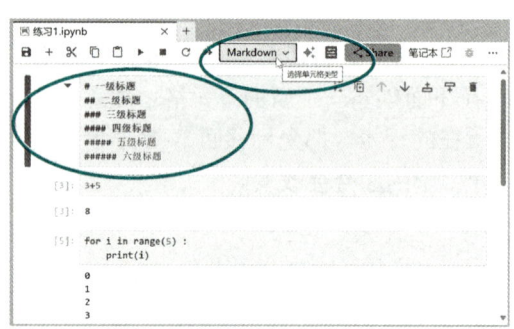

图 1-40 在单元格中输入标题标记

图 1-41 运行后的标题

(2)列表

对于无序列表,可使用*、+或-开头,后跟一个空格及其文本;对于有序列表,使用数字加"."和一个空格及其文本。

【例 1-4】 列表标记示例。

1)插入一个单元格,将该单元格变为 Markdown 类型。

2)在该单元格中输入"* 无序列表 1",按〈Enter〉键;新行显示"*",在其后输入列表文本,也可以按〈Backspace〉键两次删除"*",输入"+ 无序列表 2",按〈Enter〉键;新行显示"+",在其后输入列表文本,也可以按〈Backspace〉键删除"+",输入"- 无序列表 3",按〈Enter〉键;再按〈Enter〉键插入一个空行。

3)继续在该单元格中输入"1. 有序列表 1",按〈Enter〉键;新行显示"2.",直接在其后输入"有序列表 2",按〈Enter〉键;新行显示"3.",在其后输入"有序列表 3"。输入完成后显示效果如图 1-42 所示。

4)单击"运行"按钮▶或者按〈Shift+Enter〉组合键运行当前单元格中的标记语言,可看到单元格显示为列表,如图 1-43 所示。

(3)字体

为了突显文档中部分内容,一般对文字使用加粗或斜体格式。加粗使用"**"包裹文字,斜体使用"*"包裹文字。

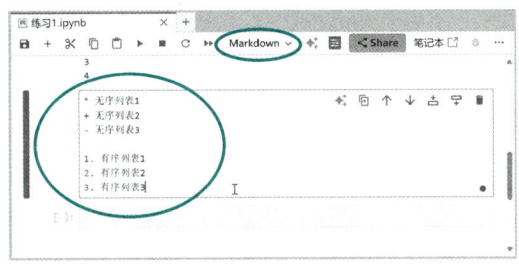
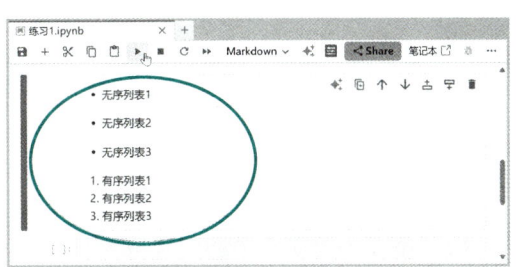

图 1-42　在单元格中输入列表标记　　　　　图 1-43　运行后的列表

【例 1-5】　对文字使用加粗或斜体格式。

1）插入一个单元格，将该单元格变为 Markdown 类型。

2）在该单元格中输入"**Python 数据分析**"，按〈Enter〉键两次；在新行输入"*Python 数据分析*"，按〈Enter〉键两次，如图 1-44 所示。

3）运行当前单元格中的标记语言，可看到单元格显示效果如图 1-45 所示。

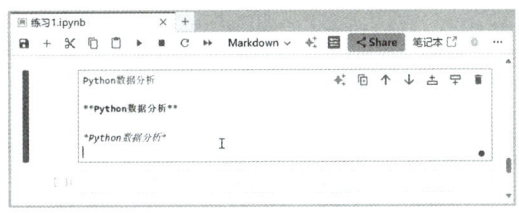
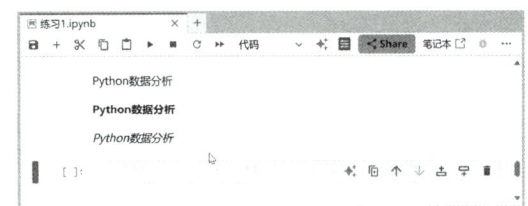

图 1-44　在单元格中输入字体标记　　　　　图 1-45　运行后的字体显示

（4）表格

表格的列与列之间使用"|"分隔，用"-"分隔表头和内容。列宽自动按某行最多内容的列宽。

【例 1-6】　表格示例。

1）插入一个单元格，将该单元格变为 Markdown 类型。

2）在该单元格中输入下面内容：

```
学号|姓名|性别|出生日期|地        址|
---|-----|-|-----------------------|--------|
250101|张子涵|男|2005-10-23|北京市朝阳区望京社区|
250103|谢　晶|女|2005-8-19|北京市东城区|
250106|王雨萱|女|2005-6-3|北京市海淀区中关村|
```

3）输入完成后的单元格标记如图 1-46 所示，运行当前单元格中的标记语言，单元格显示效果如图 1-47 所示。

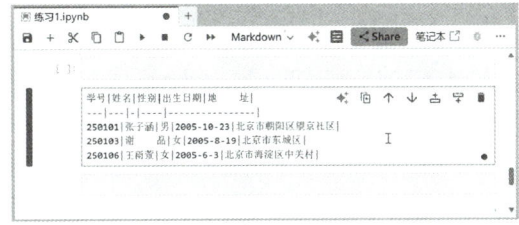
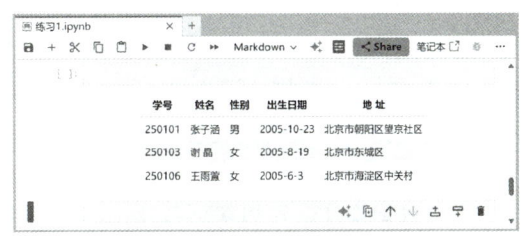

图 1-46　在单元格中输入表格标记　　　　　图 1-47　运行后的表格显示

（5）数学公式

数学公式使用 LaTeX 语法，支持两种类型的数学公式：行内公式和独立公式。
- 行内公式：用"$"包裹，例如，$E=mc^2$。行内公式与文本混合排列在同一行中。
- 独立公式：用"$$"包裹，例如，$$x = \frac{-b \pm \sqrt{b^2-4ac}}{2a}$$。独立公式独占一行或几行，通常居中显示。

数学公式语法支持多种数学符号和结构，下面是常用的语法：

上、下标：使用^表示上标，_表示下标。如果上、下标内容多于一个字符，则使用{}括起来。例如，x^{y+2}，x_2。

分式：有两种表示分式的方法，一种使用\frac{分子}{分母}，当分子和分母是单个字符时，可以省略{}。另一种使用分子\over 分母。例如，$\frac {a}{b}$，$a+1 \over b+1$。

根号：使用\sqrt[n]{a} 表示 n 次根号下的 a，若省略[n]则表示开二次方。例如，$\sqrt[n]{a}$，$\sqrt{x+y}$。

小括号和方括号：使用原始的()和[]即可，例如，$(2+3)[4+4]$。

大括号：由于大括号{}被用来分组，因此需要使用\{和\}进行转义表示大括号，例如，$\{a*b\}$。

注意：原始括号不会随公式大小缩放。例如，$(\frac {\frac 12}2)$，使用\left(…\right)可以自适应地调整括号。例如，$\left(\frac {\frac 12}2 \right)$。

特殊转义字符：#、$、&、~、_、^、\、{、}、%这些字符在 MarkDown 中有特殊的意义，在需要使用这些字符的时候，需要转义：\#、\$、\&、\~、_、\^、\\、\{、\}、\%。

【例 1-7】 数学公式示例。

1）插入一个单元格，将该单元格变为 Markdown 类型。
2）在单元格中输入下面内容：

> 在文本行中插入数学公式$A\_1^2，B\_{12}，(x+y)^{z^2+3}，E=mc^2$
> 插入独立公式$$z= \frac {x} {y}\\sqrt{x}\sqrt[3]{x+1}$$表达式(1-1)

3）输入上述内容后，显示效果如图 1-48 所示。运行该单元格显示结果如图 1-49 所示。

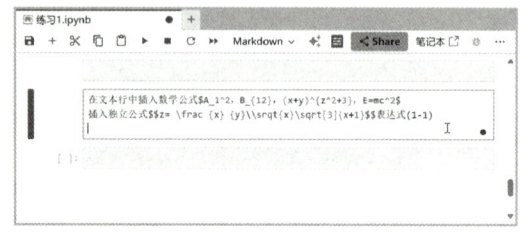

图 1-48 单元格中的公式标记

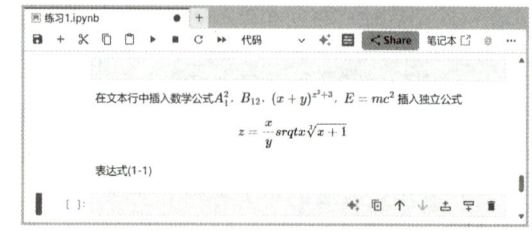

图 1-49 运行后的公式显示

4．导出文件

JupyterLab 支持将笔记本导出为多种文件格式，包括 HTML、PDF、Markdown 等。

在菜单栏中，单击"文件"→"保存并导出笔记本为"命令，从子菜单中选择目标文件格式，如图 1-50 所示。

通过以上操作，可以灵活使用 JupyterLab 进行代码编写、运行和文档编辑。Markdown 支持丰富的格式化功能，结合代码单元的高效运行机制，使 JupyterLab 成为不可或缺的交互式开发工具。

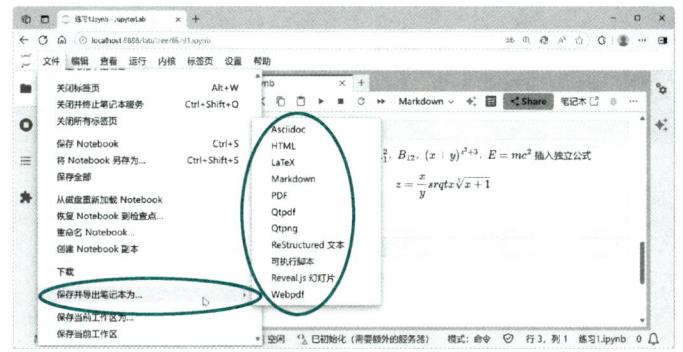

图 1-50　导出子菜单

习题

1. 简述数据的定义与分类。
2. 简述数据分析的定义和内容。
3. 使用 JupyterLab 编辑注释和运行代码。

项目 2　数值计算库 NumPy

本项目主要介绍数值计算库 NumPy 的使用，包括 NumPy 模块的安装和导入，创建数组的各种方法，数组的数据类型，数组元素的操作，数组的算术运算，数组的重塑与转置，数组的读、写文件操作，高等数学考试成绩数据分析项目的实现方法。

知识目标	素养目标
◇ 掌握 NumPy 数组的相关概念 ◇ 掌握创建数组的常用方法及数据类型 ◇ 掌握数组元素的操作、数组的运算 ◇ 掌握数组的读、写文件操作 ◇ 掌握学生考试成绩数据分析项目的实现方法	◇ 提升信息获取与整合能力 ◇ 培养责任意识与敬业精神 ◇ 提升创新思维能力 ◇ 提升沟通与表达能力 ◇ 提升编程与算法设计能力

2.1　NumPy 模块的安装、导入与数组的概念

NumPy 是 Numerical Python 的缩写，是一种开源的数值计算扩展库，功能强大，广泛应用于数据分析和科学计算领域。NumPy 提供了许多功能，例如，创建多维数组（矩阵）、数组运算、数值积分、线性代数运算、傅里叶变换和随机数生成等。与 Python 列表相比，NumPy 数组具有更高的效率，同时还提供了大量数学函数，为数值计算提供了强大的计算环境。

2.1.1　NumPy 模块的导入

Anaconda 已内置 NumPy 模块，无须安装，可以直接在 JupyterLab 中导入使用。

1．导入 NumPy 模块

在使用 NumPy 模块前，必须先导入模块，常用的导入方法如下：

```
import numpy as np
```

该语句表示导入 NumPy 模块，并将其别名设置为 np。此后，所有涉及 NumPy 的操作均可用 np 代替 numpy，也可以继续使用模块名 numpy。

注意：模块的导入通常写在 Python 代码的开头部分。

2．NumPy 函数的快速输入

在 JupyterLab 的单元格中，输入 np.或 numpy.后，会弹出 NumPy 可用函数的下拉列表，如图 2-1 所示。可通过以下方式选择函数：

- 按〈↓〉或〈Tab〉键向下查看函数列表。
- 按〈↑〉或〈Shift+Tab〉组合键向上查看。
- 按〈Enter〉键插入选中的函数并关闭列表。
- 按〈Esc〉键取消选择并关闭列表。

3. 查看 NumPy 函数的帮助

要查看某个 NumPy 函数的帮助信息，可以采用以下两种方法：

1）在函数名后加"?"，例如，"np.array?"，运行后，单元格下方会显示该函数的帮助信息，如图 2-2 所示。

2）使用 help() 函数，例如，help(np.array)。

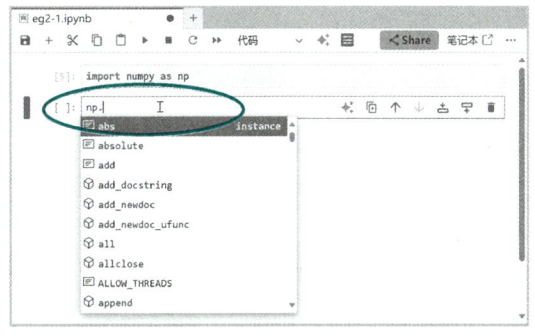

图 2-1　NumPy 函数的快速输入

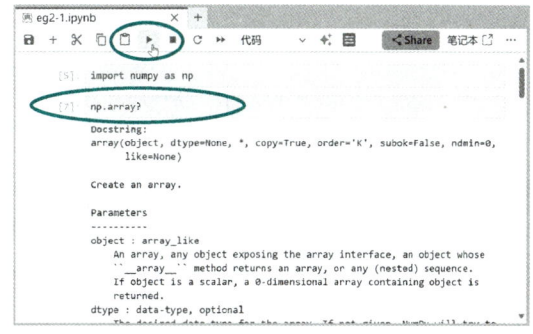

图 2-2　查看 NumPy 函数的帮助

注意：如果运行上述查看操作时显示"Object 'np.array' not found"，是因为尚未运行"import numpy as np"。需要先运行导入 NumPy 模块后，才能查看 NumPy 函数的帮助信息。

2.1.2　NumPy 数组的概念

在学习 NumPy 数组的操作之前，需要先了解以下几个关键概念。

1. 数组

数组（array）是由相同数据类型的有序元素组成的数据结构，主要包括数组名和索引（或下标）。

- 数组名：用于标识数组。
- 索引（或下标）：用于区分数组中的各个元素，索引从 0 开始。

数组的主要用途是对大量数据执行高效的操作。与 Python 列表相比，数组的运算效率更高，代码也更简洁。

2. 数组的维度

数组的维度指的是描述数组形状的独立方向数量，数组的维度决定了其数据排列的方式。

- 一维数组：类似于 Python 的列表，元素沿一个方向线性排列。每个元素通过一个索引访问。
- 二维数组：类似于矩阵，元素按行和列的形式排列。每个元素通过行索引和列索引访问。
- 三维数组：类似于立方体，元素以多个平面的形式排列。每个元素通过 3 个索引（页、行、列）访问。
- 多维数组：NumPy 支持维度大于三的数组，用于描述更复杂的数据结构。

3. 数组的轴

轴（axis）是数组的维度标识，每个数组的轴数与其维度数一致。

- 一维数组：只有一个轴，编号为 axis 0。

- 二维数组：有两个轴，分别为 axis 0（行）和 axis 1（列）。
- 三维数组：有 3 个轴，分别为 axis 0（页）、axis 1（行）和 axis 2（列）。

注意：在 Python 中，数组的轴编号从 0 开始。例如：第 1 维度为 axis 0，第 2 维度为 axis 1，第 3 维度为 axis 2。

4．轴的长度

轴的长度指数组在某个维度上元素的数量，也称为该维度的大小或形状。

（1）一维数组

一维数组由单一轴表示，形状为(n,)。

例如：数组[1, 2, 3]的第一轴（axis 0）长度为 3，形状为(3,)。如图 2-3a 所示。

（2）二维数组

二维数组由行轴和列轴组成，形状为(n, m)。

例如：数组[[1, 2, 3], [4, 5, 6]]的形状为(2, 3)。第一轴（axis 0）长度为 2（表示有两行）。第二轴（axis 1）长度为 3（表示每行有 3 列）。如图 2-3b 所示。

（3）三维数组

三维数组由页、行、列轴组成，形状为(p, n, m)。

例如：数组形状为(2, 2, 3)。第一轴（axis 0）长度为 2（表示有两个二维数组）。第二轴（axis 1）长度为 2（表示每个二维数组有两行）。第三轴（axis 2）长度为 3（表示每行有 3 列）。如图 2-3c 所示。

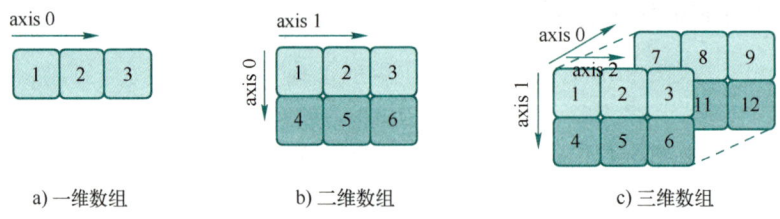

图 2-3　一维、二维、三维数组的可视化描述及其轴

在对数组的可视化描述时，由于数组只可能在平面上显示出来，对于高于二维数组的表现形式稍微有些不同，如图 2-4 所示。三维数组可以看作是由多个二维数组组成的，而二维数组可以看作是由多个一维数组组成的。

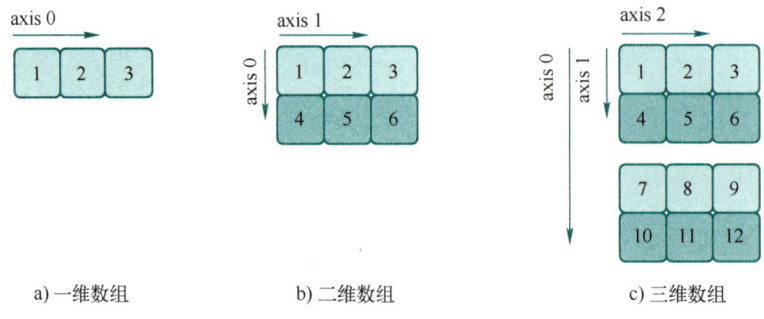

图 2-4　一维、二维、三维数组的平面描述及其轴

5．数组的秩

秩（rank）是指数组的轴数，即数组的维度数。例如：一维数组的秩为 1，二维数组的秩为 2，三维数组的秩为 3。

2.2 创建数组

标准的 Python 没有提供数组功能，通常使用列表（list）来替代。然而，由于列表中的元素可以是任意对象，运行和存储效率较低。NumPy 弥补了这些缺陷，提供了专门的数组对象——ndarray（n-dimensional array object，n 维数组对象）。NumPy 数组的元素必须具有相同的数据类型，这使其在数值计算和数据分析中具有高效性和实用性。

2.2.1 数组的属性

ndarray 对象定义了一些关键属性，理解这些属性有助于更好地掌握数组的使用。其常用属性及说明见表 2-1。

表 2-1　ndarray 对象的常用属性及说明

名称	说明
ndim	返回 int，表示数组的维数（轴的个数）。例如，二维数组有两个轴，ndim 的值为 2
shape	返回 tuple，表示数组的形状。元组中的每个元素表示数组每个维度的大小
size	返回 int，表示数组的元素总数，等于 shape 中各元素的乘积
dtype	返回 data-type，表示数组元素的数据类型，可为标准 Python 类型或 NumPy 特有类型（如 int32、float64）
itemsize	返回 int，表示数组中每个元素占用的存储空间，单位为字节（B）。例如，float64 类型占用 8 字节

注意：

1）shape 属性的值是一个元组，元组的元素个数与数组的维度一致。例如：一维数组的 shape 元组中只有一个元素；二维数组的 shape 元组中有两个元素，表示行数和列数。

2）为了简化描述，本章后续将 ndarray 对象简称为数组，将 shape 属性的值称为数组的形状。

2.2.2 使用 array() 函数创建数组

NumPy 提供了 array() 函数，用于将 Python 的序列对象（如列表、元组）转换为 ndarray 数组。该函数支持创建一维或多维数组。语法格式如下：

np.array(object, dtype=None, *, copy=True, order='K', subok=False, ndmin=0)

np 是 NumPy 模块的别名。array() 函数的常用参数及说明见表 2-2。

表 2-2　array() 函数的常用参数及说明

名称	说明
object	必填参数。可以是序列对象（如列表、元组）或标量。如果是嵌套的等长序列，则返回多维数组；如果是标量，则返回 0 维数组
dtype	可选参数。指定数组元素的数据类型，如 int、float、complex 等。默认为 None，表示从序列中推导类型
copy	是否创建数组的副本。如果为 True（默认），则返回新数组；如果为 False，则尽可能返回原数组的视图

(续)

名称	说明
order	可选参数，指定数组的内存布局，可选值为'K'（元素内存顺序，默认）、'A'（原顺序）、'C'（行主序）或'F'（列主序）
subok	可选参数，布尔值。默认为 False，表示返回的数组为基类数组；若为 True，子类将被传递
ndmin	可选参数，int 类型。指定返回数组的最小维度，默认为 0

注意：参数"*"表示区分位置参数和关键字参数，调用时需以关键字参数形式指定"*"后的参数。

例 2-1

【例 2-1】 使用 array()函数创建一维数组并查看其属性。

```
lis = [1, 2, 3]   # 列表
print(lis, type(lis))   # 输出列表及其类型，列表元素用逗号分隔
[1, 2, 3] <class 'list'>
```

```
import numpy as np
arr = np.array(lis)   # 列表转换为数组
print(arr, type(arr))   # 输出数组及其类型，数组元素用空格分隔
[1 2 3] <class 'numpy.ndarray'>
```

```
print(arr.ndim, arr.shape, arr.size, arr.dtype, arr.itemsize)   # 查看数组的属性
1 (3,) 3 int32 4
```

结果说明：

1）列表元素用逗号分隔，数组元素用空格分隔。

2）列表的类型是<class 'list'>，数组的类型是<class 'numpy.ndarray'>。

3）数组为一维，ndim=1；包含 3 个元素，shape=(3,)；元素类型为 int32，每个元素占用 4 字节。

【例 2-2】 指定数据类型创建数组。

```
arr = np.array((4, 5, 6), dtype=np.float64)   # 元组转换为数组，数据类型为 float64
print(arr, arr.dtype)   # 输出数组和数组元素的数据类型
[4. 5. 6.] float64
```

【例 2-3】 创建二维数组。

```
arr = np.array([[1, 2, 3.0], [4, 5, 6]])   # 嵌套列表创建二维数组
print(arr)
print(arr.ndim, arr.shape, arr.size, arr.dtype, arr.itemsize)   # 输出 arr 对象的属性
[[1. 2. 3.]
 [4. 5. 6.]]
2 (2,3) 6 float64 8
```

【例 2-4】 设置最小维度创建数组。

```
arr1 = np.array([0, 1, 2, 3, 4, 5, 6, 7, 8], dtype=np.float32, ndmin=2)
print(arr1)
print(arr1.ndim, arr1.shape, arr1.size, arr1.dtype, arr1.itemsize)
[[0. 1. 2. 3. 4. 5. 6. 7. 8.]]
2 (1,9) 9 float32 4
```

结果说明：由于设置 ndmin=2，将原列表转换为 1 行 9 列的二维数组。

【例 2-5】 创建三维数组。

```
arr = np.array([[[1, 2, 3], [4, 5, 6]], [[7, 8, 9], [10, 11, 12]]])   # 创建三维数组
print(arr)
print(arr.ndim, arr.shape, arr.size, arr.dtype, arr.itemsize)
```

```
[[[ 1  2  3]
  [ 4  5  6]]

 [[ 7  8  9]
  [10 11 12]]]
3  (2, 2, 3)  12  int32  4
```

结果说明：三维数组的形状为(2, 2, 3)，表示有两个二维数组，每个二维数组有 2 行 3 列。

【例 2-6】 创建 0 维数组。

```
[ ]: arr = np.array(3)    # 参数是标量
     print(arr, type(arr), arr.ndim, arr.shape)
     3  <class 'numpy.ndarray'>  0  ()
```

结果说明：如果参数是一个标量，则返回一个包含该参数的 0 维数组。

2.2.3 创建数组的其他方式

NumPy 提供了多种方法来创建不同类型的数组，以满足不同的需求。

1. 使用 arange()函数根据数值范围和步长创建数组

arange()函数用于创建一个包含等间隔数值的数组，生成的数组元素组成等差数列。等差数列是指从第二项起，每一项与前一项的差值相等的数列。arange()函数的基本语法格式如下：

np.arange([start,] stop, [step,], dtype=None)

arange()函数的常用参数及说明见表 2-3。

表 2-3 arange()函数的常用参数及说明

名称	说明
start	数组的起始值（可选）。默认为 0，包含在区间内
stop	数组的结束值（必填）。不包含在区间内（除非浮点运算误差影响）
step	两个相邻元素间的间隔（可选）。默认为 1
dtype	数组元素的数据类型（可选）。如果未指定，则根据输入自动推断

arange()函数几种用法：

- np.arange(stop)：生成区间[0, stop)的值。
- np.arange(start, stop)：生成区间[start, stop)的值。
- np.arange(start, stop, step)：生成区间[start, stop)的值，间隔由 step 决定。

例 2-7

【例 2-7】 使用 arange()函数创建数组。

```
[ ]: import numpy as np
     np.arange(3)
[ ]: array([0, 1, 2])
[ ]: np.arange(3.0)
[ ]: array([ 0.,  1.,  2.])
[ ]: np.arange(3, 10)
[ ]: array([3, 4, 5, 6, 7, 8, 9])
[ ]: np.arange(1, 10, 2)
[ ]: array([1, 3, 5, 7, 9])
[ ]: arr=np.arange(20, 10, -1)
     print(arr)
```

```
            [20 19 18 17 16 15 14 13 12 11]
[ ]:    arr=np.arange(10, dtype=np.float32)
        print(arr)
            [0. 1. 2. 3. 4. 5. 6. 7. 8. 9.]
[ ]:    print(np.arange(1, 5, 0.5))
            [1.  1.5 2.  2.5 3.  3.5 4.  4.5]
```

2. 使用 empty()函数创建未初始化的数组

empty()函数用于创建一个指定形状、数据类型的数组,其值是未初始化的随机数据。其语法格式如下:

np.empty(shape, dtype=float)

empty()函数的常用参数及说明见表 2-4。

表 2-4 empty()函数的常用参数及说明

名称	说明
shape	数组的形状,例如(2, 3)或 2
dtype	数组元素的数据类型(可选)

【例 2-8】 使用 empty()函数创建未初始化数组。

```
[ ]:    import numpy as np
        np.empty([2, 3])
[ ]:    array([[1.28014465e-152, 2.64519868e+185, 6.74016452e+199],
               [4.83245960e+276, 6.37304231e+270, 2.25294965e-310]])
[ ]:    np.empty([2, 3], dtype=int)
[ ]:    array([[ 1945114752,         477,           0],
               [          0,      131074, -2147483648]])
```

3. 使用 zeros()函数创建全为 0 的数组

zeros()函数用于创建一个指定形状的数组,所有元素填充为 0。其语法格式如下:

np.zeros(shape, dtype=float)

参数说明与 empty()函数相同。

【例 2-9】 使用 zeros()函数创建元素值为 0 的数组。

```
[ ]:    import numpy as np
        np.zeros(5)
[ ]:    array([0., 0., 0., 0., 0.])
[ ]:    np.zeros((2,3), dtype=int)
[ ]:    array([[0, 0, 0],
               [0, 0, 0]])
```

2.2.4 使用随机数模块生成随机数数组

NumPy 提供了强大的 random 模块,可以生成各种随机数数组,包括均匀分布、正态分布等。这些方法高效且灵活,常用于数据科学和机器学习的模拟和初始化。

1. 使用 rand()函数生成均匀分布的随机数组

rand()函数用于生成一个符合[0,1)区间均匀分布的随机数数组。数组的形状由参数指定。rand()函数的语法格式如下:

np.random.rand(d0, d1, …, dn)

参数说明：d0, d1, …, dn：表示生成数组的形状（可选，int 类型）。如果传入一个值，则生成一维数组。如果传入两个值，则生成二维数组。如果不传入参数，则返回一个随机浮点数。

【例 2-10】 使用 rand()函数生成随机数组。

```
import numpy as np
np.random.rand(5)     # 一维数组
```
```
array([0.29640944, 0.22304845, 0.96918171, 0.97278493, 0.05643253])
```
```
arr=np.random.rand(3, 2)    # 二维数组
print(arr)
```
```
[[0.87242054  0.26760496]
 [0.66148914  0.97250833]
 [0.82184006  0.64272553]]
```
```
np.random.rand()      # 生成一个随机数
```
```
0.9063324967272136
```

注意：每次运行代码后生成的随机数组都不同。

2. 使用 normal()函数生成正态分布的随机数组

normal()函数用于生成符合正态分布（高斯分布）的随机数数组。其基本语法格式如下：

np.random.normal(loc=0.0, scale=1.0, size=None)

normal()函数的常用参数及说明见表 2-5。

表 2-5 normal()函数的常用参数及说明

名称	说明
loc	浮点数或数组。表示正态分布的均值，loc=0 表示以 y 轴为对称轴的正态分布
scale	浮点数或数组，必须为非负数。表示正态分布的标准差，控制分布的宽度。scale 越大，分布越宽
size	整数或整数元组（可选）。表示输出数组的形状。例如，(p, m, n)表示生成 p*m*n 个样本。默认为 None

正态分布又称钟形曲线，其概率密度函数呈对称分布。它广泛应用于描述受许多微小随机扰动影响的自然现象。

【例 2-11】 使用 normal()函数生成正态分布的随机数组。

```
import numpy as np
np.random.normal(0, 10, 4)    # 生成 4 个均值为 0，标准差为 10 的正态分布样本
```
```
array([-6.75016749, -4.05605056,  1.75272233,  8.15342302])
```
```
# 生成均值为 0，标准差为 0.1 的 100 个正态分布样本
mu, sigma = 0, 0.1
print(np.random.normal(mu, sigma, 100))
```
```
[ 0.15508441 -0.07183129 -0.12791587  0.0021241   0.07429584 -0.00215252
 ...
 -0.11200147  0.09838252 -0.14959739  0.07909665]
```
```
# 生成 2 行 4 列的正态分布数组，均值为 3，标准差为 2.5
arr = np.random.normal(3, 2.5, size=(2, 4))
print(arr)
```
```
[[ 0.97590345  5.95703977  0.34017871  6.27984398]
 [-0.81271478  6.47071264  2.88121108  6.36186342]]
```

2.3 数组的数据类型

在创建数组时，可以通过 dtype 参数指定数组中元素的数据类型。如果未明确指定，

NumPy 会根据元素类型自动推断数据类型；如果数组元素类型不同，NumPy 会选择一种兼容的类型统一数组的类型。在 NumPy 中，数组的数据类型是同质的，即数组中所有元素必须具有相同的数据类型。

2.3.1 NumPy 的常用数据类型

为了满足不同精度和范围的计算需求，NumPy 扩展了 Python 的原生数据类型，增加了更多种类的数值类型。常用数据类型及说明见表 2-6。

表 2-6 NumPy 的常用数据类型及说明

名称	说明	写法	简写
bool	布尔类型，用 1 字节存储，值为 True 或 False	np.bool	'b'
int8	8 位整数，范围：−128～127	np.int8	'i'
int16	16 位整数，范围：−32768～32767	np.int16	'i2'
int32	32 位整数，范围：-2^{31}～$2^{31}-1$	np.int32	'i4'
int64	64 位整数，范围：-2^{63}～$2^{63}-1$	np.int64	'i8'
uint8	无符号 8 位整数，范围：0～255	np.uint8	'u'
uint16	无符号 16 位整数，范围：0～65535	np.uint16	'u2'
uint32	无符号 32 位整数，范围：0～$2^{32}-1$	np.uint32	'u4'
uint64	无符号 64 位整数，范围：0～$2^{64}-1$	np.uint64	'u8'
float16	半精度浮点数（16 位），1 位符号位+ 5 位指数位+10 位尾数位	np.float16	'f2'
float32	单精度浮点数（32 位），1 位符号位+8 位指数位+23 位尾数位	np.float32	'f4'
float64	双精度浮点数（64 位），1 位符号位+11 位指数位+52 位尾数位	np.float64	'f8'
complex64	复数类型，分别用两个 32 位浮点数表示实部和虚部	np.complex64	'c8'
complex128	复数类型，分别用两个 64 位浮点数表示实部和虚部	np.complex128	'c16'
object_	Python 对象类型	np.object_	'O'
string_	固定长度的字符串类型，每个字符占 1 字节，S 后的数字表示字符串长度	np.string_	'S 数字'
unicode_	固定长度的 Unicode 字符串类型，长度由平台决定，U 后的数字表示字符串长度	np.unicode_	'U 数字'

注意：为了与 Python 原生数据类型区分，NumPy 中部分数据类型名称末尾加了下画线 "_"。

2.3.2 查看数据类型

可以通过数组的 dtype 属性获取数据类型的对象，再通过该对象的 name 属性获取数据类型的名称。

【例 2-12】 获取数据类型示例。

```
import numpy as np
# 创建一个数组并查看其数据类型
a = np.zeros_like([2, 1, 5, 6, 0])    # 默认数据类型
a.dtype.name
```
[ ]: 'int32'
```
a = np.zeros_like([2, 1, 5, 6, 0], dtype=np.int64)    # 指定数据类型
a.dtype.name
```
[ ]: 'int64'

注意：在默认情况下，64 位 Windows 系统中创建的整数数组数据类型为 int32。

2.3.3 转换数据类型

在 NumPy 中，数据类型的转换是常见操作，允许将数组中的元素从一种类型转换为另一种类型。NumPy 支持多种数据类型，包括整数、浮点数、布尔值和字符串等。

1. 使用类型函数转换数据类型

NumPy 中的每种数据类型都对应一个数据转换函数，函数名称通常与数据类型名称一致。可以通过这些函数将数组元素转换为目标数据类型。

注意：复数类型不能直接转换为整数或浮点类型。

【例 2-13】创建 NumPy 数据时指定数据类型，使用类型函数转换数据类型示例。

```
import numpy as np
a = np.arange(5, dtype='f8')   # 创建一个浮点数组并指定数据类型
a
```
```
array([0., 1., 2., 3., 4.])
```
```
np.int32(a)   # 使用类型函数转换数据类型
```
```
array([0, 1, 2, 3, 4])
```

2. 使用 astype() 方法转换数据类型

NumPy 提供了 astype() 方法，可以将数组的元素类型转换为指定的数据类型。astype() 方法灵活且常用，支持多种数据类型之间的转换。astype() 方法的语法格式如下：

np.ndarray.astype(dtype, order='K', casting='unsafe', subok=True, copy=True)

其中，np.ndarray 是一个 ndarray 数组。astype() 方法的常用参数及说明见表 2-7。

表 2-7 astype() 方法的常用参数及说明

名称	说明
dtype	目标数据类型。可以是 NumPy 数据类型（如 np.int32、np.float64 等），也可以是 Python 数据类型（如 int、float 等），还可以是字符串形式（如'int32'、'float64'等）
order	可选参数，指定数组的内存布局，可选值为'K'（元素内存顺序，默认）、'A'（原顺序）、'C'（行主序）或'F'（列主序）
casting	指定类型转换的规则。取值为'unsafe'（允许所有数据类型转换，即使可能会导致数据丢失或不准确）、'no'（不允许数据类型转换）、'equiv'（只允许完全等价的数据类型转换，如 int32 转换为 int32）、'safe'（只允许安全的数据类型转换，如 int32 转换为 float64，但不允许 float64 转换为 int32）、'same_kind'（允许同一类别的数据类型转换，如 float32 转换为 float64，但不允许 float32 转换为 int32）
subok	可选参数，布尔值。默认为 False，表示返回的数组为基类数组；若为 True，子类将被传递
copy	是否创建数组的副本。如果为 True（默认），则返回新数组；如果为 False，则尽可能返回原数组的视图

（1）浮点型转换为整型

浮点型被转换为整型时，小数点后面的部分会被截断。

【例 2-14】将浮点数转换为整数示例。

```
a = np.array([1.9, -2.7, 3.4], dtype=np.float32)   # 创建一个浮点型数组
a.astype(np.int32)   # 将浮点型数组转换为整型数组
```
```
array([ 1, -2,  3])
```

（2）整型转换为布尔型

非零元素被转换为 True，零元素被转换为 False。

【例 2-15】 将整型转换为布尔型示例。

[ ]:
```
arr = np.array([0, 1, 2, -3, 0])    # 创建一个整型数组
arr.astype(np.bool_)                # 将整型数组转换为布尔型数组
```
[ ]: array([False, True, True, True, False])

（3）整型转换为字符串型

转换后的字符串前会加上"b"，表示这是字节字符串。

【例 2-16】 将整型转换为字符串型示例。

[ ]:
```
arr = np.array([1, 0, -5], dtype=np.int32)
arr.astype(np.string_)    # 将整型数组转换为字符串型数组
```
[ ]: array([b'1', b'0', b'-5'], dtype='|S11')

（4）字符串型转换为数值型

如果字符串中的每个字符都是数字，可以使用 astype()方法将字符串型转换为数值型。

【例 2-17】 将字符串型转换为数值型示例。

[ ]:
```
arr_str = np.array(['123', '-456', '789'], dtype=np.string_)
arr = arr_str.astype(np.int32)    # 将字符串型数组转换为数值型
arr
```
[ ]: array([123, -456, 789])

使用 astype()方法时，需要确保数据内容与目标类型兼容，否则会引发错误。

2.4 数组元素的操作

NumPy 提供了比 Python 内置序列更多的索引工具，包括基本索引（整数索引和切片）和高级索引（整数数组、布尔数组和花式索引）。高级索引能够访问数组中的任意元素，并支持复杂的操作和修改。在 NumPy 中，可以使用方括号"[]"来索引和操作数组的元素。

2.4.1 整数索引和切片

通过索引和切片可以访问或修改数组中的元素。以下分别介绍一维数组和二维数组的索引和切片方式。

1. 一维数组的整数索引和切片

（1）索引

整数索引通过下标访问数组中的元素。访问一维数组的语法格式如下：

数组对象名[下标]

说明：下标可以是单个整数、切片或者列表。索引既可以是正向索引（从左到右，从 0 开始），也可以是反向索引（从右到左，从-1 开始）。

（2）切片

切片操作可以从数组中提取多个元素或片段，返回的切片是原始数组的视图，对切片的修改会影响原始数组。切片的语法格式如下：

数组对象名[[start]:[stop]:[step]]

说明：

1）start 是起始索引（默认为 0）。stop 是终止索引（不包含该索引）。step 是步长（默认为 1，可以为负数以实现反向切片）。

2）索引是左闭右开区间。例如，a[2:6]获取到索引 2～5 的元素，而获取不到索引为 6 的元素。

3）当没有 start 参数时，表示从索引 0 开始获取。例如，[:6]获取到索引 0～5 的元素。

4）start、stop 和 step 这 3 个参数都可以是负数，表示反向索引。例如，a[-2：-9：-2]获取到索引-2～-8 的元素，不包括索引为-9 的元素。

5）当省略 3 个参数，切片为[:]或[::]时，表示获取所有元素。

【例 2-18】 使用索引和切片的方式获取一维数组元素。

```
import numpy as np
a = np.arange(1, 20, 2)   # 创建一维数组
print(a)  # 获取全部数组元素
```
[1 3 5 7 9 11 13 15 17 19]

```
print(a[6])   # 获取索引为 6 的元素
```
13

```
print(a[2:6])   # 获取索引 2～5 的元素
```
[5 7 9 11]

```
print(a[1:8:2])   # 获取索引 1～7，步长为 2 的元素
```
[3 7 11 15]

```
print(a[-2:-9:-2])   # 获取索引-2～-8 的元素
```
[17 13 9 5]

2. 二维数组的整数索引和切片

二维数组的元素需要通过行索引和列索引共同定位。行索引和列索引均支持正向和反向索引。

（1）索引二维数组的行

语法格式如下：

> 数组对象名[行下标]

说明：行下标可以是整数索引、切片或列表。通过切片或列表可以获取多行元素。

例 2-19

【例 2-19】 使用行下标获取二维数组的行。

```
a = np.array([[1, 4, 7], [2, 5, 8], [3, 6, 9]])
print(a)   # 输出整个二维数组
```
[[1 4 7]
 [2 5 8]
 [3 6 9]]

```
print(a[1])   # 获取第 1 行的所有元素
```
[2 5 8]

```
print(a[0:2])   # 获取第 0～1 行的所有元素
```
[[1 4 7]
 [2 5 8]]

```
print(a[[0, 2]])   # 给出要获取的列表[0,2]，获取第 0 行和第 2 行的所有元素
```
[[1 4 7]
 [3 6 9]]

（2）索引二维数组的单个或部分元素

语法格式如下：

数组对象名[行下标,列下标]

说明:行下标和列下标可以是单个索引、切片或列表。":"表示所有行或所有列。可以混合使用切片和整数索引。

【例2-20】 使用索引和切片的方式获取二维数组的元素。

```
a = np.array([[1, 4, 7], [2, 5, 8], [3, 6, 9]])
print(a[:, :])   # 获取所有元素
[[1 4 7]
 [2 5 8]
 [3 6 9]]
```

```
print(a[0, 2])   # 获取第0行第2列的元素
7
```

```
print(a[1:3, 0:2])   # 获取第1~2行的第0~1列的元素
[[2 5]
 [3 6]]
```

```
print(a[1, 0:2])   # 获取第1行的第0~1列的元素
[2 5]
```

```
print(a[[0, 2], 1:3])    # 获取第0行和第2行的第1~2列的元素
[[4 7]
 [6 9]]
```

```
print(a[:, 0:2])   # 获取所有行的第0~1列的元素
[[1 4]
 [2 5]
 [3 6]]
```

二维数组的索引和切片需要通过行索引和列索引联合定位元素。支持混合使用整数索引和切片操作,能够灵活获取部分或全部区域。

2.4.2 花式索引

花式索引(Fancy Indexing)是通过索引数组或列表中的整数值作为下标,从被索引数组中获取对应元素的一种方式。这种索引方式可以一次性获取不连续的多个元素,支持对数组进行复杂的选择和操作。

索引数组可以是 NumPy 数组或 Python 的列表等可迭代对象,其每个元素都是被索引数组中某个维度的索引值。索引数组既可以是一维的,也可以是多维的。

1. 用花式索引访问一维数组

当使用花式索引访问一维数组时,索引数组中的每个值作为下标,从被索引数组中依次获取对应位置的元素,并返回一个新数组。

【例2-21】 用花式索引访问一维数组中不连续的元素。

```
import numpy as np
arr = np.arange(1, 10)    # 创建被索引的一维数组
print(arr)
[1 2 3 4 5 6 7 8 9]
```

```
indices = [1, 5, 7]    # 使用索引列表
selected_elements = arr[indices]    # 使用花式索引获取指定元素
print(selected_elements)
[2 6 8]
```

```
indices = np.array([0, 5, 8, 2])    # 使用索引数组
selected_elements = arr[indices]    # 使用花式索引获取指定元素
print(selected_elements)
[1 6 9 3]
```

通过索引数组[0,5,8,2]访问一维数组 arr，分别获取索引为 0、5、8、2 的元素，结果是[1，6，9，3]。

2. 用花式索引访问二维数组

当使用花式索引访问二维数组时，可以通过索引数组选择多行、多列或多个不连续的元素。索引数组可以是一维或多维，与被索引数组的维度相同或低一维。

（1）访问指定的行

【例 2-22】 使用花式索引访问二维数组中指定的行。

[ ]:
```
arr_2d = np.array([[1, 2, 3], [4, 5, 6], [7, 8, 9], [10, 11, 12]])   # 创建一个二维数组，被索引数组
print(arr_2d)
```
```
[[ 1  2  3]
 [ 4  5  6]
 [ 7  8  9]
 [10 11 12]]
```

[ ]:
```
# 使用索引数组选择多行
rows_to_select = np.array([0, 2])   # 创建索引数组
selected_rows = arr_2d[rows_to_select]   # 使用花式索引获取数组的多行，用一维数组
print(selected_rows)
```
```
[[1 2 3]
 [7 8 9]]
```

（2）访问指定的列

【例 2-23】 使用花式索引访问二维数组中指定的列。

[ ]:
```
cols_to_select = [1, 2]   # 创建索引列表
selected_cols = arr_2d[:, cols_to_select]   # 使用花式索引获取数组的多列
print(selected_cols)
```
```
[[ 2  3]
 [ 5  6]
 [ 8  9]
 [11 12]]
```

（3）访问指定的元素

可以通过两个花式索引数组分别指定行索引和列索引，以选择二维数组中的特定元素。

【例 2-24】 使用花式索引访问二维数组中指定的元素。

[ ]:
```
# 获取右下角的元素
row = [3]   # 行索引
col = [2]   # 列索引
select_element = arr_2d[row, col]   # 使用花式索引获取特定的元素，返回一个新数组
print(select_element)
```
```
[12]
```

[ ]:
```
# 获取 4 个角的元素
rows = np.array([0, 0, 3, 3])   # 行索引数组，用一维数组
cols = np.array([0, 2, 0, 2])   # 列索引数组，用一维数组
select_elements = arr_2d[rows, cols]   # 使用花式索引获取特定的元素，返回一个新数组
print(select_elements)
```
```
[ 1  3 10 12]
```

[ ]:
```
# 以二维数组形式输出
rows_2d = np.array([[0, 0], [3, 3]])   # 行索引数组，用二维数组
cols_2d = np.array([[0, 2], [0, 2]])   # 列索引数组，用二维数组
select_elements_2d = arr_2d[rows_2d, cols_2d]   # 使用索引数组选择特定的元素，返回一个新数组
print(select_elements_2d)
```
```
[[ 1  3]
 [10 12]]
```

注意：当使用两个花式索引数组访问二维数组时，两个索引数组的长度必须相等。索引值不能超过被索引数组的维度范围，否则会引发索引异常。

3. 切片与花式索引的组合使用

可以将切片与花式索引组合使用，以实现更复杂的元素选择。

【例 2-25】 使用组合索引获取元素。

```
[ ]: arr_2d = np.array([[10, 20, 30, 40],
                       [50, 60, 70, 80],
                       [90, 100, 110, 120]])   # 创建一个二维数组
     # 选择第 1～2 行，第 0、2、3 列的元素
     selected_elements = arr_2d[1:3, [0, 2, 3]]   # 用切片获取 1～2 行，用花式索引获取 0、2、3 列的元素
     print(selected_elements)

[[ 50  70  80]
 [ 90 110 120]]
```

2.4.3 布尔索引

布尔索引是一种通过布尔数组或布尔列表选择满足特定条件元素的方法。当使用布尔索引访问数组时，布尔数组中值为 True 的位置对应的元素会被选中，生成一个新数组。

布尔数组或布尔列表的形状必须与被索引数组的形状相同，或者长度与被索引数组的轴长度一致。布尔数组中的每个元素必须是布尔值（True 或 False）。

布尔索引通常用于根据特定条件选择数组中的元素，这些条件可以是比较操作、逻辑运算的结果或其他布尔表达式的结果。

1. 用布尔索引访问一维数组

当布尔索引用于一维数组时，布尔数组或列表的长度必须与被索引数组的长度一致。

【例 2-26】 使用手动创建的布尔列表。

```
[ ]: import numpy as np
     arr = np.arange(10)   # 创建一维数组
     condition = [True, False, True, False, True, False, True, False, True, False]   # 布尔列表
     selected_elements = arr[condition]   # 使用布尔数组索引原始数组，返回一个数组
     print(selected_elements)

[0 2 4 6 8]
```

被索引数组 arr 有 10 个元素，对应的布尔列表 condition 也有 10 个布尔值。

在使用布尔索引时，一般是原始数组与某个数通过比较运算符或逻辑运算符（"&"和"|"，不能是"&&"和"||"）进行运算后的结果作为布尔数组。注意返回的结果是一个 NumPy 型的布尔数组。

【例 2-27】 通过条件运算生成布尔数组。

```
[ ]: arr = np.arange(10)   # 创建一维数组
     condition = (arr % 2 == 0) & (arr > 3)   # 创建布尔数组
     print(condition)   # 输出布尔索引数组

[False False False False  True False  True False  True False]
```

在布尔数组中，只有同时满足条件 "arr % 2 == 0" 和 "arr > 3" 的元素对应位置为 True。

```
[ ]: selected_elements = arr[condition]   # 使用布尔数组索引原始数组，返回一个数组
     print(selected_elements)   # 新数组包含了与 condition 列表中 True 位置对应的元素

[4 6 8]
```

【例2-28】 筛选特定的字符串元素。使用布尔索引获取数组中"Jason"和"Ben"的元素。

```
[ ]: names = np.array(['Ben', 'Tom', 'Ben', 'Jeremy', 'Jason', 'Michael', 'Ben'])  # 创建一维数组
     condition = (names == 'Jason') | (names == 'Ben')  # 条件运算，生成布尔数组
     print(condition)  # 输出布尔数组
     [ True False  True False  True False  True]
[ ]: selected_names = names[condition]  # 使用布尔数组索引原始数组
     print(selected_names)
     ['Ben' 'Ben' 'Jason' 'Ben']
```

使用"!="或"~"运算符可以筛选不符合条件的元素。

2. 用布尔索引访问二维数组

当布尔索引用于二维数组时，布尔数组的形状必须与被索引数组匹配。无论被索引数组的维度是多少，布尔索引的结果总是一维数组。

【例2-29】 选择符合条件的元素。使用布尔索引获取二维数组中大于4且小于8的元素。

```
[ ]: arr_2d = np.array([[1, 2, 3], [4, 5, 6], [7, 8, 9], [10, 11, 12]])  # 创建二维数组，被索引数组
     condition = (arr_2d > 4) & (arr_2d < 8)  # 创建布尔数组
     print(condition)
     [[False False False]
      [False  True  True]
      [ True False False]
      [False False False]]
[ ]: selected_elements = arr_2d[condition]  # 使用布尔数组索引原始数组
     print(selected_elements)
     [5 6 7]
```

布尔数组的形状为4×3，与arr_2d一致。结果数组为一维数组，包含满足条件的元素。

【例2-30】 选择符合条件的行。使用布尔索引获取二维数组中第2列大于5的所有行。

```
[ ]: condition = arr_2d[:, 1] > 5   #  # 创建布尔数组，获取第2列（索引为1）大于5的行
     print(condition)
     [False False  True  True]
[ ]: selected_rows = arr_2d[condition]  # 使用布尔数组索引二维数组
     print(selected_rows)
     [[ 7  8  9]
      [10 11 12]]
```

这里，布尔数组condition是一维数组，其长度与arr_2d的行数一致。

2.4.4 数组元素的添加、删除、修改和查询

NumPy数组是一种可变类型的数据结构，支持对数组元素的添加、删除、修改和查询操作。以下详细介绍这些操作及其用法。

1. 数组元素的添加

NumPy提供了append()和insert()函数，用于在数组中添加元素。

（1）使用append()函数追加元素

append()函数在数组末尾追加元素。它会创建一个新数组，并将原数组和新元素复制到其中。追加操作的维度必须匹配，否则会引发ValueError。append()函数的语法格式如下：

```
np.append(arr, values, axis=None)
```

append()函数的常用参数及说明见表2-8。

表 2-8　append()函数的常用参数及说明

名称	说明
arr	原数组
values	追加的元素，形状必须匹配
axis	默认为 None，表示在数组展平后追加；为 0 时在行方向追加；为 1 时在列方向追加

【例 2-31】 向二维数组中添加二维列表。

```
import numpy as np
arr = np.array([[1, 2, 3], [4, 5, 6]])   # 创建二维数组
arr1 = np.append(arr, [[7, 8, 9]])   # 在数组末尾追加元素，结果为一维数组
print(arr1)
[1 2 3 4 5 6 7 8 9]
```

沿行方向追加。

```
arr1 = np.append(arr, [[7, 8, 9]], axis=0)
print(arr1)
[[1 2 3]
 [4 5 6]
 [7 8 9]]
```

沿列方向追加。

```
arr1 = np.append(arr, [[7, 8], [9, 10]], axis=1)
print(arr1)
[[ 1  2  3  7  8]
 [ 4  5  6  9 10]]
```

（2）使用 insert()函数插入元素

insert()函数在指定索引位置插入元素，并返回一个新数组。insert()函数的语法格式如下：

np.insert(arr, obj, values, axis=None)

insert()函数的常用参数及说明见表 2-9。

表 2-9　insert()函数的常用参数及说明

名称	说明
arr	原数组
obj	插入位置的索引，可以是整数或整数列表
values	要插入的值
axis	未指定时将数组展平

【例 2-32】 向二维数组中添加一维列表。

```
arr = np.array([[1, 2], [3, 4], [5, 6]])   # 创建二维数组
arr1 = np.insert(arr, 3, [77, 88])   # 插入元素，不指定轴，数组被展开后插入
print(arr1)
[ 1  2  3 77 88  4  5  6]
```

使用 insert()函数在二维数组 arr 中添加元素后，返回的数组 arr1 变成了一维数组。

```
arr1 = np.insert(arr, 2, [77, 88], axis=0)   # 沿行方向插入
print(arr1)
[[ 1  2]
 [ 3  4]
 [77 88]
 [ 5  6]]
```

```
[ ]:  arr2 = np.insert(arr, 1, [77, 88, 99], axis=1)   # 沿列方向插入
      print(arr2)
      [[ 1 77  2]
       [ 3 88  4]
       [ 5 99  6]]
```

2. 数组元素的删除

使用 delete()函数可以删除数组中的元素或子数组，并返回一个新数组。语法格式如下：

np.delete(arr, obj, axis=None)

delete()函数的常用参数及说明见表 2-10。

表 2-10 delete()函数的常用参数及说明

名称	说明
arr	原数组
obj	要删除的索引，可以是整数或整数列表
axis	指定删除的轴，如果为 0，则删除行；如果为 1，则删除列；如果为 None（默认）或未指定时，数组会被展平后删除元素

【例 2-33】 在二维数组中删除指定的元素。

```
[ ]:  arr = np.arange(12).reshape(3, 4)   # 创建二维数组
      arr1 = np.delete(arr, 5)   # 删除展开后的第 6 个元素，未传递 axis 参数，数组被展开
      print(arr1)
      [ 0  1  2  3  4  6  7  8  9 10 11]
```

```
[ ]:  arr2 = np.delete(arr, 1, axis=1)   # 删除第 2 列
      print(arr2)
      [[ 0  2  3]
       [ 4  6  7]
       [ 8 10 11]]
```

```
[ ]:  arr3 = np.delete(arr, 1, axis=0)   # 删除第 2 行
      print(arr3)
      [[ 0  1  2  3]
       [ 8  9 10 11]]
```

3. 数组元素的修改

使用索引访问数组特定位置的元素，并为其赋值即可完成修改。语法格式如下：

数组名[索引]=值

对于多维数组，索引之间用逗号分隔。

【例 2-34】 修改指定位置的元素。

修改一维数组的元素。

```
[ ]:  arr = np.array([1, 2, 3, 4, 5])   # 创建一个数组
      arr[3] = 66   # 索引为 3 的元素修改为 66
      print(arr)
      [ 1  2  3 66  5]
```

使用布尔索引修改元素。如果要替换多个位置的元素，可以使用布尔索引。

```
[ ]:  condition = (arr % 2 == 0)   # 创建布尔数组，当元素值为偶数时为 True
      arr[condition] = 0   # 使用布尔索引选择要替换的元素，并将它们替换为新值 0
      print(arr)
      [1 0 3 0 5]
```

对于二维数组，要给定行、列索引。

```
[ ]:  # 修改二维数组的元素
      a = np.arange(1, 7).reshape(2, 3)
      a[0, 2] = 100    # 使用索引获取到该位置后赋值
      print(a)
      [[  1   2 100]
       [  4   5   6]]
```

4．数组元素的查询

NumPy 提供 where()函数查询满足条件的元素，并返回一个元组，包含符合条件的索引数组。where()函数的语法格式如下：

> **np.where(condition)**

参数 condition 是一个布尔数组。

【例 2-35】 查询一维数组中满足条件的元素。

```
[ ]:  arr = np.array([10, 20, 30, 10, 20, 30, 10, 20, 30])
      index = np.where(arr == 20)   # 查询元素 20 的索引
      print(index)
      (array([1, 4, 7], dtype=int64),)
```

where()函数返回一个元组，数组[1, 4, 7]是符合条件的索引列表。

【例 2-36】 查询二维数组中满足条件的元素。

```
[ ]:  arr = np.array([[10, 20, 30, 40],
                      [20, 30, 40, 50],
                      [30, 40, 50, 60]])
      index = np.where(arr == 40)   # 查询元素 40 的索引
      print(index)
      (array([0, 1, 2], dtype=int64), array([3, 2, 1], dtype=int64))
```

where()函数返回的结果中，第一个数组[0, 1, 2]表示行索引，第二个数组[3, 2, 1]表示列索引。

2.5 数组的算术运算

无论数组形状是否相同，NumPy 数组都可以进行算术运算。NumPy 数组通过向量化运算支持批量的算术操作，避免了显式的循环遍历。对于形状不同的数组，NumPy 会使用广播机制来自动扩展数组，使它们具备相同形状以便执行运算。此外，数组还支持与标量进行算术运算。

NumPy 数组的算术运算可以通过运算符或相应的数学函数来实现，见表 2-11。

表 2-11 NumPy 数组的算术运算符与相应数学函数

名称	算术运算符	数学函数
加法	+	np.add(x1, x2)
减法	−	np.subtract(x1, x2)
乘法	*	np.multiply(x1, x2)
除法	/	np.divide(x1, x2)
整除	//	np.divmod(x1, x2)
取余	%	np.remainder(x1, x2)
乘方	**	np.power(x1, x2)

2.5.1 形状相同的数组间运算

当两个数组形状相同时，它们之间的算术运算会逐元素进行，返回的新数组与原数组形状相同，元素值为相应位置上的元素运算结果。此类运算称为数组的矢量化运算。

【例 2-37】 形状相同的数组间的加、减、乘、除和幂运算。

```
import numpy as np
a1 = np.array([[2, 5, 1], [2, 3, 5]])   # 数组 1
a2 = np.array([[1, 2, 1], [3, 5, 2]])   # 数组 2
```

数组加法。

```
print(a1 + a2)   # 两个数组相加
[[3 7 2]
 [5 8 7]]
```

数组减法。

```
print(a1 - a2)   # 两个数组相减
[[ 1  3  0]
 [-1 -2  3]]
```

数组乘法。

```
print(a1 * a2)   # 两个数组相乘
[[ 2 10  1]
 [ 6 15 10]]
```

数组除法。

```
print(a1 / a2)   # 两个数组相除
[[2.         2.5        1.        ]
 [0.66666667 0.6        2.5       ]]
```

数组幂运算。

```
print(a1 ** a2)   # 两个数组幂运算
[[  2  25   1]
 [  8 243  25]]
```

2.5.2 形状不同的数组间运算

广播是 NumPy 中处理不同形状数组之间算术运算的机制。广播机制会自动扩展数组，使它们的形状相同，从而可以进行算术运算。广播发生时，较小维度的数组会被"广播"到较大维度数组的形状。广播规则如下：

- 让所有输入数组向形状最长的数组看齐，较小维度的数组的形状会在最左边补充 1。
- 输出数组的形状是输入数组形状各个轴上的最大值。
- 如果输入数组某个轴的长度与输出数组对应轴的长度相同，或者该轴长度为 1，则可进行广播运算；否则会报错。
- 当输入数组某个轴的长度为 1 时，沿该轴进行运算时，会使用该轴上的第一个值。

【例 2-38】 一维数组和二维数组的广播。对于一维数组，可以将它的形状看成是一行多列。

```
import numpy as np
a = np.array([[0, 0, 0],
              [10, 10, 10],
              [20, 20, 20],
              [30, 30, 30]])
```

```
b = np.array([0, 1, 2])
print(a + b)
[[ 0  1  2]
 [10 11 12]
 [20 21 22]
 [30 31 32]]
```

【例 2-39】 二维数组和三维数组的广播。

```
a = np.array([[[1, 2], [3, 4]], [[5, 6], [7, 8]]])
b = np.array([[1, 2], [3, 4]])
c = a + b
print(c)
[[[ 2  4]
  [ 6  8]]

 [[ 6  8]
  [10 12]]]
```

【例 2-40】 形状不兼容的数组不能进行广播。

```
a = np.array([[1, 2, 3], [4, 5, 6]])
b = np.array([1, 2])
try:
    print(a + b)
except ValueError as e:
    print(e)
operands could not be broadcast together with shapes (2,3) (2,)
```

数组 a 的形状为(2, 3)，数组 b 的形状为(2,)，这两个数组在第二个维度上的长度不同，无法进行广播，会抛出 ValueError 异常。

【例 2-41】 两个数组在两个维度上长度不同的运算。

```
a = np.array([[1], [3], [0], [5]])
b = np.array([[2, 3, 1]])
print(a + b)
[[3 4 2]
 [5 6 4]
 [2 3 1]
 [7 8 6]]
```
```
print(a.shape, b.shape, (a+b).shape)
```
```
(4, 1) (1, 3) (4, 3)
```

2.5.3 数组与标量间的运算

标量是单一的数值，而数组是多个数的集合。当数组与标量进行算术运算时，数组中的每个元素都会与标量进行相应的算术运算，结果是一个新数组，新数组与原数组的形状相同，元素为原数组中每个元素与标量运算后的结果。

【例 2-42】 数组和标量的加法运算。

```
import numpy as np
a = np.array([[1, 2, 3], [4, 5, 6]])
d = 10
print(a + d)
[[11 12 13]
 [14 15 16]]
```

2.5.4 数组的布尔运算

布尔运算是逻辑运算，结果为布尔值（True 或 False）。布尔运算包括关系运算和逻辑运算，结果可作为访问数组元素的条件。

1. 数组与标量的布尔运算

当数组与标量进行布尔运算时，返回的新数组与原数组形状相同，元素值为布尔值，表示每个元素与标量的比较结果。

【例 2-43】 数组与标量的布尔运算。

```
import numpy as np
a = np.array([[1, 2, 3], [4, 5, 6]])
d = 5
b = a >= d
print(b)
```

```
[[False False False]
 [False  True   True]]
```

2. 数组与数组的布尔运算

数组与数组的布尔运算将对应位置上的元素进行比较。当数组形状不相同时，如果符合广播要求，则会进行广播，否则会报错。

【例 2-44】 数组与数组的布尔运算。

```
a = np.array([[1, 2, 3], [4, 5, 6]])
b = np.array([[4, 5, 6], [1, 2, 3]])
c = a < b
print(c)
```

```
[[ True  True  True]
 [False False False]]
```

2.6 数组的重塑与转置

NumPy 提供了强大的功能来重塑和转置数组，方便处理多维数据。这一节详细介绍数组的重塑与转置方法。

2.6.1 数组的重塑

数组重塑是指通过改变数组的维度来改变其形状，但不改变数组中的元素数量。新形状的行数×列数必须等于原数组的行数×列数。

NumPy 提供 reshape() 来实现数组重塑，reshape() 既可用于相同维度的形状调整，也可用于不同维度的形状变化。语法格式如下：

```
np.reshape(a, new_shape, order='C')
a.reshape(new_shape, order='C')
```

reshape() 有两种格式：第一种是函数的形式；第二种是面向对象的方法调用形式。reshape() 函数的常用参数及说明见表 2-12。

表 2-12 reshape() 函数的常用参数及说明

名称	说明
a	要重塑的数组
new_shape	新数组的形状，可以是整数或整数元组。总元素数量必须与原数组一致，某个维度可以指定为-1，表示根据其他维度自动推断
order	指定元素排列方式。默认为'C'，表示按行优先；'F'表示按列优先

1. 一维数组的重塑

一维数组可以通过重塑变为多行多列的二维数组。

【例 2-45】 将一维数组重塑为不同的二维数组。

```
import numpy as np
a = np.arange(12)      # 创建一维数组
b = a.reshape(3, 4)    # 重塑为 3 行 4 列的二维数组
print(b)
[[ 0  1  2  3]
 [ 4  5  6  7]
 [ 8  9 10 11]]
```

使用-1 自动推断某个维度。

```
c = a.reshape(-1, 6)
print(c)
```
```
[[ 0  1  2  3  4  5]
 [ 6  7  8  9 10 11]]
```

2. 二维数组的重塑

二维数组可以通过重塑变为其他形状的二维数组或一维数组。将二维数组转为一维数组的操作通常称为"扁平化（flattening）"或"展开（raveling）"。

【例 2-46】 二维数组的重塑与扁平化。

```
a = np.array([[1, 2, 3], [4, 5, 6], [7, 8, 9], [10, 11, 12]])   # 创建二维数组
b = np.reshape(a, (3, 4))     # 重塑为 3 行 4 列
print(b)
[[ 1  2  3  4]
 [ 5  6  7  8]
 [ 9 10 11 12]]
```

```
c = np.reshape(a, (2, 6))     # 重塑为 2 行 6 列
print(c)
[[ 1  2  3  4  5  6]
 [ 7  8  9 10 11 12]]
```

```
d = c.reshape(12)    # 扁平化为一维数组
print(d)
[ 1  2  3  4  5  6  7  8  9 10 11 12]
```

注意：重塑后数组的总元素数必须与原数组一致，否则会报错。

2.6.2 数组的转置

数组转置是通过改变元素位置重新排列数组的结构。NumPy 提供了以下 3 种方式实现转置操作：T 属性、transpose()函数和 swapaxes()函数。

1. T 属性

T 属性适用于二维数组的简单转置操作，即将行与列互换。对于一维数组，转置结果与原数组相同。T 属性的语法格式如下：

    a.T

a 是待转置的数组。

【例 2-47】 使用 T 属性对二维数组转置。

```
import numpy as np
arr = np.arange(12).reshape(3, 4)   # 创建一个 3 行 4 列的二维数组
```

```
      print(arr)
[ ]:  [[ 0  1  2  3]
       [ 4  5  6  7]
       [ 8  9 10 11]]
[ ]:  print(arr.T)   # 转置成一个 4 行 3 列的新数组
[ ]:  [[ 0  4  8]
       [ 1  5  9]
       [ 2  6 10]
       [ 3  7 11]]
```

2．transpose()函数

transpose()函数支持更复杂的转置操作，包括高维数组的轴顺序调整。语法格式如下：

  np.transpose(a, axes=None)
  a.transpose(axes=None)

a 是待转置数组。axes 指定轴的排列顺序，若未提供，默认为所有轴的逆序。

【例 2-48】 三维数组的转置。

```
[ ]:  arr = np.arange(24).reshape((2, 3, 4))   # 创建三维数组
      print(arr)
      [[[ 0  1  2  3]
        [ 4  5  6  7]
        [ 8  9 10 11]]

       [[12 13 14 15]
        [16 17 18 19]
        [20 21 22 23]]]
[ ]:  print(arr.shape)   # 查看形状
      (2, 3, 4)
```

改变轴顺序。

```
[ ]:  transposed_arr = np.transpose(arr, (1, 2, 0))
      print(transposed_arr)
      [[[ 0 12]
        [ 1 13]
        [ 2 14]
        [ 3 15]]

       [[ 4 16]
        [ 5 17]
        [ 6 18]
        [ 7 19]]

       [[ 8 20]
        [ 9 21]
        [10 22]
        [11 23]]]
```

说明：原数组的形状为(2,3,4)。通过 axes=(1,2,0)调整轴顺序，结果数组的形状为(3,4,2)。

3．swapaxes()函数

swapaxes()方法用于交换数组的两个指定轴方向。其语法格式如下：

  np.swapaxes(a, axis1, axis2)
  a.swapaxes(axis1, axis2)

a 是待转置的数组。axis1 和 axis2 是要交换的两个轴。

【例 2-49】 交换三维数组的轴。

```
arr = np.arange(24).reshape((2, 3, 4))  # 创建形状为(2, 3, 4)的三维数组
swapped_arr = arr.swapaxes(0, 2)    # 交换第 0 轴和第 2 轴
print(swapped_arr.shape)    ## 输出交换轴后的数组形状
(4, 3, 2)
```

2.7 数组的读、写文件操作

NumPy 提供了多种文件操作函数，用于在外部存储设备上保存和读取数组数据。这些函数支持文本文件和 CSV 文件格式。

2.7.1 读、写文本文件

NumPy 中可以使用 savetxt()和 loadtxt()函数分别实现数组的写入和读取文本文件。

1. 使用 savetxt()函数将数组写入文本文件

savetxt()函数用于将 NumPy 数组保存为文本文件，可指定分隔符、格式字符串等，语法格式如下：

np.savetxt(fname, array, fmt='%.18e', delimiter=' ', newline='\n', header='', footer='', comments='# ', encoding=None)

savetxt()函数的常用参数及说明见表 2-13。

表 2-13 savetxt()函数的常用参数及说明

名称	说明
fname	保存数组的文件名（文件扩展名通常为.txt）
array	要保存的数组（一维或二维）
fmt	数据格式字符串，默认为浮点格式%.18e
delimiter	数据项之间的分隔符，默认为空格
newline	数据行之间的分隔符，默认为换行符
header	文件开头的注释字符串，默认为空
footer	文件末尾的注释字符串，默认为空
comments	注释开头标记，默认为#
encoding	文件编码，默认为 None

【例 2-50】 将数组写入文本文件。

```
import numpy as np
a = np.array([[10, 20, 30], [40, 50, 60], [70, 80, 90]])  # 创建一个二维数组
# 将数组保存到文本文件，使用逗号作为分隔符
np.savetxt('d:/data1.txt', a, delimiter=',', fmt='%d')
```

在 D 盘可以看到 data1.txt 文件，用记事本打开该文件查看文件内容。

2. 使用 loadtxt()函数从文本文件读取数组

loadtxt()函数用于从文本文件中读取数据并转换为 NumPy 数组，支持自定义分隔符和数据类型等。loadtxt()函数的语法格式如下：

np.loadtxt(fname, dtype=<class 'float'>, comments='#', delimiter=None, skiprows=0, usecols=None, unpack=False, ndmin=0, encoding='bytes', max_rows=None)

loadtxt()函数的常用参数及说明见表 2-14。

表 2-14 loadtxt()函数的常用参数及说明

名称	说明
fname	文件路径和文件名
dtype	读取数据的类型，默认为 float
comments	用于标识注释的字符，默认为#
delimiter	数据项之间的分隔符，默认为空格
skiprows	跳过文件开始的行数，默认为 0
usecols	要读取的列索引（从 0 开始）
unpack	如果为 True，则返回每列为单独数组的元组，默认为 False
ndmin	指定输出数组的最小维数
max_rows	读取的最大行数，默认为读取所有行

【例 2-51】 从文本文件读取数组。

```
[ ]: data = np.loadtxt('d:/data1.txt', dtype=np.int32, delimiter=',')   # 读取文本文件
     print(data)
     [[10 20 30]
      [40 50 60]
      [70 80 90]]
[ ]: print(data[:, 1])  # 获取第 2 列的数据
     [20 50 80]
```

2.7.2 读、写 CSV 文件

CSV（Comma-Separated Values）是一种常见的文本文件格式，其中数据记录按行存储，字段使用逗号分隔。CSV 文件可以用文本编辑器或电子表格软件（如 Excel）打开和编辑。由于 CSV 文件本质上是文本文件，因此可以使用 NumPy 的 savetxt()和 loadtxt()函数进行读写操作。

1．使用 savetxt()将数组写入 CSV 文件

【例 2-52】 将数组写入 CSV 文件。

```
[ ]: data = np.empty([5, 3])   # 创建一个空数组
     np.savetxt('d:/data2.csv', data, delimiter=',')   # 保存到 CSV 文件
```

在 D 盘可以看到 data2.csv 文件，用 Excel 打开该文件可查看内容，用记事本打开该文件可看到数据之间用"，"分隔。

2．使用 loadtxt()从 CSV 文件读取数组

【例 2-53】 从 CSV 文件读取数组。

```
[ ]: data = np.loadtxt('d:/data2.csv', delimiter=',')   # 读取保存的 CSV 文件
     print(data)
     [[0.00000000e+000 0.00000000e+000 0.00000000e+000]
      ...
      [0.00000000e+000 0.00000000e+000 2.61358881e-306]]
```

2.8 案例：高等数学考试成绩数据分析

为了检查学生的学习情况，需要对高等数学考试成绩数据进行处理和分析。

2.8.1 案例简介

本案例以"高等数学-素材.csv"成绩表（如图2-5所示）为例进行操作。

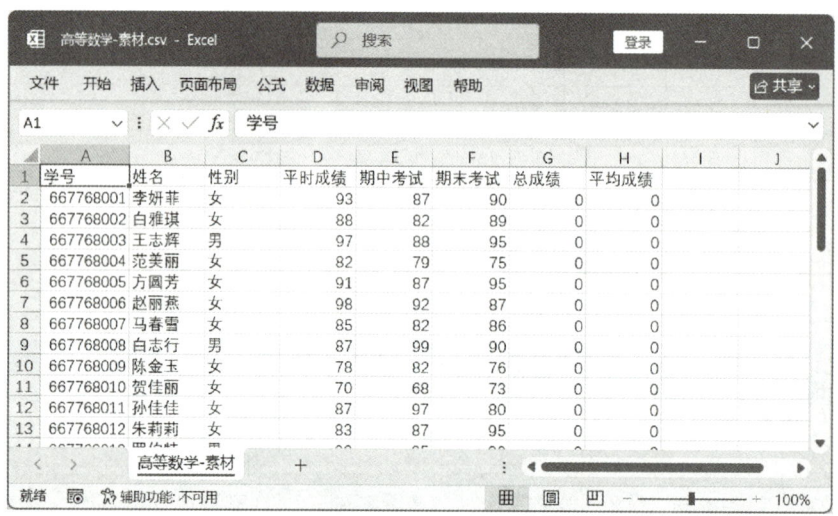

图2-5 "高等数学-素材.csv"成绩表

文件的字段和数据特性说明如下：
- 学号：学生的唯一标识，没有重复值。
- 其他字段：可能有重复值，无缺失值或异常值，分数均为整数。
- 总成绩计算公式：总成绩 = 平时成绩×30%+期中考试×20%+期末考试×50%。
- 平均成绩计算公式：平均成绩 =(平时成绩+期中考试+期末考试) / 3。

本案例需要解决以下问题：
1）根据公式计算每位学生的加权总成绩，将结果存储在数组的新列。
2）按公式计算每位学生的平均成绩，把平均值结果保存在数组的新列。
3）根据总成绩对学生记录按降序排列。
4）将排序后的数组保存为文件。

2.8.2 案例实现

在本节中，使用 Jupyter Notebook 和 Python 进行数据分析操作。

1. 创建 Jupyter Notebook

打开 JupyterLab，创建一个名为 student1.ipynb 的文件，用于记录本案例的所有代码和分析过程。

2. 加载数据

"高等数学-素材.csv"文件的字段类型不同,其中"学号""姓名"和"性别"是字符串,其余字段是数值类型。由于 NumPy 数组要求元素类型相同,因此先将所有数据读取为字符串数组,再将成绩字段转换为数值进行计算。

```
import numpy as np
# 加载 CSV 文件
filepath = 'd:/bigdata/高等数学-素材.csv'
math = np.loadtxt(filepath, dtype=str, delimiter=',', skiprows=1, encoding='utf-8')
print(math)
```

```
[['667768001' '李妍菲' '女' '93' '87' '90' '0' '0']
 ['667768002' '白雅琪' '女' '88' '82' '89' '0' '0']
 ['667768003' '王志辉' '男' '97' '88' '95' '0' '0']
 ...
```

3. 计算总成绩

根据公式计算每位学生的加权总成绩,将结果存储在数组第 6 列。

```
weights = np.array([0.3, 0.2, 0.5])    # 定义权重
# 将成绩列转换为整型并计算加权成绩
weighted_scores = math[:, 3:6].astype(int) * weights
# 计算总成绩并存储为整型
math[:, 6] = weighted_scores.sum(axis=1).astype(int).astype(str)
print(math)
```

```
[['667768001' '李妍菲' '女' '93' '87' '90' '90' '0']
 ['667768002' '白雅琪' '女' '88' '82' '89' '87' '0']
 ['667768003' '王志辉' '男' '97' '88' '95' '94' '0']
 ...
```

4. 计算平均成绩

按公式计算每位学生的平均成绩,即 math 数组中索引为 3、4、5 的列([:, 3:6])的平均成绩,按行方向(axis=1)用 mean()函数,把平均值结果保存在数组第 7 列(math[:, 7])中。

```
# 计算平均成绩并存储为整型
math[:, 7] = np.mean(math[:, 3:6].astype(int), axis=1).astype(int).astype(str)
print(math)
```

```
[['667768001' '李妍菲' '女' '93' '87' '90' '90' '90']
 ['667768002' '白雅琪' '女' '88' '82' '89' '87' '86']
 ['667768003' '王志辉' '男' '97' '88' '95' '94' '93']
 ...
```

5. 按总成绩排序

根据总成绩对学生记录按降序排列。

```
# 提取总成绩列并转换为整型
sum_scores = math[:, 6].astype(int)    # "总成绩"列的索引是 6
# 获取排序索引(降序)
sorted_indices = np.argsort(sum_scores)[::-1]   #使用[::-1]把升序改为降序排序
# 根据排序索引获取排序后的数组
sorted_math = math[sorted_indices]
print(sorted_math)
```

```
[['667768037' '李茹' '女' '90' '95' '99' '95' '94']
 ['667768036' '王媛媛' '女' '90' '95' '98' '95' '94']
 ['667768003' '王志辉' '男' '97' '88' '95' '94' '93']
 ...
```

6. 保存结果文件

将排序后的数组 sorted_math 保存为"d:/bigdata/高等数学-完成.csv"文件。

```
[ ]:    # 保存排序后的数据到 CSV 文件
        output_filepath = 'd:/bigdata/高等数学-完成.csv'
        np.savetxt(output_filepath, sorted_math, fmt='%s', delimiter=',')
```

fmt 参数是格式字符串，在默认情况下 np.savetxt()函数会尝试将数组元素转换为浮点数，如果元素是字符串，这将导致错误。当数组元素是字符串时，需要指定正确的格式字符串，例如 fmt='%s'。

使用 Excel 或记事本打开"d:/bigdata/高等数学-完成.csv"文件，可以看到数组已经保存。

习题

1. 使用以下方法创建数组，并打印其形状和数据类型：
1）array()函数创建一个包含[1, 2, 3, 4, 5]的一维数组。
2）使用 arange()创建一个从 0 到 15 的一维数组，并将其重塑为形状为(3, 5)的二维数组。

2. 使用 NumPy 随机数模块生成以下数组：
1）一个形状为(3, 4)的随机整数数组，范围为[10, 50)。
2）一个形状为(2, 3)的标准正态分布随机数数组。

3. 创建一个包含[1.1, 2.2, 3.3, 4.4]的数组，打印其数据类型，并将其转换为整数类型，输出转换后的数组和数据类型。

4. 给定以下数组，完成如下操作：

```
import numpy as np
arr = np.array([[1, 2, 3], [4, 5, 6], [7, 8, 9]])
```

1）使用切片获取第 2 行和第 3 列的值。
2）使用布尔索引提取数组中大于 5 的元素。
3）添加一行[10, 11, 12]，并删除第 1 列。

5. 给定两个数组 a = np.array([1, 2, 3])和 b = np.array([4, 5, 6])，完成以下操作：
1）计算两个数组的逐元素加法、乘法和幂运算。
2）判断数组中哪些元素大于 4，并返回一个布尔数组。

6. 给定数组 a = np.arange(12)，完成以下操作：
1）将其重塑为形状为(3, 4)的二维数组。
2）对重塑后的数组进行转置，并打印结果。

7. 使用以下数组，完成转置操作并指定轴顺序：

```
import numpy as np
arr = np.arange(24).reshape(2, 3, 4)
```

1）将轴顺序调整为(2, 1, 0)。
2）将第 0 轴和第 2 轴互换位置。

项目 3　数据分析库 Pandas 基础

本项目主要介绍数据分析库 Pandas 基础，包括 Pandas 模块的安装、导入与数据结构，Pandas 对象的创建，Pandas 对象的属性和方法，索引和切片，数据编辑，算术运算与数据对齐，数据排序，统计计算与描述，Pandas 的文件操作，学生考试成绩数据分析项目的实现方法。

知识目标	素养目标
◇ 掌握创建 Series 对象和 DataFrame 对象的常用方法 ◇ 掌握 Series 对象和 DataFrame 对象的索引和切片 ◇ 熟悉 Pandas 的文件操作，掌握学生考试成绩项目的实现方法	◇ 提升信息获取与整合能力 ◇ 提升团队合作能力 ◇ 增强跨文化理解与适应能力 ◇ 增强技术文档撰写能力 ◇ 增强适应变化的能力

3.1　Pandas 模块的导入与数据结构

Pandas 是用 Python 编程语言开发的开源数据处理库。Wes McKinney 于 2008 年完成了 Pandas 第 1 版的开发。Pandas 这一名称来源于"面板数据"（Panel Data）这一计量经济学术语，与熊猫无关。正是因为 Pandas 的出现，Python 在数据分析领域才得以广泛应用。

3.1.1　Pandas 模块的导入

Anaconda 已内置 Pandas 模块，无须安装，可以直接在 JupyterLab 中导入并使用。
在使用 Pandas 模块之前，必须先导入该模块。通常使用以下代码进行导入：

```
import pandas as pd
```

这样，Pandas 模块就会以 pd 作为别名导入。导入 Pandas 后，在 JupyterLab 中输入"pd."时，会自动弹出一个包含可用函数列表的提示框，方便快速输入。
如果要查看某个函数的帮助文档，可以在函数名后加上"?"，然后运行该单元格，帮助信息会显示在单元格下方。例如：

```
pd.DataFrame?
```

这样就可以查看 DataFrame 函数的详细帮助信息。

3.1.2　Pandas 的数据结构

Pandas 主要有两种数据结构：Series 和 DataFrame。Series 是一维数据结构，用于描述带标签的一维同构数组；DataFrame 是二维、表格型数据结构，用于描述带标签的、大小可变的二维异构表格。

1. Series 对象

Series 是 Pandas 库中的一种数据结构，它由一组数据和与之相关的索引两部分构成。Series 类似于一维数组或列表，但与一维数组相比，Series 增加了一个重要特性——索引。这个索引为数据提供了标签，使得 Series 不仅包含数据值，还包含与之对应的标签（即索引）。每个 Series 对象由两个数组组成：一个是索引数组，另一个是存储元素值的数组。通过 Series 的 index 和 values 属性，可以分别获取索引和值。Series 还支持通过下标存取元素，从而实现数据的快速访问和操作。

此外，Series 是依赖于 NumPy 中的 ndarray 构建的，因此其数组元素的数据类型必须相同。Series 的大小不可变，但数据内容是可变的。

图 3-1 是一个 Series 对象的示例，可以将其视为一个包含索引和元素值的字典。

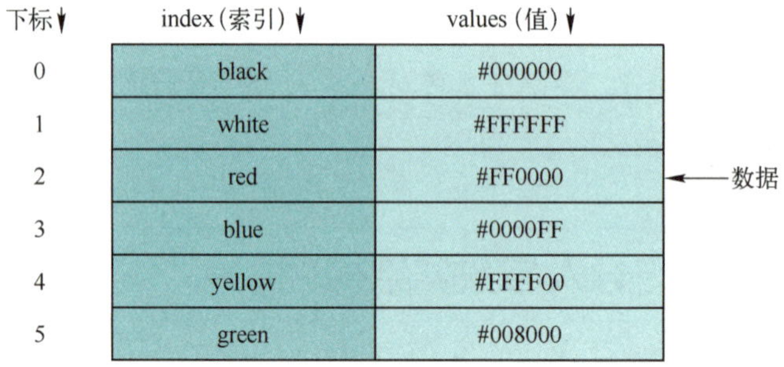

下标	index（索引）	values（值）
0	black	#000000
1	white	#FFFFFF
2	red	#FF0000
3	blue	#0000FF
4	yellow	#FFFF00
5	green	#008000

图 3-1　Series 对象结构示意图

一个 Series 对象包括多个值和对应的索引。

- index：索引对象，用于保存索引信息。Series 的索引有多种形式，可以是自定义标签索引，也可以是自动生成的数字索引。索引用于解释和定位数据。如果没有索引，只有值，则数据缺乏可读性和意义。若创建 Series 对象时未指定 index，Pandas 会自动生成一个位置下标索引。
- values：保存元素值的 ndarray 数组对象。
- 下标：与数组类似，每个 Series 对象的元素都有一个下标，从 0 开始。

2. DataFrame 对象

DataFrame 是 Pandas 模块的核心数据结构，它是一个二维表格数据结构。DataFrame 类对象可以看作由多个 Series 类对象按列排列构成的表格，既有行索引也有列索引。

行索引称为 index，用于表示每一行的标识；列索引称为 columns，用于表示每一列的内容。

每一列的元素数据类型必须相同，但不同列可以有不同的数据类型。

图 3-2 是一个 DataFrame 对象的示例，可以将其视为多个 Series 对象组成的字典。

从图 3-2 所示的 DataFrame 结构可以看出，DataFrame 是一个二维表，具有以下特点：

- 行（row）：横向的部分，指一条数据。
- 列（column）：纵向的部分，指数据的一个属性或字段。
- 列索引：位于表头，类似于 Python 字典中的键，表示每一列的属性。
- 行索引：位于最左侧一列，表示每一行的标识或主键。

列下标→	0	1	2	3

行下标↓	行索引	列索引→	中文名称	HexRGB	DecRGB	颜色编号
0	black		黑色	#000000	0,0,0	001
1	white		白色	#FFFFFF	255,255,255	009
2	red		红色	#FF0000	255,0,0	014
3	blue		蓝色	#0000FF	0,0,255	113
4	yellow		黄色	#FFFF00	255,255,0	056
5	green		绿色	#008000	0,128,0	068

图 3-2　DataFrame 对象结构示意图

- 表头和索引：在某些场景下，表头和索引也称为列索引和行索引。
- 数据类型：不同的列可以包含不同的数据类型，例如整数、浮点数、字符串或 Python 对象等。

在不同场景下，索引通常有以下几种命名方式：

1）索引（index）：行和列上的标签，用于标识二维数据的坐标。在默认情况下，index 是每一行的索引。若是 Series，则只代表行上的索引；列索引常被称为字段名或表头。

2）自然索引、数字索引：行和列上的 0~n（n 为数据长度-1）的索引形式，是数据天然具备的索引形式。尽管可以指定为其他名称，但有些方法仍会使用此索引。

3）标签（label）：行和列的标签，表示行或列的名称。

4）轴（axis）：仅适用于 DataFrame 结构，表示数据的方向。0 代表列（默认），1 代表行。

3.2　Pandas 对象的创建

3.2.1　创建 Series 对象

创建 Series 对象主要使用 Pandas 库的 Series() 函数。语法格式如下：

pd.Series(data=None, index=None, dtype=None, name=None, copy=None)

其中，pd 是导入 Pandas 库的别名。Series() 函数的常用参数及说明见表 3-1。

表 3-1　Series() 函数的常用参数及说明

名称	说明
data	传入的数据，可以是类数组（array-like），数据形式包括列表（list）、NumPy 数组（ndarray）、字典（dict）、另一个 Series 对象或标量值等
index	数据的标签索引。可以是 list、ndarray 等形式。索引的值不必唯一，但必须与数据的长度相同。如果未提供，默认使用 RangeIndex（0, 1, 2, …, n）。如果数据是类似字典的形式且没有提供索引，则字典中的键将作为索引
dtype	数据的数据类型，常见的有 str、numpy.dtype 等。如果未指定，Pandas 会自动推断数据类型
name	给数据系列指定名称，默认为 None。如果指定，print(s, name)会输出该名称
copy	是否复制输入数据，布尔值，默认为 False。仅影响 Series 或一维 ndarray 的输入

创建 Series 对象的方式有多种，下面介绍常用的几种方法。

1. 从列表创建 Series 对象

【例 3-1】 从列表创建 Series 对象。

例 3-1

```
import pandas as pd
da = ['#000000', '#FFFFFF', '#FF0000', '#0000FF', '#FFFF00', '#008000']  # 传入数据的列表
idx = ['black', 'white', 'red', 'blue', 'yellow', 'green']   # 用于标签索引的列表
ser = pd.Series(data=da, index=idx, dtype='string')
ser
```

```
black     #000000
white     #FFFFFF
red       #FF0000
blue      #0000FF
yellow    #FFFF00
green     #008000
dtype: string
```

此代码创建了一个 Series 对象，其中左列为索引（index），右列为值（value），底部显示数据类型。

2. 从 ndarray 创建 Series 对象

可以用 NumPy 数组生成 Series 对象。

【例 3-2】 从 ndarray 创建 Series 对象。

```
import numpy as np   # 使用 ndarray 数组，需要导入 numpy
import pandas as pd
a = np.array([100, 98, 96, 90, 98])   # 用于数据的 ndarray 数组
s = pd.Series(data=a, index=['第一', '第二', '第三', '第四', '第五'])
s
```

```
第一    100
第二     98
第三     96
第四     90
第五     98
dtype: int32
```

在 pd.Series() 函数中未设置 dtype 属性，Pandas 会根据数据自动推断数据类型，这里推断为 int32。最好明确指定数据类型，例如，dtype='int64'。

如果省略索引，则依据数据的个数自动创建索引 0~n。

【例 3-3】 创建 Series 对象时省略索引。

```
a1 = np.array(['red','yellow','blue','black'])   #用于数据的 ndarray
s1 = pd.Series(a1)      #若省略索引则自动创建索引 0~3
s1
```

```
0       red
1    yellow
2      blue
3     black
dtype: object
```

3. 从字典创建 Series 对象

由于 Series 的表现形式是索引在左边，值在右边，Series 中的索引与数值形成了一一对应的映射关系，因此可以将字典数据转换为 Series 对象。字典中的键（key）作为 Series 的索引，值（value）作为数据值。如果没有指定索引，Pandas 会按字典中的键的顺序生成索引。如果希望按指定顺序排序，可以在创建 Series 时传入索引（index）序列。

【例 3-4】 从字典创建 Series 对象。

```
[ ]: data = {'语文': 82, '数学': 98, '英语': 90, '体育': '优'}   # 字典
     s = pd.Series(data)    # 不指定索引
     s
[ ]: 语文     82
     数学     98
     英语     90
     体育     优
     dtype: object
```

如果指定了索引，Series 会按索引顺序和字典中的键匹配。如果指定的索引中包含字典中不存在的键，则这些索引对应的值将被设置为 NaN，表示缺失值。

【例 3-5】 指定索引创建 Series 对象。

```
[ ]: data = {'a': 10, 'c': 30, 'b': 20, 'e': 40}   # 字典
     index = ['a', 'b', 'd', 'f']    # 指定索引
     s = pd.Series(data=data, index=index)    # 索引 d 和 f 无法匹配到字典中的数据，其数据为 NaN
     s    # 索引中没有与字典对应的 c 被忽略
[ ]: a    10.0
     b    20.0
     d    NaN
     f    NaN
     dtype: float64
```

如上所示，c 和 e 在 Series 中没有对应的索引，因此在 Series 中会被忽略，而未匹配的索引的值为 NaN。

3.2.2 创建 DataFrame 对象

创建 DataFrame 对象使用 DataFrame() 函数，该函数可以同时接受多条一维数据，每条数据将成为单独的一列。创建 DataFrame 对象的语法格式如下：

pd.DataFrame(data=None, index=None, columns=None, dtype=None, copy=None)

DataFrame() 函数返回的是一个可变大小的二维表格数据，并且包含标记的轴（行和列）。可以将其视为由多个 Series 对象组成的类似字典的容器。Series 是 DataFrame 的特例。

DataFrame() 函数的常用参数及说明见表 3-2。

表 3-2 DataFrame() 函数的常用参数及说明

名称	说明
data	传入的数据，可以是 ndarray 数组、Series 对象、列表、字典、另一个 DataFrame 的某一行或某一列等
index	行标签，数据的索引。可以是 list、ndarray 等形式，必须与数据的行数相同。如果未提供，默认使用 RangeIndex（0, 1, 2, …, n），其中 n 为行数
columns	列标签（索引），要求与行索引的长度一致。如果未指定，默认为 RangeIndex(0, 1, 2, …, m)，其中 m 为列数
dtype	强制使用的数据类型，只允许单一的数据类型。如果未指定，将从数据中推断出数据类型
copy	是否复制输入数据，布尔值，默认为 None。对于字典数据，None 的默认行为类似于 copy=True。对于 DataFrame 或二维 ndarray 输入，None 的默认行为类似于 copy=False。如果数据包含多个 Series 且它们的 dtype 不同，copy=False 会确保这些输入不会被复制

创建 DataFrame 对象有多种方式，常用的方法包括传入列表、NumPy 数组和字典等。

1. 从列表创建 DataFrame 对象

创建 DataFrame 对象最常用的方式是传入一个嵌套列表。根据列表的维度，DataFrame 会创建相应的行和列。如果传入的是一维列表，将创建一列；如果传入的是二维列表，则按二维列表的形式创建 DataFrame。

例 3-6

【例 3-6】 从列表创建 DataFrame 对象。

```
import pandas as pd
data = [['101', '张三', '男', 18],
        ['103', '李四', '女', 19],
        ['102', '王五', '男', 18]]  # 定义数据，二维列表
index = ['第一位', '第二位', '第三位']   # 定义行标签，一维列表
columns = ['学号', '姓名', '性别', '年龄']   # 定义列标签，一维列表
df = pd.DataFrame(data=data, index=index, columns=columns)   # 创建 DataFrame 对象
df   # 显示 DataFrame 对象
```

	学号	姓名	性别	年龄
第一位	101	张三	男	18
第二位	103	李四	女	19
第三位	102	王五	男	18

【例 3-7】 从列表创建 DataFrame 对象，省略行索引和列索引。

```
df = pd.DataFrame(data=data)   # 创建 DataFrame 对象，省略行索引和列索引
df   # 显示 DataFrame 对象
```

	0	1	2	3
0	101	张三	男	18
1	103	李四	女	19
2	102	王五	男	18

如果省略了行索引和列索引，每一行、每一列的数据会自动添加索引。

2. 从字典创建 DataFrame 对象

创建 DataFrame 最常用的方式是直接传入一个由等长列表组成的字典，字典的 key 值会自动变成 DataFrame 的列索引，而 value 值会变成对应的列数据。如果省略行索引，DataFrame 会自动加上默认行索引。

【例 3-8】 从字典创建 DataFrame 对象。

```
data = {"学号": ["101", "103", "102"],
        "语文": [90, 80, 70],
        "数学": [80, 70, 60],
        "英语": [70, 60, 50]}   # 创建字典
df = pd.DataFrame(data)   # 从字典创建 DataFrame 对象
df
```

	学号	语文	数学	英语
0	101	90	80	70
1	103	80	70	60
2	102	70	60	50

如果创建 DataFrame 时指定了 columns 和 index，则 DataFrame 会按照索引顺序排列。如果传入的列索引与字典的 key 值不匹配，则该列的值将标记为 NaN（缺失值）。

【例 3-9】 从字典创建 DataFrame 对象，并指定行、列索引。

```
data = {"学号": ["101", "103", "102"],
        "语文": [90, 80, 70],
        "数学": [80, 70, 60],
        "英语": [70, 60, 50]}
index = ['第 1 位', '第 2 位', '第 3 位']
columns = ['学号', '姓名', '语文', '数学', '英语']
df = pd.DataFrame(data, index=index, columns=columns)   # 从字典创建 DataFrame 对象
df
```

	学号	姓名	语文	数学	英语
第1位	101	NaN	90	80	70
第2位	103	NaN	80	70	60
第3位	102	NaN	70	60	50

由于字典中没有"姓名"列，因此该列将显示为 NaN。

另一种常用的创建 DataFrame 对象的方式是使用嵌套字典，外层字典的键作为列索引，内层字典的键作为行索引。

【例 3-10】 用嵌套字典创建 DataFrame 对象。

```
data = {"工资": {2022: 3000, 2023: 5000, 2024: 2000, 2025: 1000},
        "奖金": {2022: 500, 2023: 600, 2024: 100},
        "支出": {2022: -2000, 2023: -3000, 2024: -2000, 2025: -1500}}
df = pd.DataFrame(data, index=[2022, 2023, 2024, 2025])   # 指定行索引
df
```

	工资	奖金	支出
2022	3000	500.0	-2000
2023	5000	600.0	-3000
2024	2000	100.0	-2000
2025	1000	NaN	-1500

由于字典中没有 2025 年的"奖金"数据，因此该位置显示为 NaN。

3．从 Series 对象创建 DataFrame 对象

由于 DataFrame 对象是由多个 Series 对象组成的，因此可以使用 Series 来构造 DataFrame。使用多个行 Series 的形式创建 DataFrame，要求不同的行 Series 的长度一致，因为表格中每一行的元素个数必须相等。

【例 3-11】 用 Series 以列表的形式作为 DataFrame 的参数，创建 DataFrame 对象。

```
index_arr = ["姓名", "年龄", "籍贯", "电话"]
# 构建张三、李四、王五的行 Series，并用 index_arr 作为 Series 的 index
ser1 = pd.Series(["张三", 18, "河北", "13811112222"], index=index_arr)
ser2 = pd.Series(["李四", 19, "广东", "13533332222"], index=index_arr)
ser3 = pd.Series(["王五", 17, "四川", "13055556666"], index=index_arr)
# 将 3 个 Series 对象以列表的形式作为 DataFrame 的参数，创建 DataFrame 对象
df_info = pd.DataFrame([ser1, ser2, ser3])
df_info
```

	姓名	年龄	籍贯	电话
0	张三	18	河北	13811112222
1	李四	19	广东	13533332222
2	王五	17	四川	13055556666

3.3 Pandas 对象的属性和方法

3.3.1 Series 对象的常用属性和方法

Series 对象是 Pandas 中用于表示一维数据的核心数据结构,它类似于一维数组,但增加了标签(索引)。Series 对象提供了多种属性和方法来方便数据的访问、操作和分析。

1. Series 对象的常用属性

Series 对象的常用属性及说明见表 3-3。

表 3-3 Series 对象的常用属性及说明

名称	说明
index	获取 Series 对象中的全部索引(标签),以 Series 对象的形式返回
values	获取 Series 对象的所有值,以一维数组的形式返回结果
dtype	获取 Series 对象中数据的类型。例如,返回 int64、float64 等
name	为 Series 对象指定一个名称,或者获取该名称,通常用于设置标签
shape	获取 Series 对象的形状,即元素的数量。返回一个元组,表示 Series 的维度(通常是一维,返回元素个数)

【例 3-12】 获取 Series 对象的属性。

```
[ ]: import pandas as pd
     data = [80, 100, 80, 60, 70]
     idx = ["No1","No2","No3","No2","No5"]   # 索引值不唯一
     s = pd.Series(data, index=idx, name='C++')   # name 为 s 对象指定名称'C++'
     print("s.index=", s.index)   #获取索引,返回 Series 一维数组的形式
     print("s.values=", s.values)   #获取所有值,返回一维数组的形式
     print(s.dtype, s.name, s.shape)   # 获取数据类型、名称、形状
```

```
s.index= Index(['No1', 'No2', 'No3', 'No2', 'No5'], dtype='object')
s.values= [ 80 100  80  60  70]
int64 C++ (5,)
```

2. Series 对象的常用方法

Series 对象的常用方法及说明见表 3-4。

表 3-4 Series 对象的常用方法及说明

名称	说明
head(n)	返回 Series 对象的前 n 个元素,默认返回前 5 个元素。用于快速查看 Series 对象的开头部分
tail(n)	返回 Series 对象的最后 n 个元素,默认返回最后 5 个元素。它用于快速查看 Series 对象的末尾部分
sort_values()	根据 Series 中的值进行排序,默认升序排列,可以通过 ascending=False 参数实现降序排序
unique()	返回 Series 中唯一的元素,常用于去重
value_counts()	返回 Series 中每个唯一值的计数,用于统计每个值出现的次数

【例 3-13】 Series 对象的常用方法示例。

```
[ ]: s = pd.Series([80, 100, 80, 60, 70])
     print(s.sort_values(ascending=False))   #根据 Series 中的值降序排列
```

```
1    100
0     80
2     80
4     70
3     60
dtype: int64
```

[ ]: print(s.unique())   # 返回 Series 中唯一的元素

```
[ 80 100  60  70]
```

[ ]: print(s.value_counts())   # 返回 Series 中每个唯一值的计数

```
80     2
100    1
60     1
70     1
Name: count, dtype: int64
```

3.3.2 DataFrame 对象的常用属性和方法

DataFrame 对象是 Pandas 中用于表示二维数据的核心数据结构。它类似于一个表格，可以包含多个 Series 对象，具有行和列的索引。DataFrame 对象提供了多种属性和方法来方便数据的访问、操作和分析。

1. DataFrame 对象的常用属性

DataFrame 对象的属性很多，常用属性及说明见表 3-5。

表 3-5 DataFrame 对象的常用属性及说明

名称	说明
index	获取 DataFrame 对象的行索引（标签）
columns	获取 DataFrame 对象的列索引（标签）
values	获取 DataFrame 对象中的所有值，以二维数组的形式返回
shape	返回 DataFrame 对象的形状（行数和列数）
size	返回 DataFrame 对象的元素总数
T	返回 DataFrame 对象的转置，即行和列对调

【例 3-14】DataFrame 对象的常用属性示例。

[ ]:
```
import pandas as pd
data = {"学号": ["101", "102", "103"], "姓名": ["Anna", "Jack", "Sofia"], "年龄": [18, 20, 19], "身高":[175, 180, 170]}
df = pd.DataFrame(data)
print(df.index)    # 获取行索引
print(df.columns)  # 获取列索引
```
```
RangeIndex(start=0, stop=3, step=1)
Index(['学号', '姓名', '年龄', '身高'], dtype='object')
```

[ ]: print(df.values)   # 获取所有值

```
[['101' 'Anna' 18 175]
 ['102' 'Jack' 20 180]
 ['103' 'Sofia' 19 170]]
```

[ ]: print(df.shape, df.size)   # 获取形状，获取元素总数

```
(3, 4) 12
```

[ ]: print(df.T)   # 获取转置

```
       0     1     2
学号   101   102   103
姓名   Anna  Jack  Sofia
年龄   18    20    19
身高   175   180   170
```

2. DataFrame 对象的常用方法

DataFrame 对象提供了许多方法来操作数据，常用方法及说明见表 3-6。

表 3-6 DataFrame 对象的常用方法及说明

名称	说明
head(n)	返回 DataFrame 对象的前 n 行，默认返回前 5 行
tail(n)	返回 DataFrame 对象的最后 n 行，默认返回最后 5 行
describe()	返回 DataFrame 对象的统计数据，仅对数值型列进行统计，统计量包括均值、标准差、最小值、最大值、四分位数等
info()	返回 DataFrame 对象的信息摘要，包括各列的数据类型、非空值数量等
sort_values()	根据指定列进行排序，可以选择升序或降序

【例 3-15】 DataFrame 对象的常用方法示例。

```
import pandas as pd
data = [["101", "Anna", "girl", 18], ["102", "Jack", "boy", 20], ["103", "Sofia", "girl", 19]]
df = pd.DataFrame(data, index=[1, 2, 3], columns=['学号', '姓名', '性别', '年龄'])
df.head(2)    #查看前两行数据
```

```
   学号  姓名   性别  年龄
1  101  Anna  girl  18
2  102  Jack  boy   20
```

```
df.sort_values(by="年龄", ascending=False)   # 按照"年龄"列降序排序
```

```
   学号  姓名    性别  年龄
2  102  Jack   boy   20
3  103  Sofia  girl  19
1  101  Anna   girl  18
```

3.4 索引和切片

索引和切片在处理 Pandas 的 Series 和 DataFrame 对象时，能够方便地访问、操作和修改数据。通过索引和切片，可以高效地提取、筛选和处理数据。

3.4.1 Series 的索引和切片

Series 对象是一个一维的数据结构，支持通过索引访问数据。在 Series 中，索引类似于字典的键，而数据则是相应的值。除了使用标签索引访问数据，Series 还支持整数位置索引，类似于 NumPy 数组的行为。

1. 基本索引

可以通过标签索引或整数位置索引来访问 Series 数据。

使用标签索引的语法格式如下：

```
ser['label']
```
使用整数位置索引的语法格式如下：
```
ser.iloc[index]
```
说明：

1）ser 代表 Series 对象的名称。label 是 Series 中元素的索引（如'a', 'b', 'c'等）。index 是 Series 中元素的整数位置（如 0, 1, 2, …）。

2）iloc[]是位置索引器（indexer），通过下标位置获取该位置的元素。

【例 3-16】 通过标签索引访问 Series 中的元素。

```
import pandas as pd
s = pd.Series([10, 20, 30, 40], index=['a', 'b', 'c', 'd'])
print(s['c'])   # 通过标签索引获取值
30
```

【例 3-17】 通过整数位置索引访问 Series 中的元素。

```
print(s.iloc[2])   # 通过位置索引获取值
30
```

2．切片操作

Series 也支持切片操作，类似于 Python 列表和 NumPy 数组的切片。切片操作可以基于标签索引或位置索引。

使用标签切片的语法格式如下：
```
ser['start_label':'end_label']
```
使用位置切片的语法格式如下：
```
ser.iloc[start_position:end_position]
```

说明：

1）start_label 和 end_label 是 Series 中的索引标签（例如，'a', 'b', 'c'等）。与 Python 中的普通切片不同，标签切片是"闭区间"，返回结果包括 start_label 和 end_label 所对应的元素。

2）start_position 和 end_position 是 Series 中元素的整数位置索引（例如，0, 1, 2,…）。位置切片遵循 Python 的通用规则，返回结果包括 start_position，但不包括 end_position，即为左闭右开区间。

【例 3-18】 通过标签索引进行切片。

```
s = pd.Series([10, 20, 30, 40], index=['a', 'b', 'c', 'd'])
print(s['a':'c'])   # 使用标签索引切片，返回标签从'a'到'c'的所有元素（包括'c'）
a    10
b    20
c    30
dtype: int64
```

【例 3-19】 通过位置索引进行切片。

```
print(s.iloc[0:3])  # 使用位置索引切片，返回位置索引为 0, 1, 2 的元素
a    10
b    20
c    30
dtype: int64
```

3. 布尔索引

Series 支持布尔索引，可以通过条件筛选出满足条件的元素。语法格式如下：

> ser[condition]

说明：condition 是一个布尔数组或布尔表达式，表示条件筛选。ser[condition]返回 Series 中所有满足该条件的元素。

【例 3-20】 布尔索引筛选 Series 中大于 20 的元素。

```
[ ]: s = pd.Series([10, 20, 30, 40], index=['a', 'b', 'c', 'd'])
     print(s[s > 20])    # 筛选出值大于 20 的元素
        c    30
        d    40
        dtype: int64
```

3.4.2 DataFrame 的索引和切片

DataFrame 是一个二维的数据结构，DataFrame 的索引分为行索引（index）和列索引（columns），可以通过行索引和列索引来对数据进行访问和切片。

1. 基本索引

DataFrame 可以使用标签索引或整数位置索引，通过行索引和列索引访问数据。

使用标签索引的语法格式如下：

> df.loc['row_label', 'col_label']

使用整数位置索引的语法格式如下：

> df.iloc[row_index, col_index]

说明：

1）df 表示 DataFrame 对象的名称。

2）loc[]是基于标签索引的索引器，iloc[]是基于整数位置的索引器。

3）row_label 和 col_label 是 DataFrame 中的行标签和列标签，row_index 和 col_index 是整数位置索引，表示行和列的位置。

【例 3-21】 通过行标签和列标签访问 DataFrame 中的元素。

```
[ ]: import pandas as pd
     df = pd.DataFrame({
         'A': [10, 20, 30],
         'B': [40, 50, 60],
         'C': [70, 80, 90]
     }, index=['a', 'b', 'c'])
     print(df.loc['b', 'C'])   # 通过行标签'b'和列标签'C'获取对应的元素
        80
```

【例 3-22】 通过行位置和列位置访问 DataFrame 中的元素。

```
[ ]: print(df.iloc[1, 2])   # 通过行位置 1 和列位置 2 获取对应的元素
        80
```

2. 切片操作

DataFrame 同样支持切片操作，可以基于标签索引或位置索引进行切片，提取子集。

使用标签切片的语法格式如下：

项目 3　数据分析库 Pandas 基础

df.loc['start_row':'end_row', 'start_col':'end_col']

使用位置切片的语法格式如下：

df.iloc[start_row_index:end_row_index, start_col_index:end_col_index]

说明：

1）start_row 和 end_row 为行的起始和结束标签，start_col 和 end_col 为列的起始和结束标签。

2）start_row_index 和 end_row_index 为行的起始和结束位置索引，start_col_index 和 end_col_index 为列的起始和结束位置索引。

【例 3-23】　通过标签进行切片。

```
[ ]: print(df.loc['a':'b', 'A':'B'])  # 使用标签索引切片，返回'a'到'b'的行以及'A'到'B'的列
        A   B
    a  10  40
    b  20  50
```

【例 3-24】　通过位置索引进行切片。

```
[ ]: print(df.iloc[0:2, 0:2])  # 使用位置索引切片，返回前两行和前两列的数据
        A   B
    a  10  40
    b  20  50
```

3．列索引访问

通过列索引，可以提取 DataFrame 中某一列的数据。语法格式如下：

df['col_label']

说明：col_label 是 DataFrame 中的列标签。

【例 3-25】　通过列标签访问单列数据。

```
[ ]: print(df['A'])  # 通过列标签'A'获取单列数据
    a    10
    b    20
    c    30
    Name: A, dtype: int64
```

4．行索引访问

可以通过行索引访问 DataFrame 中的某一行，返回的是一个 Series 对象。语法格式如下：

df.loc['row_label']

说明：row_label 是 DataFrame 中的行标签。

【例 3-26】　通过行标签访问单行数据。

```
[ ]: print(df.loc['b'])  # 通过行标签'b'获取该行的数据
    A    20
    B    50
    C    80
    Name: b, dtype: int64
```

5．布尔索引

DataFrame 同样支持布尔索引，可以通过条件筛选出满足条件的行或列。语法格式如下：

df[condition]

说明：condition 是一个布尔数组或布尔表达式，表示条件筛选。

【例 3-27】 通过布尔索引筛选 DataFrame 中的行。

```
print(df[df['A'] > 15])    # 筛选出'A'列大于 15 的行
```

```
   A   B   C
b  20  50  80
c  30  60  90
```

3.5 数据编辑

DataFrame 对象的数据编辑操作包括修改行、列的名称，增加行、列及其数据，删除行、列及其数据，以及修改行、列中的数据。

3.5.1 增加数据

1. 按列增加数据

在 DataFrame 中按列增加数据是指添加新的列。新的列可以是单个值、列表、Series 或其他数组类型的数据。语法格式如下：

> **df['new_column'] = new_data**

说明：new_column 是要添加的列名。new_data 可以是一个标量、列表、数组或 Series，且其长度应与 DataFrame 的行数一致。此外，DataFrame 中每列的数据类型都应相同。

【例 3-28】 按列增加数据，在 DataFrame 对象中增加一列 "年龄"。

```
import pandas as pd
data = [['张三', '男', 175], ['李四', '女', 165]]
df = pd.DataFrame(data=data, index=['001', '002'], columns=['姓名', '性别', '身高'])
# 按列增加数据
data1 = [18, 17]    # 待增加 "年龄" 列的数据，分别是张三、李四的年龄
index1 = ['001', '002']    # 如果行索引不是默认的，则需要提供行索引
df['年龄'] = pd.Series(data=data1, index=index1)    # 创建新的 Series 对象，作为新列
df
```

	姓名	性别	身高	年龄
001	张三	男	175	18
002	李四	女	165	17

2. 按行增加数据

增加一行或多行数据时，可以使用 loc 或 concat() 方法。

（1）增加一行数据

使用 loc 指定新行的索引，并为所有列提供相应的值。语法格式如下：

> **df.loc['new_index'] = new_row_data**

说明：new_index 是新行的索引。new_row_data 是新的行数据，可以是一个列表或字典。

【例 3-29】 在【例 3-28】得到的 DataFrame 对象中增加一条行索引是'005'的数据。

```
df.loc['005'] = ['王五', '男', 180, 19]    # 添加新行，行索引为 '005'
df
```

[ ]:		姓名	性别	身高	年龄
	001	张三	男	175	18
	002	李四	女	165	17
	005	王五	男	180	19

（2）增加多行数据

增加多行数据时，可以通过字典和 concat() 函数实现。concat() 函数的语法格式如下：

pd.concat([df, new_data], ignore_index=False)

说明：df 是现有的 DataFrame 对象。new_data 是一个包含新行数据的 DataFrame 或 Series。ignore_index=True 会重新索引行，使索引从 0 开始。

【**例 3-30**】 在【例 3-29】得到的 DataFrame 对象中增加两名学生（赵六和孙七）的数据。

```
[ ]: # 创建新的数据（赵六和孙七）
     new_data = pd.DataFrame({
         '姓名': ['赵六', '孙七'],
         '性别': ['女', '男'],
         '身高': [160, 172],
         '年龄': [17, 18]    # 新行的年龄列数据
     }, index=['003', '004'])    # 如果行索引不是默认的，则需要提供行索引
     df = pd.concat([df, new_data])    # 使用concat()方法添加新行
     df
```

[ ]:		姓名	性别	身高	年龄
	001	张三	男	175	18
	002	李四	女	165	17
	005	王五	男	180	19
	003	赵六	女	160	17
	004	孙七	男	172	18

创建一个新的 DataFrame，包含要添加的行数据（"赵六"和"孙七"），并指定行索引 ['003', '004']，然后使用 pd.concat([df, new_data]) 将原有的 df 和 new_data 按行连接，并返回一个新的 DataFrame，再将其赋值回 df。

3.5.2 修改数据

1. 修改标题（索引名）

可以修改列标题或行标题，给 DataFrame 中的行和列赋予新的名称。

（1）修改列标题

使用 DataFrame 对象的 columns 属性，用新列标题覆盖原来的列标题。语法格式如下：

df.columns = new_column_names

说明：new_column_names 是一个包含新列名的列表，列表中新列名的数量应与原列数量一致。

【**例 3-31**】 在【例 3-30】的基础上，修改列标题。

```
[ ]: df.columns = ['Name', 'Gender', 'Height', 'Age']    # 新列名与原列数量相同
     df
```

```
[ ]:       Name  Gender  Height  Age
     001   张三    男      175    18
     002   李四    女      165    17
     005   王五    男      180    19
     003   赵六    女      160    17
     004   孙七    男      172    18
```

（2）修改行标题

使用 DataFrame 对象的 index 属性，用新行标题覆盖原来的行标题。语法格式如下：

df.index = new_index_names

说明：new_index_names 是一个包含新行索引的列表，列表中新行标题的数量应与原行标题数量一致。

【例 3-32】 在【例 3-31】的基础上，修改行标题。

```
[ ]: df.index = ['一','二','三','四','五']
     df
```
```
[ ]:     Name  Gender  Height  Age
     一  张三    男      175    18
     二  李四    女      165    17
     三  王五    男      180    19
     四  赵六    女      160    17
     五  孙七    男      172    18
```

2．修改数据

可以使用 replace() 方法或者 loc 和 iloc 索引器修改 DataFrame 中的具体数据。

（1）使用 replace() 方法替换数据

replace() 方法可以替换列、行或全部数据。语法格式如下：

df.replace(to_replace, value)

replace() 方法的常用参数及说明见表 3-7。

表 3-7　replace() 方法的常用参数及说明

名称	说明
to_replace	要被替换的值，可以是单个值、列表或字典。如果 to_replace 是一个单独的值，所有等于该值的元素将被替换；如果 to_replace 是列表或字典，那么每个元素将被替换为相应的值
value	替换的新值，可以是单个值或列表。当替换多个值时，使用字典。例如，df.replace({'B': 'E', 'C': 'F'})表示将 B 替换为 E，将 C 替换为 F

【例 3-33】 在【例 3-32】的基础上，使用 replace() 方法替换数据。

```
[ ]: df.replace(18, 16, inplace=True)   # 将所有的 18 替换为 16
     df
```

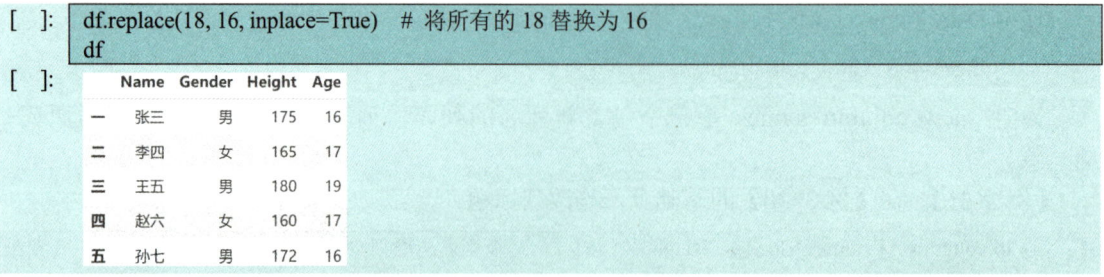

（2）使用 loc 和 iloc 修改数据

通过行标签和列标签来修改数据。语法格式如下：

> **df.loc['row_label', 'col_label'] = new_value：**

使用行位置和列位置来修改数据。语法格式如下：

> **df.iloc[row_index, col_index] = new_value：**

【例 3-34】 在【例 3-33】基础上，使用 loc 和 iloc 修改数据。

```
[ ]: df.loc['三', 'Age'] = 18    # 修改行标签为'三'，且列标签为'Age'的元素
     df
```

[ ]:

	Name	Gender	Height	Age
一	张三	男	175	16
二	李四	女	165	17
三	王五	男	180	18
四	赵六	女	160	17
五	孙七	男	172	16

```
df.iloc[1, 2] = 168    # 修改位置为(1, 2)的元素
df
```

	Name	Gender	Height	Age
一	张三	男	175	16
二	李四	女	168	17
三	王五	男	180	18
四	赵六	女	160	17
五	孙七	男	172	16

3.5.3 删除数据

在 DataFrame 中可以使用 drop() 方法删除行或列。删除行的语法格式如下：

> **df.drop('index_label', axis=0)**

或

> **df.drop(index, axis=0)**

其中，index_label 为要删除行的行标签，index 为要删除行的行索引，axis=0 表示删除行。删除列的语法格式如下：

> **df.drop('col_label', axis=1)**

或

> **df.drop(columns='col_label')**

其中，col_label 为要删除列的列标签，axis=1 表示删除列。

【例 3-35】 在【例 3-34】的基础上，删除行。

```
[ ]: df = df.drop('三', axis=0)    # 删除行标签为'三'的行
     df
```

[ ]:

	Name	Gender	Height	Age
一	张三	男	175	16
二	李四	女	168	17
四	赵六	女	160	17
五	孙七	男	172	16

【例 3-36】 在【例 3-35】的基础上，删除列。

```
[ ]: df = df.drop('Height', axis=1)   # 删除列标签为'Height'的列
     df
```

```
[ ]:       Name  Gender  Age
     一    张三     男     16
     二    李四     女     17
     四    赵六     女     17
     五    孙七     男     16
```

3.6 算术运算与数据对齐

在 Pandas 中，进行算术运算时，Series 和 DataFrame 的数据会根据索引进行对齐。

1. Series 的算术运算与对齐

对于两个 Series 对象，Pandas 会根据它们的索引对齐，仅对那些索引匹配的元素执行运算。若某个索引在另一个 Series 中不存在，则对应位置的结果会被填充为 NaN，表示缺失值。

【例 3-37】 Series 对象的算术运算与对齐示例。

```
[ ]: import pandas as pd
     # 创建两个 Series
     s1 = pd.Series([10, 20, 30], index=['a', 'b', 'c'])
     s2 = pd.Series([1, 2, 3], index=['b', 'c', 'd'])
     result = s1 + s2   # 执行加法运算
     print(result)
     a    NaN
     b    21.0
     c    32.0
     d    NaN
     dtype: float64
```

说明：索引'a'和'd'中只有一个 Series 包含数据，因此结果为 NaN。索引'b'和'c'在两个 Series 中都有对应值，因此执行加法运算：20+2=22 和 30+3=33。

2. DataFrame 的算术运算与对齐

对于两个 DataFrame 对象，Pandas 会根据行索引和列索引同时对齐。运算仅对行和列都匹配的数据执行，未对齐的部分结果为 NaN。

【例 3-38】 DataFrame 对象的算术运算与对齐示例。

```
[ ]: # 创建两个 DataFrame
     df1 = pd.DataFrame({
       'A': [1, 2, 3],
       'B': [4, 5, 6]
     }, index=['x', 'y', 'z'])
     df2 = pd.DataFrame({
       'A': [7, 8, 9],
       'B': [10, 11, 12]
     }, index=['y', 'z', 'w'])
     result = df1 + df2   # 执行加法运算
     print(result)
```

```
      A     B
w   NaN   NaN
x   NaN   NaN
y   9.0  15.0
z  11.0  17.0
```

说明：索引'w'和'x'中只有一个 DataFrame 包含数据，因此结果为 NaN。在索引'y'和'z'中，行和列均对齐，因此执行加法运算：'y'行：2+7=9，5+10=15；'z'行：3+9=12，6+11=17。

3. 用 add() 方法处理缺失值

如果不希望运算结果中包含 NaN 值，可以使用 add() 方法并通过 fill_value 参数设置缺失值的补充值。add() 方法用于对数据进行逐元素的加法运算。add 方法的基本语法格式如下：

> df.add(other, axis=1, fill_value=None)
> ser.add(other, fill_value=None)

其中，other 可以是标量值、Series 或 DataFrame，表示要相加的对象。axis 指定对齐的轴，对于 DataFrame，默认为 1，表示按列对齐；0 按行对齐。fill_value 用于替换缺失值（NaN）。

【例 3-39】 把【例 3-38】中的 result=df1+df2 改为用 add() 方法，将缺失值补充为 0 后再执行加法运算。

```
[ ]: result = df1.add(df2, fill_value=0)   # 使用 add() 方法进行运算，并用 0 填充缺失值
     print(result)
           A     B
     w   9.0  12.0
     x   1.0   4.0
     y   9.0  15.0
     z  11.0  17.0
```

说明：对于索引'w'和'x'，df1 或 df2 中的缺失值被补充为 0，之后执行运算。

其他算术运算可以使用相应运算方法，这里不再赘述。

4. NaN 值的处理方法

在对齐过程中，Pandas 会自动将未对齐的数据填充为 NaN。可以使用以下方法处理这些缺失值：

- fillna()：用指定的值填充 NaN 值。
- dropna()：删除包含 NaN 的行或列。
- notna()：检查是否为非 NaN 值。

【例 3-40】 使用 fillna() 方法，用 0 填充 NaN。

```
[ ]: result_filled = result.fillna(0)   # result 是上一题的 DataFrame 对象
     print(result_filled)
           A     B
     w   0.0   0.0
     x   0.0   0.0
     y   9.0  15.0
     z  11.0  17.0
```

说明：fillna(0) 将结果中的所有 NaN 值填充为 0。

5. 自动对齐与广播

Pandas 的算术运算不仅支持索引对齐，还支持广播机制。当 DataFrame 和 Series 具有不同的形状时，Pandas 会根据索引对齐规则自动调整形状。

【例 3-41】 DataFrame 与 Series 的加法运算。

```
# 创建一个 DataFrame 和一个 Series
df = pd.DataFrame({
    'A': [1, 2, 3],
    'B': [4, 5, 6]
}, index=['x', 'y', 'z'])
s = pd.Series([1, 2], index=['x', 'y'])
# 将 Series 按行索引广播到 DataFrame
result = df.add(s, axis=0)   # 使用 add()方法按行对齐进行运算
print(result)
     A    B
x  2.0  5.0
y  4.0  7.0
z  NaN  NaN
```

说明：add(s, axis=0)方法会将 Series 广播到 DataFrame 中，并按行索引对齐后进行运算。对于索引'x'和'y'，运算正常执行：'x'行：1+1=2，4+1=5；'y'行：2+2=4，5+2=7；对于索引'z'，s 中没有对应值，因此结果为 NaN。

3.7 数据排序

在 Pandas 中，Series 和 DataFrame 都是由索引和数据组成的，因此可以根据索引或值进行排序。

1. 按索引排序

可以通过 sort_index()方法对 Series 或 DataFrame 按照索引进行排序。该方法支持升序或降序排序，并且可以选择对行索引或列索引进行排序。sort_index()方法的语法格式如下：

> df.sort_index(axis=0, ascending=True, inplace=False)

sort_index()方法的常用参数及说明见表 3-8。

表 3-8 sort_index()方法的常用参数及说明

名称	说明
axis	指定排序的轴。axis=0 表示按行索引排序（默认），axis=1 表示按列索引排序
ascending	指定排序的顺序。ascending=True 表示升序排序（默认），ascending=False 表示降序排序
inplace	是否在原地修改数据。inplace=False 表示返回排序后的新对象（默认），inplace=True 表示在原地排序

【例 3-42】 按索引排序，假设有一个 DataFrame，按行索引排序。

```
import pandas as pd
data = {
    '姓名': ['张三', '李四', '王五'],
    '性别': ['男', '女', '男'],
    '身高': [175, 160, 180]
}
df = pd.DataFrame(data, index=['b', 'a', 'c'])
df_sorted = df.sort_index(axis=0, ascending=True)   # 按行索引升序排序
df_sorted
```

	姓名	性别	身高
a	李四	女	160
b	张三	男	175
c	王五	男	180

2. 按值排序

除了按索引排序外，Pandas 还支持按值排序。可以通过 sort_values()方法对 Series 或 DataFrame 按值进行排序。对于 DataFrame，可以按某一列或多列的值排序；对于 Series，可以按其值进行排序。sort_values()方法的语法格式如下：

df.sort_values(by='column_name', axis=0, ascending=True, inplace=False, kind='quicksort', na_position='last', ignore_index=False, key=None)

sort_values()方法的常用参数及说明见表 3-9。

表 3-9 sort_values()方法的常用参数及说明

名称	说明
by	用于指定按哪一列（或多列）进行排序，可以是列名（字符串）或列名的列表
axis	指定排序的轴。0 或'index'（默认）按行排序，1 或'columns'按列排序
ascending	指定排序的顺序，可以是 True（升序，默认）或 False（降序）；若按多个列排序，可以传入布尔值列表
inplace	是否在原地修改 DataFrame。若为 True，则直接在原 DataFrame 上排序；若为 False（默认），则返回一个新的排序后的 DataFrame
kind	指定排序算法。可选值有'quicksort'（默认）、'mergesort'、'heapsort'、'stable'
na_position	指定缺失值（NaN）的位置。可选值有'first'（将缺失值放在排序结果的前面）或'last'（将缺失值放在排序结果的后面，默认）
ignore_index	是否忽略索引。若为 True，则排序后的 DataFrame 会重新生成索引；若为 False（默认），则保留原始索引
key	排序前的数据预处理函数，可以对每一列或索引的值应用该函数后再排序

【例 3-43】 按值排序，假设有一个 DataFrame，按"身高"这一列的值排序。

```
import pandas as pd
data = {
    '姓名': ['张三', '李四', '王五'],
    '性别': ['男', '女', '男'],
    '身高': [175, 160, 180]
}
df = pd.DataFrame(data)
df_sorted = df.sort_values(by='身高', ascending=True)  # 按身高列的值升序排序
df_sorted
```

	姓名	性别	身高
1	李四	女	160
0	张三	男	175
2	王五	男	180

【例 3-44】 对一个 Series 对象，按值排序。

```
s = pd.Series([3, 1, 2], index=['b', 'a', 'c'])
s_sorted = s.sort_values(ascending=True)  # 按值升序排序
s_sorted
```

```
a    1
c    2
b    3
dtype: int64
```

3.8 统计计算与描述

Pandas 提供了丰富的统计计算函数，可以轻松地对 Series 或 DataFrame 的行、列或整个数据进行统计计算。此外，Pandas 还支持通过一次性调用方法获取一组数据的多个统计指标，帮助用户高效地了解数据的基本特征。

1. 统计计算

Pandas 为 Series 和 DataFrame 提供了多种统计计算方法，能够快速获取数据的基本统计信息，如均值、标准差、最大值、最小值等。常用的统计计算方法及说明见表 3-10。

表 3-10 常用的统计计算方法及说明

名称	说明	名称	说明
count()	非 NaN 值的个数	std()	无偏标准差
sum()	值的求和	var()	无偏方差
mean()	值的均值	mad()	平均绝对偏差
median()	值的算术中位数（50%分位数）	sem()	均值的无偏标准误差
mode()	众数	skew()	无偏偏度（第三阶矩）
min()	最小值	kurt()	无偏峰度（第四阶矩）
max()	最大值	quantile()	样本分位数（百分比值）
abs()	绝对值	idxmin()	最小值索引
prod()	值的乘积	idxmax()	最大值索引
cumsum()	累加和	argmin()	最小值索引位置
cumprod()	累乘积	argmax()	最大值索引位置
describe()	针对 Series 或 DataFrame 列计算汇总统计	pct_change()	计算百分数变化
quantile()	计算样本的分位数（0 到 1）	size()	计算数组的大小
diff()	计算一阶差分	first()	第一个 group 值
nunique()	唯一值的数量	last()	最后一个 group 值
cummax()	累加最大值	nth()	第 n 个 group 值
cummin()	累加最小值		

【例 3-45】假设有一个 DataFrame，其中包含一些学生的成绩数据，使用统计计算方法来分析这些数据。

```
[ ]: import pandas as pd
# 创建示例 DataFrame
data = {
    '数学': [85, 92, 78, 88, 95],
    '英语': [78, 85, 88, 92, 90],
    '物理': [90, 85, 88, 92, 89]
}
df = pd.DataFrame(data)
sum_scores = df.sum()    # 计算每列的总和
print("每科成绩总和：\n", sum_scores)
```

```
每科成绩总和：
    数学    438
    英语    433
    物理    444
dtype: int64
```

```
[ ]: mean_scores = df.mean()    # 计算每列的均值
     print("\n 每科成绩均值：\n", mean_scores)
```

```
每科成绩均值：
    数学    87.6
    英语    86.6
    物理    88.8
dtype: float64
```

```
[ ]: max_scores = df.max()    # 计算每列的最大值
     print("\n 每科成绩最大值：\n", max_scores)
```

```
每科成绩最大值：
    数学    95
    英语    92
    物理    92
dtype: int64
```

在使用统计计算方法对 DataFrame 对象进行相应操作时，默认沿着列方向进行计算。

2. 统计描述

如果希望一次性描述 Series 类或 DataFrame 类对象的多个统计指标（如平均值、最大值、最小值、求和等），可以使用 describe()方法。该方法返回数据的基本统计摘要，包括计数、均值、标准差、最小值、四分位数和最大值等。describe()方法的语法格式如下：

df.describe(percentiles=None, include=None, exclude=None)

describe()方法的常用参数及说明见表 3-11。

表 3-11 describe()方法的常用参数及说明

名称	说明
percentiles	设置要计算的百分位数，默认为[0.25, 0.5, 0.75]
include	指定要描述的数据类型，可以是 all、object、number 等，默认为 None，表示描述所有数据类型
exclude	指定要排除的数据类型，默认为 None

【例 3-46】 假设有一个 DataFrame，一次性获取所有列的统计描述。

```
[ ]: import pandas as pd
     # 创建示例 DataFrame
     data = {
         '数学': [85, 92, 78, 88, 95],
         '英语': [78, 85, 88, 92, 90],
         '物理': [90, 85, 88, 92, 89]
     }
     df = pd.DataFrame(data)
     description = df.describe()    # 使用 describe()方法获取统计描述
     print("数据的统计描述：\n", description)
```

```
数据的统计描述：
              数学        英语        物理
count    5.000000  5.000000  5.000000
mean    87.600000 86.600000 88.800000
std      6.580274  5.458938  2.588436
min     78.000000 78.000000 85.000000
25%     85.000000 85.000000 88.000000
50%     88.000000 88.000000 89.000000
75%     92.000000 90.000000 90.000000
max     95.000000 92.000000 92.000000
```

describe()方法返回一个 8 行 4 列的 DataFrame 对象,每行对应统计指标,从上到下分别是 count(数据的数量,非空值的个数)、mean(数据的均值)、std(数据的标准差)、min(数据的最小值)、25%(四分之一分位数)、50%(二分之一分位数)、75%(四分之三分位数)和 max(数据的最大值)。

3.9 Pandas 的文件操作

Pandas 提供了丰富的读取和写入数据文件的函数与方法,支持多种常见文件格式,包括 CSV、TXT 和 Excel 文件等。

3.9.1 读写 CSV 和 TXT 文件的数据

Pandas 提供了 read_csv()函数和 to_csv()方法,分别用于读取和写入 CSV 或 TXT 文件。

1. 读取 CSV 和 TXT 文件

read_csv()函数可从指定路径读取数据文件,并将数据转换为 Series 或 DataFrame 对象。read_csv()函数的语法格式如下:

```
pd.read_csv(filepath_or_buffer, sep=',', header='infer', names=None, index_col=None, usecols=None, encoding='utf-8', …)
```

read_csv()函数的常用参数及说明见表 3-12。

表 3-12 read_csv()函数的常用参数及说明

名称	说明
filepath_or_buffer	要读取的文件路径或文件对象
sep	分隔符,默认为逗号",",可以设置为其他字符,如制表符"\t"或空格
header	指定哪一行作为列名,默认为'infer',即自动推断
names	指定列名列表,若文件没有列名时使用
index_col	指定哪一列作为行索引
usecols	指定读取哪些列,默认为 None,即读取所有列
encoding	指定编码格式,默认为'utf-8',可根据需要调整

【例 3-47】 读取"高等数学-素材.csv"文件中的数据。

```
import pandas as pd
df = pd.read_csv('d:/bigdata/高等数学-素材.csv')   # 读取 CSV 文件
df.head(3)    # 预览前 3 行数据
```

	学号	姓名	性别	平时成绩	期中考试	期末考试	总成绩	平均成绩
0	667768201	李妍菲	女	93	87	90	0	0
1	667768202	白雅琪	女	88	82	89	0	0
2	667768203	王志辉	男	97	88	95	0	0

说明:返回的是一个 DataFrame 对象。第一行作为列索引,其余各行为数据内容。

如果读取的是以空格或制表符分隔的 TXT 文件,只需指定 sep 参数。

【例 3-48】 读取以空格分隔的 TXT 文件。

```
df = pd.read_csv('student1.txt', sep=' ')    # 指定空格为分隔符
print(df)
```

2. 写入 CSV、TXT 文件

to_csv()方法可将 DataFrame 对象写入 CSV 或 TXT 文件。若目标文件不存在,将自动创建;若文件已存在,将覆盖内容。to_csv()方法的语法格式如下:

df.to_csv(path_or_buffer, sep=',', na_rep='', header=True, index=True, encoding='utf-8', mode='w', …)

to_csv()方法的常用参数及说明见表 3-13。

表 3-13 to_csv()方法的常用参数及说明

名称	说明
path_or_buffer	文件路径或文件对象,指定要保存的文件
sep	分隔符,默认为逗号",",可以为制表符"\t"或竖线"|"等
na_rep	缺失值的表示符,默认为空字符串
header	是否写入列名,默认为 True,即写入列名
index	是否写入行索引,默认为 True,即写入行索引
encoding	文件编码,默认为 'utf-8'
mode	文件写入模式,默认为'w'(写模式),可以设置为'a'(追加模式)

【例 3-49】 把 DataFrame 写入 "student1.csv" 文件。

```
# 创建一个 DataFrame
data = {
    '姓名': ['张三', '李四', '王五'],
    '年龄': [18, 19, 17],
    '城市': ['北京', '上海', '广州']
}
df = pd.DataFrame(data)
# 写入 CSV 文件,不保存行索引,指定编码格式
df.to_csv('student1.csv', index=False, encoding='gbk')
print("CSV 文件已保存")
```
CSV 文件已保存

说明:文件写入成功后,可以在文件中查看其内容。列索引为 DataFrame 的列名,每一行为对应的数据,字段之间以","分隔。

to_csv()方法将数据写入 TXT 文件时,可调整分隔符为制表符(sep=\t)。

【例 3-50】 把 DataFrame 写入 student1.txt 文件。

```
df.to_csv('student2.txt', sep='\t', index=False)    # 将 DataFrame 写入 TXT 文件,使用制表符分隔
print("TXT 文件已保存")
```
TXT 文件已保存

3.9.2 读写 Excel 文件的数据

Pandas 提供了 read_excel()函数和 to_excel()方法,分别用于读取和写入 Excel 文件,支持".xls"和".xlsx"格式。

1. 读取 Excel 文件

read_excel()函数可读取 Excel 文件的一个或多个工作表，语法格式如下：

> pd.read_excel(io, sheet_name=0, header=0, index_col=None, usecols=None, encoding=None,…)

read_excel()函数的常用参数及说明见表 3-14。

表 3-14 read_excel()函数的常用参数及说明

名称	说明
io	要读取的文件路径或文件对象
sheet_name	要读取的工作表名称或编号，默认为 0，表示读取第一个工作表。例如，sheet_name='Sheet1'
header	指定哪一行作为列名，默认为 0
index_col	指定哪一列作为行索引
usecols	指定读取哪些列，默认为 None，即读取所有列。例如， usecols=[0, 2]
encoding	指定编码格式，默认为 None

【例 3-51】 读取"高等数学-成绩表.xlsx"文件中的数据。

```
# 读取 Excel 文件中的指定工作表
df = pd.read_excel('d:/bigdata/高等数学-成绩表.xlsx', sheet_name='高等数学', header=1)
df.head(3)   # 查看前 3 行数据
```

	学号	姓名	性别	平时成绩	期中考试	期末考试	总成绩
0	667768201	李妍菲	女	93	87	90	90.9
1	667768202	白雅琪	女	88	82	89	87.1
2	667768203	王志辉	男	97	88	95	94.6

2. 写入 Excel 文件

to_excel()方法将 DataFrame 写入 Excel 文件，支持指定工作表名称和缺失值的表示形式。to_excel()方法的语法格式如下：

> df.to_excel(excel_writer, sheet_name='Sheet1', na_rep='', index=True, header=True, …)

to_excel()方法的常用参数及说明见表 3-15。

表 3-15 to_excel()方法的常用参数及说明

名称	说明
excel_writer	目标 Excel 文件路径或文件对象，必须指定文件名，文件名扩展名为".xls"或".xlsx"
sheet_name	工作表名称，默认为'Sheet1'
na_rep	缺失值的表示符，默认为空字符串
index	是否写入行索引，默认为 True，表示写入行索引
header	是否写入列名，默认为 True，表示写入列名

【例 3-52】 将 DataFrame 写入 student2.xlsx 文件。

```
# 创建一个简单的 DataFrame
data = {'Name': ['Alice', 'Bob', 'Anna'], 'Age': [19, 18, 20]}
df = pd.DataFrame(data)
df.to_excel('d:/bigdata/student2.xlsx', index=False)   # 将数据写入 Excel 文件，不写入行索引
print("写入文件完成，请到 d:/bigdata/ 中查看")
```

写入文件完成，请到 d:/bigdata/ 中查看

3.10 案例：学生考试成绩数据分析

本节用 Pandas 实现学生考试成绩数据分析。

3.10.1 案例简介

在 2.8 节中，对"高等数学-素材.csv"成绩表使用 NumPy 数组进行了操作。本案例将使用 Pandas 对"高等数学-输入.xlsx"成绩表做进一步的操作。"高等数学-输入.xlsx"工作表第二行是列名，列名有学号、姓名、性别、平时成绩、期中考试、期末考试和总成绩，有 40 名学生的成绩记录。本案例需要解决以下问题：

1）使用 Pandas 计算每位学生的加权总成绩，将计算结果取整数后存储在数组的新列。
2）使用 Pandas 计算每位学生的平均成绩，把平均值结果保留一位小数后存储在数组的新列。
3）根据总成绩对学生记录按降序排列，给出总分的最高分和最低分。
4）统计男生人数和女生人数，统计男、女生的平均分数，给出男、女生总分的最高分和最低分。
5）将排序后的数组保存为 Excel 文件，文件名为"高等数学-排序.xlsx"。

3.10.2 案例实现

1．创建 Jupyter Notebook

打开 JupyterLab，创建一个名为"student2.ipynb"的文件。

2．加载数据

读取 Excel 文件"d:/bigdata/高等数学-输入.xlsx"。

```
import pandas as pd
file_path = 'd:/bigdata/高等数学-输入.xlsx'
df = pd.read_excel(file_path, header=1)
df.head(3)
```

	学号	姓名	性别	平时成绩	期中考试	期末考试	总成绩
0	667768001	李妍菲	女	93	87	90	NaN
1	667768002	白雅琪	女	88	82	89	NaN
2	667768003	王志辉	男	97	88	95	NaN

读取 Excel 文件使用 pandas.read_excel()函数读取文件，并且通过 header=1 参数跳过第一行，将第二行作为列名。

3．计算总成绩

根据公式计算每位学生的加权总成绩，并将结果存储在"总成绩"列。

```
df['总成绩'] = (df['平时成绩'] * 0.3 + df['期中考试'] * 0.2 + df['期末考试'] * 0.5).round(0).astype(int)
df.head(3)
```

	学号	姓名	性别	平时成绩	期中考试	期末考试	总成绩
0	667768001	李妍菲	女	93	87	90	90
1	667768002	白雅琪	女	88	82	89	87
2	667768003	王志辉	男	97	88	95	94

计算加权总成绩使用给定的公式：
$$总成绩=平时成绩×30\%+期中考试×20\%+期末考试×50\%$$
计算结果四舍五入后转为整数，并存储到总成绩列。

4．计算平均成绩

按公式计算每位学生的平均成绩，并存储为新列。

[ ]: `df['平均成绩'] = ((df['平时成绩'] + df['期中考试'] + df['期末考试']) / 3).round(1)`
`df.head(3)`

[ ]:

	学号	姓名	性别	平时成绩	期中考试	期末考试	总成绩	平均成绩
0	667768001	李妍菲	女	93	87	90	90	90.0
1	667768002	白雅琪	女	88	82	89	87	86.3
2	667768003	王志辉	男	97	88	95	94	93.3

计算平均成绩使用给定的公式：
$$平均成绩=(平时成绩+期中考试+期末考试)/3$$
结果保留一位小数，并存储为新列"平均成绩"。

5．按总成绩排序

按总成绩对学生记录按降序排列。

[ ]: `df_sorted = df.sort_values(by='总成绩', ascending=False)`
`df_sorted`

[ ]:

	学号	姓名	性别	平时成绩	期中考试	期末考试	总成绩	平均成绩
36	667768037	李茹	女	90	95	99	96	94.7
35	667768036	王媛媛	女	90	95	98	95	94.3
…								
29	667768030	高小鹏	男	45	61	52	52	52.7
25	667768026	徐珊珊	女	42	33	52	45	42.3

使用sort_values()方法按"总成绩"列进行降序排序。

6．最高分和最低分

获取总成绩的最高分和最低分。

[ ]: `max_score = df_sorted['总成绩'].max()`
`min_score = df_sorted['总成绩'].min()`
`print(f"总成绩的最高分：{max_score}")`
`print(f"总成绩的最低分：{min_score}")`

总成绩的最高分：96
总成绩的最低分：45

使用max()和min()分别统计男生和女生的总成绩最高分和最低分。

7．男生和女生的人数

分别统计男生和女生的人数。

[ ]: `male_count = df[df['性别'] == '男'].shape[0]`
`female_count = df[df['性别'] == '女'].shape[0]`
`print(f"\n 男生人数：{male_count}")`
`print(f"女生人数：{female_count}")`

男生人数：15
女生人数：25

使用shape[0]统计男生和女生的人数。

8. 男生和女生的平均成绩

分别统计男生和女生的平均成绩。

```
[ ]: male_avg_score = df[df['性别'] == '男']['平均成绩'].mean()
     female_avg_score = df[df['性别'] == '女']['平均成绩'].mean()
     print(f"男生平均分：{male_avg_score:.1f}")
     print(f"女生平均分：{female_avg_score:.1f}")
```

男生平均分：80.8
女生平均分：79.3

使用 mean()计算男生和女生的平均成绩。

9. 男生和女生的总分最高分和最低分

分别统计男生和女生的总成绩最高分和最低分。

```
[ ]: male_max_score = df[df['性别'] == '男']['总成绩'].max()
     male_min_score = df[df['性别'] == '男']['总成绩'].min()
     female_max_score = df[df['性别'] == '女']['总成绩'].max()
     female_min_score = df[df['性别'] == '女']['总成绩'].min()
     print(f"男生总分最高：{male_max_score}，男生总分最低：{male_min_score}")
     print(f"女生总分最高：{female_max_score}，女生总分最低：{female_min_score}")
```

男生总分最高：94，男生总分最低：52
女生总分最高：96，女生总分最低：45

10. 保存结果文件

将排序后的数据保存为新的 Excel 文件，文件名为"高等数学-排序.xlsx"。

```
[ ]: output_path = 'd:/bigdata/高等数学-排序.xlsx'
     df_sorted.to_excel(output_path, index=False)
     print(f"\n 排序后的成绩表已保存到：{output_path}")
```

排序后的成绩表已保存到：d:/bigdata/高等数学-排序.xlsx

使用 to_excel()保存排序后的数据到一个新的 Excel 文件。

习题

1．用学生的学号作为索引，创建一个包含学生数学成绩的 Series 对象，数据为[85, 90, 78, 92, 88]，学号为[1001, 1002, 1003, 1004, 1005]。

2．创建一个包含学生成绩的 DataFrame 对象，表格包括以下列：学号、姓名、数学成绩、英语成绩。

学号	姓名	数学成绩	英语成绩
1001	张三	85	90
1002	李四	88	86
1003	王五	92	78
1004	赵六	79	85
1005	陈七	87	89

3．创建一个表示学生语文成绩的 Series，数据为[80, 85, 78, 92, 88]，索引为[1001, 1002,

1003, 1004, 1005]。使用以下属性和方法：

1）获取 Series 的索引和值。

2）计算成绩的总和、平均值和最大值。

4. 基于以下数据创建一个 DataFrame，列为学号、姓名和数学成绩。

学号	姓名	数学成绩
1001	张三	85
1002	李四	88
1003	王五	92
1004	赵六	79
1005	陈七	87

1）查看 DataFrame 的行索引、列索引和形状。

2）查看 DataFrame 的前 3 行数据和最后两行数据。

5. 创建一个包含学生数学成绩的 Series，并进行索引和切片。数据为[85, 90, 78, 92, 88]，索引为[1001, 1002, 1003, 1004, 1005]。

1）取出"学号"为 1002 和 1004 的成绩。

2）取出前 3 名学生的成绩。

6. 基于以下数据创建一个 DataFrame，并进行索引和切片：

学号	姓名	数学成绩	英语成绩
1001	张三	85	90
1002	李四	88	86
1003	王五	92	78
1004	赵六	79	85
1005	陈七	87	89

1）选择前 3 名学生的所有数据。

2）选择所有学生的"姓名"和"英语成绩"列。

3）选择"学号"为 1003 的学生数据。

7. 基于以下数据创建一个 DataFrame：

学号	姓名	数学成绩	英语成绩
1001	张三	85	90
1002	李四	88	86
1003	王五	92	78
1004	赵六	79	85

1）向表中增加一列"语文成绩"，数据为[78, 83, 85, 80]。

2）将"学号"为 1003 的学生"数学成绩"改为 95。

3）删除"学号"为 1004 的学生记录。

4）按"数学成绩"降序排序，并输出排序后的表。

项目 4 Pandas 数据预处理

数据预处理是对原始数据进行清洗、整理和转换的过程,以提高数据的质量和可用性。数据预处理的主要目的是为后续的数据分析和建模奠定良好的基础,使得分析结果更加准确和可靠。数据预处理包括数据清洗、数据合并、数据重塑和数据转换。为了处理这些数据,Pandas 提供了许多用于数据预处理的函数和方法。

本项目主要介绍 Pandas 数据预处理,包括数据清洗、数据合并、轴向旋转、转换数据类型、数据转换,学生综合考试成绩数据分析项目的实现。

知识目标	素养目标
◇ 掌握数据清洗的常用操作 ◇ 掌握数据合并、轴向旋转的方法 ◇ 掌握 astype()方法,使用 to_numeric() 函数 ◇ 掌握学生考试成绩数据分析(续)项目的实现方法	◇ 发展终身学习的意识 ◇ 增强时间管理能力 ◇ 增强问题解决能力 ◇ 发展新技术学习与应用能力 ◇ 发展目标设定与执行能力

4.1 数据清洗

数据清洗是指对原始数据进行筛选、修正、处理和转换的过程,以确保数据的准确性、完整性和一致性。数据清洗的主要目标是通过各种方法将"脏数据"清洗"干净"。在这里,"脏数据"指的是那些没有实际业务意义、格式非法或不在指定范围内的数据,通常包括缺失值、重复值和异常值。

4.1.1 缺失值的处理

1. 检测缺失值

缺失值指数据集中某些属性值未被记录、丢失或无法测量,从而产生空白或其他标记。产生缺失值的原因可能有很多,例如,机器故障、人为失误或有意隐瞒。例如,用户在调查中因为担心隐私而未填写手机号或年龄,或者未填写收入信息。缺失值的表示方式多种多样,包括空格、空字符串、斜杠(/)或字母 NA 等。为了提高处理的直观性,Pandas 通常使用 None 或 np.nan 来表示缺失值,并统一标记为 NaN。

检测缺失值可以使用 isnull()函数和 notnull()函数,这两个函数接受 Series 或 DataFrame 对象作为输入,并返回与输入数据形状相同的布尔型对象。isnull()函数会标记缺失值的位置为 True,其他位置为 False;而 notnull()则相反。

例 4-1

【例 4-1】 检测数据中是否包含缺失值。

```
[ ]: import pandas as pd
```

```
import numpy as np
# 创建包含缺失值的 DataFrame
df_na = pd.DataFrame({
    '平时成绩': [90, 80, None],
    '期中成绩': [91, None, 73],
    '期末成绩': [92, 83, 74],
    '总评成绩': [91, np.NaN, np.NaN]
})
pd.isnull(df_na)   # 检测缺失值
```

	平时成绩	期中成绩	期末成绩	总评成绩
0	False	False	False	False
1	False	True	False	True
2	True	False	False	True

说明：上述代码中，首先使用 pd.DataFrame 创建了一个 DataFrame 对象 df_na，其中包含了 None 或 NaN 表示的缺失值。然后，通过 pd.isnull(df_na)检测 df_na 中的缺失值，返回的结果是一个与 df_na 相同形状的布尔型 DataFrame，其中 True 表示缺失值，False 表示非缺失值。

【例 4-2】 使用notnull()函数检测数据是否为非缺失值。

```
pd.notnull(df_na)   # 检测非缺失值
```

	平时成绩	期中成绩	期末成绩	总评成绩
0	True	True	True	True
1	True	False	True	False
2	False	True	True	False

说明：使用 notnull()函数后，返回的是一个与 df_na 相同形状的布尔型 DataFrame，其中 False 标记了缺失值的位置。

【例 4-3】 统计 df_na 对象中每列缺失值的数量和缺失值的占比。

```
# 统计缺失值数量和占比
is_missing = df_na.isnull()   # 使用 isnull()函数检测缺失值
missing_cols = is_missing.sum(axis=0)   # 每列包含缺失值的数量
missing_cols_percent = df_na.isnull().sum(axis=0) / len(df_na) * 100   # 每列缺失值的比例
missing_table = pd.DataFrame({'数量': missing_cols, '占比(%)': missing_cols_percent})   # 创建缺失值统计表
missing_table
```

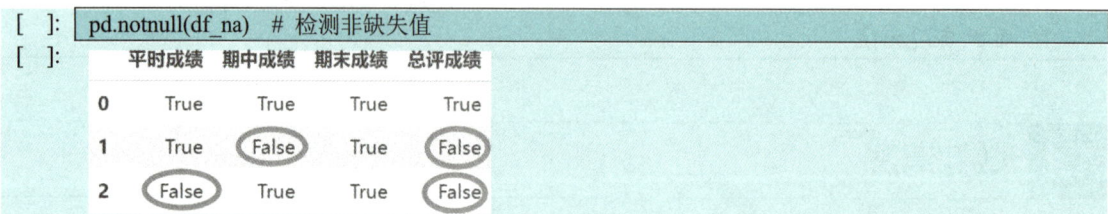

	数量	占比(%)
平时成绩	1	33.333333
期中成绩	1	33.333333
期末成绩	0	0.000000
总评成绩	2	66.666667

说明：使用 isnull()函数检测缺失值，并计算每列缺失值的数量和占比，最终生成一个新的 DataFrame，并列出了每列缺失值的数量及占比。

2. 处理缺失值

缺失值会影响数据的完整性和准确性，进而影响分析结果的可靠性。为了得到更准确的分

析结果，通常需要对缺失值进行处理。处理缺失值的常见方法有删除缺失值、填充缺失值和插补缺失值。Pandas 提供了相应的函数来实现这些操作。

（1）删除缺失值

删除缺失值是指删除包含缺失值的行或列。这种方法适用于缺失值比例较低且删除缺失值不会影响样本数据整体分布的情况。Pandas 提供了 dropna()方法来删除缺失值。语法格式如下：

> **df.dropna(axis=0, how='any', thresh=None, subset=None, inplace=False)**

df 是一个 DataFrame 类的对象。dropna()方法的常用参数及说明见表 4-1。

表 4-1　dropna()方法的常用参数及说明

名称	说明
axis	确定删除的是行还是列，0 或'index'表示删除行（默认），1 或'columns'表示删除列
how	删除的方式，any（默认）表示只要包含一个缺失值就删除整行或整列；all 表示只有所有值为 NaN 时才删除该行或该列
thresh	表示保留至少有 N 个非 NaN 值的行或列
subset	在特定列或行中检查缺失值
inplace	如果为 True，则直接修改原数据；如果为 False（默认），则返回新的数据

【例 4-4】 使用 dropna()删除 df_na 对象中包含缺失值的行。

```
[ ]: df_na.dropna()   # 删除包含缺失值的行
[ ]:    平时成绩  期中成绩  期末成绩  总评成绩
     0   90.0   91.0    92    91.0
```

说明：此操作会删除所有包含缺失值的行，并返回一个新的 DataFrame，其中只保留了完整的行。

（2）填充缺失值

填充缺失值是最常用的处理方法之一。对于缺失值比例较低的情况，通常使用填充值来替代这些缺失值。常见的填充值包括 0、均值、中位数、众数，或者前后相邻的有效值。Pandas 提供了 fillna()方法来填充缺失值。语法格式如下：

> **df.fillna(value=None, axis=None, inplace=False, limit=None)**

fillna()方法的常用参数及说明见表 4-2。

表 4-2　fillna()方法的常用参数及说明

名称	说明
value	填充缺失值的值，可以是标量、字典、Series 或 DataFrame
axis	确定填充的行或列，0 或'index'表示行（默认），1 或'columns'表示列
inplace	是否在原数据上操作，True 表示直接修改原数据，False 表示返回一个新的 DataFrame（默认）
limit	填充的最大数量

【例4-5】 使用fillna()方法用0填充df_na对象中的缺失值。

```
df_na.fillna(0)   # 用 0 填充缺失值
```

	平时成绩	期中成绩	期末成绩	总评成绩
0	90.0	91.0	92	91.0
1	80.0	0.0	83	0.0
2	0.0	73.0	74	0.0

说明：这将把df_na中的所有缺失值填充为0。

【例4-6】 为不同列填充不同的值。

```
df = df_na.fillna(value={'平时成绩': 0.0, '期中成绩': 0.0})
df
```

	平时成绩	期中成绩	期末成绩	总评成绩
0	90.0	91.0	92	91.0
1	80.0	0.0	83	NaN
2	0.0	73.0	74	NaN

说明：在此示例中，fillna()方法使用一个字典填充不同列的缺失值：平时成绩和期中成绩列的缺失值被填充为0.0。

（3）插补缺失值

插补缺失值是一种更为灵活的填充方式，常见的插补方法包括线性插值和最邻近插值。Pandas提供了interpolate()方法用以根据插补算法填充缺失值。语法格式如下：

df.interpolate(method='linear', axis=0, limit=None, inplace=False, limit_direction=None, limit_area=None, downcast=None)

interpolate()方法的常用参数及说明见表4-3。

表4-3　interpolate()方法的常用参数及说明

名称	说明
method	使用的插值方法，支持'linear'（默认）、'time'、'index'、'values'、'nearest'、'barycentric'等选项
axis	填充的方向，取值可以为0或'index'（默认），1或'columns'
limit	可以连续填充的最大数量，默认为None
limit_direction	按指定方向填充缺失值，常用取值为'forward'（前向填充，默认）、'backward'（后向填充）和'both'（双向填充）
limit_area	指定填充范围，默认为None，表示无限制。取值有'inside'（有效值内填充）和'outside'（有效值外填充）
downcast	为特定数据类型进行下行转换的字典。默认为None，表示不进行数据类型降级。可选值为'infer'，表示根据插值结果自动降级数据类型

【例4-7】 采用interpolate()方法使用线性方法填充缺失值。

```
import pandas as pd
# 创建包含缺失值的 DataFrame
df = pd.DataFrame({"A": [7, 3, 15, None, 9], "B": [None, 8, 12, 8, None],
                   "C": [6, 0, None, 10, 5], "D": [2, 4, None, None, 13]})
df.interpolate(method='linear', limit_direction='forward')   # 使用线性方法对缺失值进行插值
```

	A	B	C	D
0	7.0	NaN	6.0	2.0
1	3.0	8.0	0.0	4.0
2	15.0	12.0	5.0	7.0
3	12.0	8.0	10.0	10.0
4	9.0	8.0	5.0	13.0

说明：由于方向参数为 forward，因此第 1 行中的缺失值无法填充，因为没有可用于插值的先前值。

【例 4-8】 采用 interpolate()方法使用线性方法向后插值缺失值，并限制最大连续可以填充的值。

```
df.interpolate(method='linear', limit_direction='backward', limit=1)
```

	A	B	C	D
0	7.0	8.0	6.0	2.0
1	3.0	8.0	0.0	4.0
2	15.0	12.0	5.0	NaN
3	12.0	8.0	10.0	10.0
4	9.0	NaN	5.0	13.0

说明：由于 limit 参数设置为 1，所以第 4 列的缺失值只填充了一个。因为在该值之后没有可插值的行，最后一行的缺失值没有被填充。

4.1.2 重复值的处理

重复值是指数据集中某些记录是完全相同的，产生的原因通常包括机械故障或人工重复录入。重复的数据会影响数据的质量，因此需要进行检测和处理。Pandas 提供了检测重复值和删除重复值的方法。

1. 检测重复值

duplicated()方法用于检测 DataFrame 中的重复行。语法格式如下：

df.duplicated(subset=None, keep='first')

duplicated()方法的常用参数及说明见表 4-4。

表 4-4 duplicated()方法的常用参数及说明

名称	说明
subset	用于指定检测重复值的列索引或列索引序列。默认值为 None，表示使用所有列来检测重复。如果指定一个或多个列名（以列表形式传递），则只考虑这些列是否重复
keep	用于确定标记哪一行是重复值，取值有 first（默认，表示保留第一次出现的重复项，其余重复项标记为 True）、last（保留最后一次出现的重复项，其余重复项标记为 True）、False（所有重复项均标记为 True）

duplicated()方法检测完成后，返回一个 Series 类的对象，该对象中的索引对应被检测对象的行索引，数据表示检测结果的布尔值，重复则标记为 True，不重复则标记为 False。

【例 4-9】 使用 duplicated()方法检测学生信息中的重复值。

```
import pandas as pd
# 创建学生信息 DataFrame
student_info = pd.DataFrame({
    'ID': [101, 102, 104, 103, 104, 105],
    'name': ['张三', '李四', '赵六', '王五', '赵六', '孙七'],
    'age': [18, 18, 20, 19, 20, 20],
    'height': [160, 160, 175, 185, 175, 175],
    'gender': ['女', '女', '男', '男', '男', '男']
})
student_info.duplicated()    # 检测重复值，保留第一次出现的行，再次出现的其他行标记为重复值
```

```
[ ]:    0    False
        1    False
        2    False
        3    False
        4    True
        5    False
        dtype: bool
```

从检测结果中可以看到返回的是一个 Series 类的对象，该对象中索引为 4 的数据是 True，这说明 student_info 对象中的行索引 4 对应的一行与前面某一行重复。查看 student_info 对象，发现行索引为 2 和 4 的两行数据完全相同。

【例 4-10】 指定检测重复值或删除重复值的列索引序列为 age 和 gender。

```
[ ]: student_info.duplicated(subset=['age', 'gender'])    # 指定检测重复值的列索引或列索引序列
[ ]:    0    False
        1    True
        2    False
        3    False
        4    True
        5    True
        dtype: bool
```

```
[ ]: student_info.drop_duplicates(subset=['age', 'gender'])    # 指定删除重复值的列索引或列索引序列
[ ]:        ID   name  age  height  gender
        0   101   张三    18    160      女
        2   104   赵六    20    175      男
        3   103   王五    19    185      男
```

2. 处理重复值

重复值主要有两种处理方式，即删除或保留。其中，常见的处理方式是删除重复值，目的是保留唯一的数据记录。删除重复值使用 drop_duplicates() 方法。语法格式如下：

> df.drop_duplicates(subset=None, keep='first', inplace=False, ignore_index=False)

在 drop_duplicates() 方法中，ignore_index 参数表示是否重新分配索引，默认为 False。其他参数与 duplicated() 方法的参数含义相同。

【例 4-11】 使用 drop_duplicates() 方法删除 student_info 对象中的重复值。

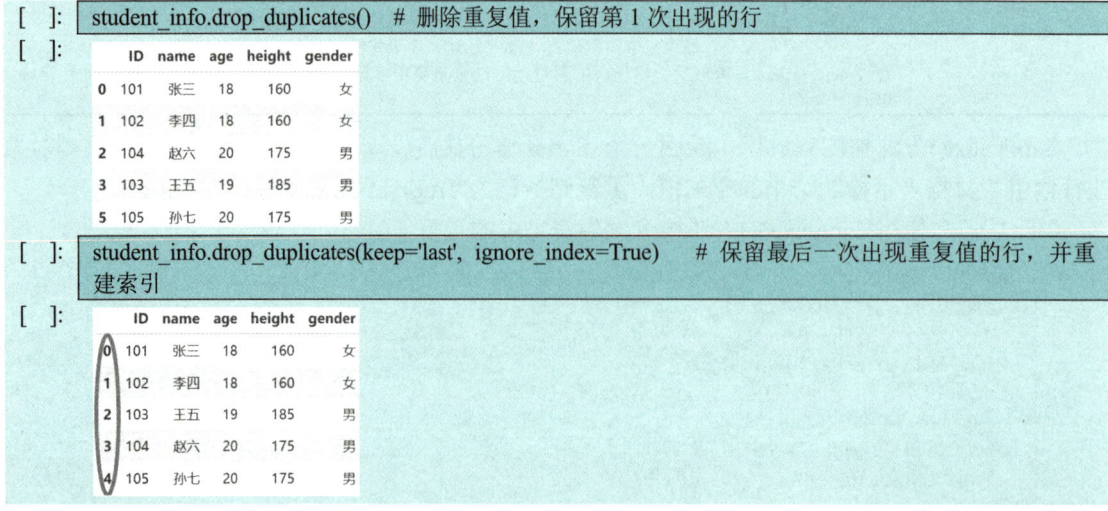

从结果中可以看到，ID 为 104 的数据只有一行，通过 drop_duplicates() 方法删除了重复值，并保留了唯一的数据记录。

4.1.3 异常值的处理

异常值是指在数据集中，与其他数据点相比，显著偏离整体数据分布的个别值。这些值通常被认为是错误、不合理或不符合实际情况的。例如，如果学生的身高记录为 5 米，显然不符合常规的生理数据范围，这类数据点就是异常值。异常值的产生可能源于测量错误、数据录入错误、设备故障、程序漏洞，或其他人为或系统性错误。

异常值的存在可能对数据分析、建模和预测结果产生重大影响，因此识别和处理异常值是数据预处理中的一个关键步骤。常见的异常值处理方法包括检测、替换、删除以及忽略。

1. 异常值的检测方法

常见的异常值检测方法有多种，其中最常用的两种是基于 3σ 原则（拉依达原则）和箱形图（Box Plot）。

（1）基于 3σ 原则检测异常值

3σ 原则是一种基于正态分布的异常值检测方法，适用于数据接近正态分布的情况。根据 3σ 原则，数据大部分会分布在[μ−3σ,μ+3σ]区间内，其中：μ是数据的均值；σ是数据的标准差。

根据正态分布的性质，约 68%的数据位于[μ−σ,μ+σ]范围内，约 95%的数据位于[μ−2σ,μ+2σ]范围内，约 99.7%的数据位于[μ−3σ,μ+3σ]范围内。超出此范围的数据点就可能被视为异常值。

基于 3σ 原则检测异常值的步骤如下。

1）假设数据服从正态分布。
2）计算数据的均值（μ）和标准差（σ）。
3）比较每个数据点与均值的偏差，若偏差超过 3 倍标准差，则视为异常值。
4）剔除异常值，得到规范的数据。

异常值判断条件：$|X_i-\mu|>3\sigma$

其中 X_i 表示数据集中的第 i 个数据点，μ是均值，σ是标准差。

【例 4-12】 基于 3σ 原则检测异常值。

```
import numpy as np
import pandas as pd
# 定义 3σ 检测函数
def three_sigma(ser):
    mean_value = ser.mean()   # 计算平均值
    std_value = ser.std()   # 计算标准差
    rule = (ser < mean_value - 3 * std_value) | (ser > mean_value + 3 * std_value)   # 判断异常值
    index = np.arange(ser.shape[0])[rule]   # 获取异常值索引
    outliers = ser.iloc[index]   # 获取异常值
    return outliers

# 示例数据
df_obj = pd.DataFrame({'A': [72, 35, 91, 11, 22, 64, 48, 1230, 12, 17, 62], 'B': [65, 75, 65, 20, 18, 81, 45, 11, 91, 7, 13]})
# 检测异常值
outliers_A = three_sigma(df_obj['A'])
print("A 列中的异常值：")
print(outliers_A)
```

```
A 列中的异常值：
7    1230
Name: A, dtype: int64
```

(2)基于箱形图检测异常值

箱形图(Box Plot)是另一种广泛使用的异常值检测方法,不需要假设数据的分布类型,适用于任何类型的数据。箱形图通过展示 5 个统计量(最小值、第一四分位数 Q1、中位数 Q2、第三四分位数 Q3 和最大值),并利用 1.5 倍四分位差(IQR)规则来识别异常值。

$$IQR=Q3-Q1$$

异常值的判断标准:下限:Q1−1.5×IQR。上限:Q3+1.5×IQR。数据小于下限或大于上限的值被认为是异常值。

基于箱形图检测异常值的步骤如下:

1)计算数据的四分位数(Q1 和 Q3)。
2)计算 IQR(即 Q3−Q1)。
3)根据 1.5 倍 IQR,计算上下限。
4)查找超出上下限的数据点,视为异常值。

【例 4-13】 使用 Matplotlib 绘制箱形图并检测异常值。

```python
import numpy as np
import matplotlib.pyplot as plt
# 设置显示中文字体
from matplotlib import rcParams
rcParams['font.sans-serif'] = ['SimHei']    # 使用黑体字体
rcParams['axes.unicode_minus'] = False      # 解决负号显示问题
# 包含异常值的数据
grades = np.array([
            [85, 90, 78, 92],
            [76, 88, 95, 80],
            [90, 85, 85, 89],
            [70, 75, 80, 65],
            [88, 92, 91, 87],
            [130, 90, 80, 95]   # 添加带有异常值的数据行
            ])
plt.figure(figsize=(10, 6))
plt.boxplot(grades, positions=[1, 2, 3, 4], widths=0.5, patch_artist=True, showmeans=True,
            flierprops=dict(marker='o', markerfacecolor='red', markersize=12, linestyle='none'))
plt.title('学生课程成绩的箱形图')
plt.xlabel('课程')
plt.ylabel('成绩')
plt.xticks([1, 2, 3, 4], ['数学', '英语', '物理', '化学'])
plt.grid(True)
plt.show()
```

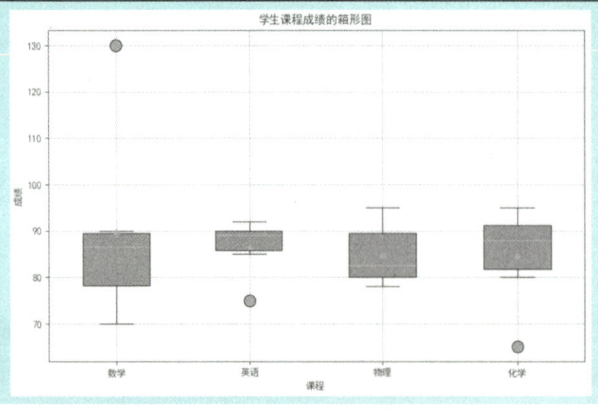

此箱形图将标出异常值(例如,红色圆点)。

2. 异常值的处理方法

一旦检测到异常值,我们需要决定如何处理它们。常见的处理方法包括:

1)删除异常值:直接删除包含异常值的记录,适用于数据量大且异常值较少的情况。

2)替换异常值:将异常值替换为合适的值(如均值、中位数或其他统计值),适用于异常值较多的情况。

3)忽略异常值:在数据分析中忽略异常值,直接使用带有异常值的数据集。

4)将异常值视为缺失值:将异常值当作缺失值,采用缺失值处理方法(如插值法或填充法)。

【例 4-14】 在【例 4-12】基础上,删除异常值。

```
# 删除检测到的异常值
clean_data_A = df_obj.drop(outliers_A.index)
print("删除 A 列中异常值后的数据:")
print(clean_data_A)
```

```
删除 A 列中异常值后的数据:
     A   B
0   72  65
1   35  75
2   91  65
3   11  20
4   22  18
5   64  81
6   48  45
8   12  91
9   17   7
10  62  13
```

【例 4-15】 在【例 4-14】基础上,替换异常值。

```
# 替换异常值(将 A 列转换为浮点数类型,以避免类型不兼容问题)
new_df = df_obj.copy()
new_df['A'] = new_df['A'].astype(float)
new_df.loc[outliers_A.index, 'A'] = df_obj['A'].mean()
print("用均值替换 A 列中异常值后的数据:")
print(new_df)
```

```
用均值替换 A 列中异常值后的数据:
             A   B
0    72.000000  65
1    35.000000  75
2    91.000000  65
3    11.000000  20
4    22.000000  18
5    64.000000  81
6    48.000000  45
7   151.272727  11
8    12.000000  91
9    17.000000   7
10   62.000000  13
```

【例 4-16】 识别与处理箱形图中的异常值。

```
import pandas as pd
# 定义箱形图异常值检测函数
def box_outlier(df):
    QU = df.quantile(q=0.75)   # 上四分位数
    QL = df.quantile(q=0.25)   # 下四分位数
    IQR = QU - QL   # 四分位差
    up_whisker = QU + 1.5 * IQR   # 上边缘
```

```
        low_whisker = QL – 1.5 * IQR    # 下边缘
        rule = (df > up_whisker) | (df < low_whisker)    # 判断异常值
        out_value = df[rule]
        return out_value

    # 示例数据
    data = [53, 99, 75, 43, 91, 29, 26, 64, 84, 183, 14, 16, 96, 65, 35, 11, 91, 3, 75, 65, 20, 263, 81, 45]
    df = pd.DataFrame(data, columns=['value'])
    # 检测异常值
    outliers = box_outlier(df['value'])
    print("箱形图检测到的异常值: ")
    print(outliers)
```

```
箱形图检测到的异常值:
9     183
21    263
Name: value, dtype: int64
```

[ ]:
```
    # 删除异常值
    clean_data = df.drop(outliers.index)
    print("删除异常值后的数据：")
    print(clean_data)
```

```
删除异常值后的数据:
     value
0     53
1     99
...
```

[ ]:
```
    # 替换异常值（将 'value' 列转换为浮动类型）
    df_replaced = df.copy()
    df_replaced['value'] = df_replaced['value'].astype(float)    # 转换为浮动类型
    df_replaced.loc[outliers.index, 'value'] = df['value'].median()    # 替换为中位数
    print("用中位数替换异常值后的数据：")
    print(df_replaced)
```

```
用中位数替换异常值后的数据:
     value
0     53.0
1     99.0
2     75.0
...
```

以上例题展示了如何使用 3σ 原则和箱形图检测并处理异常值，以及如何删除或替换异常值，并在检测且处理后打印结果。

4.2 数据合并

在数据分析中，数据通常来源于文件、数据库、Excel 等，数据合并是将这些不同来源的数据整合到一个统一的数据集中的过程。Pandas 提供了主键合并、堆叠合并、根据索引合并、合并重叠数据等合并数据的方法。

4.2.1 主键合并

主键合并（基于列合并）是最常见的数据合并方式，通常用于将两个或多个 DataFrame 根据某一或多列的共同值合并。Pandas 提供的 merge() 函数类似于 SQL 中的 JOIN 操作，可以实现

内连接、外连接、左连接和右连接等操作。merge()函数的语法格式如下：

> **pd.merge(left, right, how='inner', on=None, left_on=None, right_on=None, left_index=False, right_index=False)**

merge()函数的常用参数及说明见表 4-5。

表 4-5　merge()函数的常用参数及说明

名称	说明
left	左侧的 DataFrame
right	右侧的 DataFrame
how	指定合并方式。常用的有：'inner'（默认），返回两个 DataFrame 的交集；'outer'返回两个 DataFrame 的并集，填补缺失值；'left'使用左侧 DataFrame 的所有数据，右侧 DataFrame 中没有的部分填充 NaN；'right'使用右侧 DataFrame 的所有数据，左侧 DataFrame 中没有的部分填充 NaN
on	指定用于合并的列名，如果左右两侧列名相同，可以直接使用此参数
left_on	指定左侧用于合并的列名
right_on	指定右侧用于合并的列名
left_index	是否使用左侧 DataFrame 的索引进行合并，默认为 False
right_index	是否使用右侧 DataFrame 的索引进行合并，默认为 False

【例 4-17】　使用 merge()函数进行主键合并。

```
import pandas as pd
# 创建两个示例 DataFrame
df1 = pd.DataFrame({'id': [1, 2, 3], 'name': ['张三', '李四', '王五']})
df2 = pd.DataFrame({'id': [1, 2, 4], 'score': [90, 85, 80]})
# 基于'id'列进行合并
result = pd.merge(df1, df2, on='id', how='inner')
result
```

	id	name	score
0	1	张三	90
1	2	李四	85

说明：在这个示例中，使用了 id 列作为主键进行合并，how='inner'表示执行内连接，结果只保留两个 DataFrame 中都有的 id 值。

4.2.2　堆叠合并

堆叠合并（按行合并）通常用于将多个 DataFrame 按行（纵向）合并。Pandas 提供了 concat()方法来实现这种操作。该方法可以处理多个 DataFrame 的拼接操作，并允许根据不同的需求进行索引处理。concat()函数的语法格式如下：

> **pd.concat(objs, axis=0, join='outer', ignore_index=False, …)**

concat()函数的常用参数及说明见表 4-6。

表 4-6　concat()函数的常用参数及说明

名称	说明
objs	要合并的对象列表，可以是 DataFrame 或 Series
axis	合并的轴，axis=0 表示按行合并（默认），axis=1 表示按列合并

(续)

名称	说明
join	控制如何处理不同 DataFrame 中的列。'outer'表示并集（默认），'inner'表示交集
ignore_index	是否重置索引。如果为 False（默认），则保留原始索引；如果为 True，合并后生成一个新的索引

1. 按行合并

在使用 concat() 函数合并多个对象时，若 axis 参数的值是 0，则按行合并。

【例 4-18】 使用 concat() 函数按行合并。

```
# 创建两个示例 DataFrame
df1 = pd.DataFrame({'name': ['张三', '李四'], 'score': [90, 85]})
df2 = pd.DataFrame({'name': ['王五', '赵六', '钱七'], 'score': [80, 75, 63]})
result = pd.concat([df1, df2], axis=0, ignore_index=True)   # 按行合并（纵向堆叠）
result
```

	name	score
0	张三	90
1	李四	85
2	王五	80
3	赵六	75
4	钱七	63

说明：concat() 按行堆叠了两个 DataFrame，并重置了索引（ignore_index=True）。

2. 按列合并

在使用 concat() 函数合并多个对象时，若 axis 参数的值是 1，则按列合并。

【例 4-19】 使用 concat() 函数按列合并。

```
# 按列合并（横向堆叠）
result = pd.concat([df1, df2], axis=1, ignore_index=True)
result
```

	0	1	2	3
0	张三	90.0	王五	80
1	李四	85.0	赵六	75
2	NaN	NaN	钱七	63

说明：合并后该位置上如果没有数据，则被填充 NaN。

4.2.3 根据索引合并

有时，数据的合并是基于索引而不是某些列的。在这种情况下，可以使用 join() 方法，它允许通过索引进行合并。join() 方法的语法格式如下：

df1.join(df2, how='left', on=None, lsuffix='', rsuffix='')

join() 方法的常用参数及说明见表 4-7。

表 4-7 join() 方法的常用参数及说明

名称	说明
df1	左侧的 DataFrame
df2	右侧的 DataFrame

（续）

名称	说明
how	指定合并方式，'left'表示保留左侧所有行（默认），'right'表示保留右侧所有行，'outer'和'inner'与 merge()方法类似
on	如果合并是基于某些列而不是索引，使用此参数指定列名。如果省略 on 则连接使用 df1 和 df2 的索引
lsuffix	如果索引重复，可以为左侧 DataFrame 的列添加后缀
rsuffix	如果索引重复，可以为右侧 DataFrame 的列添加后缀

【例 4-20】 使用 join()方法根据索引进行合并。

```
# 创建两个示例 DataFrame
df1 = pd.DataFrame({'age': [20, 21, 19]}, index=['张三', '李四', '王五'])
df2 = pd.DataFrame({'score': [90, 85]}, index=['张三', '李四'])
result = df1.join(df2)    # 根据索引进行合并
result
```

	age	score
张三	20	90.0
李四	21	85.0
王五	19	NaN

4.2.4 合并重叠数据

在数据合并过程中，可能会遇到多个数据集之间有重叠的部分（例如，同一列或索引的多个值）。Pandas 提供了 combine_first()方法，用于将一个 DataFrame 中的缺失值用另一个 DataFrame 中的对应值填补。combine_first()方法的语法格式如下：

df1.combine_first(df2)

【例 4-21】 使用 combine_first()方法合并重叠数据。

```
# 创建两个示例 DataFrame
df1 = pd.DataFrame({'name': ['张三', '李四'], 'score': [90, None]})
df2 = pd.DataFrame({'name': ['王五', '赵六', '钱七'], 'score': [None, 75, 83]})
result = df1.combine_first(df2)    # 使用 combine_first 填补缺失值
result
```

	name	score
0	张三	90.0
1	李四	75.0
2	钱七	83.0

在此例中，combine_first()方法将 df2 中的 score 列的缺失值填补到 df1 中相应位置，形成了合并后的 DataFrame。

4.3 轴向旋转

在数据分析过程中，常常需要对数据进行轴向旋转（也称为数据的重塑）。轴向旋转是将数据的行和列进行交换或转换的过程，以便更好地进行分析和展示。Pandas 提供了两种常用的轴向旋转方法：pivot()方法和 melt()方法。

1. pivot()方法

pivot()方法用于将长格式（即每行表示一个观测值）数据转换为宽格式（即每列表示一个观测值）。该方法将数据的某些列转换为新列，并重新排列数据，使得行标签和列标签分别表示不同的数据维度。pivot()方法的语法格式如下：

> df.pivot(index=None, columns=None, values=None)

pivot()方法中的常用参数及说明见表 4-8。

表 4-8　pivot()方法的常用参数及说明

名称	说明
index	指定新 DataFrame 的行索引。通常是一个列名，将作为新的行索引
columns	指定新 DataFrame 的列索引。通常是一个列名，将作为新的列标签
values	指定要填充的新 DataFrame 的值。如果不指定，则默认使用除 index 和 columns 之外的所有列作为值

pivot()方法适用于数据集较为规整且没有重复值的情况。如果有重复的 index 和 columns 组合，会抛出 ValueError。通常应用于将汇总统计结果转换为表格形式，使得不同的指标列呈现于不同的列。

【例 4-22】　使用 pivot()方法进行轴向旋转。

```
import pandas as pd
# 创建示例 DataFrame
data = {
    '日期': ['2023-01-01', '2023-01-01', '2023-01-02', '2023-01-02'],
    '产品': ['A', 'B', 'A', 'B'],
    '销售额': [100, 200, 150, 250]
}
df = pd.DataFrame(data)
df   # 显示转换前的数据
```

	日期	产品	销售额
0	2023-01-01	A	100
1	2023-01-01	B	200
2	2023-01-02	A	150
3	2023-01-02	B	250

```
# 使用 pivot()方法，将'产品'列转换为新列，'日期'列作为行索引，'销售额'列作为值
pivot_df = df.pivot(index='日期', columns='产品', values='销售额')
pivot_df
```

产品	A	B
日期		
2023-01-01	100	200
2023-01-02	150	250

说明：在此例中，使用 pivot()方法将产品列的值转换为新列，日期列作为行索引，销售额作为每个单元格的值。结果是一个宽格式的 DataFrame，列为不同的产品，行表示不同的日期。

2. melt()方法

melt()方法是 pivot()方法的逆操作，主要用于将宽格式数据转换为长格式数据。它将 DataFrame 中的列转换为行，适用于需要将多列信息合并成单一列的情况。melt()方法会将多个列

的值压缩为一列，并创建一个新的列标签来表示这些值属于哪个原始列。melt()方法的语法格式如下：

df.melt(id_vars=None, value_vars=None, var_name=None, value_name='value')

melt()方法中的常用参数及说明见表4-9。

表4-9 melt()方法的常用参数及说明

名称	说明
id_vars	指定保持不变的列，可以是一个或多个列名，这些列将作为标识列
value_vars	要转换为长格式的列，可以是一个或多个列名。如果没有指定，默认将所有非 id_vars 列转换
var_name	新列的名称，表示原来列名的变量名
value_name	新列的名称，表示原来列中的值

melt()方法通常应用于将宽格式的数据（如各个时间点的指标）转换为长格式，以便进行分析或作图。

【例 4-23】 使用 melt()方法进行轴向旋转。

```
# 创建示例 DataFrame
data = {
    '日期': ['2023-01-01', '2023-01-02'],
    '产品 A': [100, 150],
    '产品 B': [200, 250]
}
df = pd.DataFrame(data)
# 使用 melt()方法，将宽格式数据转换为长格式
melted_df = df.melt(id_vars=['日期'], value_vars=['产品 A', '产品 B'], var_name='产品', value_name='销售额')
melted_df
```

	日期	产品	销售额
0	2023-01-01	产品A	100
1	2023-01-02	产品A	150
2	2023-01-01	产品B	200
3	2023-01-02	产品B	250

说明：在此例中，原始数据是宽格式的，每个产品的销售额是一个单独的列。使用 melt()方法将其转换为长格式，使得每个产品及其销售额都位于一列中，日期列作为标识列。

4.4 转换数据类型

在数据处理过程中，数据类型的一致性至关重要。常见的问题包括将数字存储为字符串类型或者不同类型的数值字段混合等。为了解决这些问题，必须对数据进行适当的类型转换。

1. 使用 astype()方法转换数据类型

astype()是 Pandas 中最常用的转换数据类型的方法，可以将 Series 或 DataFrame 中的数据从一种类型转换为另一种类型。这个方法适用于大多数数据类型转换需求，包括将字符串类型的数字转换为浮点数或整数，将整数转换为浮点数类型或将浮点数转换为整数类型，将日期字符串转换为 datetime 类型。astype()方法的基本语法如下：

df.astype(dtype, copy=True, errors='raise', **kwargs)

astype()方法的常用参数及说明见表 4-10。

表 4-10 astype()方法的常用参数及说明

名称	说明
dtype	要转换的数据类型。如果是单一数据类型（如 int、float、str 等），则将整个 DataFrame 中的所有列都转换为该类型。如果是字典（如{'column1': int, 'column2': float}），则可以指定每列的转换类型
copy	是否创建副本。如果为 True（默认），则返回一个新的 DataFrame，原始 DataFrame 不会改变。如果为 False，则直接在原始 DataFrame 上修改数据类型（如果数据类型可以安全转换）
errors	异常处理方式。取值有：'raise'（如果在转换过程中遇到无法转换的数据类型，会抛出异常。此为默认值）, 'ignore'（如果在转换过程中遇到无法转换的数据类型，会忽略该列，保持原数据类型不变）
**kwargs	额外的关键字参数，通常用于传递给底层的 NumPy 的 astype()方法

【例 4-24】 通过 astype()方法转换数据类型。

```
data = ['1', '2', '3', '4.5', '6']    # 示例数据
df = pd.DataFrame({'numbers': data})
df['numbers'] = df['numbers'].astype(float)    # 将字符串类型的数字转换为浮动类型
print(df)
```

```
   numbers
0      1.0
1      2.0
2      3.0
3      4.5
4      6.0
```

说明：astype(float)方法将 numbers 列中的字符串类型数字转换为浮动类型。

2. 使用 to_numeric()函数转换数据类型

to_numeric()是 Pandas 提供的一个函数，常用于将非数值类型的列（如字符串）转换为数值类型。与 astype()不同，to_numeric()会在遇到无法转换的值时生成错误或返回 NaN，通过设置 errors 参数控制异常处理方式。常见用法包括将含有数字字符串的列转换为数值，处理包含无效数据的列，并将其转换为 NaN。to_numeric()函数的语法格式如下：

pd.to_numeric(arg, errors='raise', downcast=None)

to_numeric()函数的常用参数及说明见表 4-11。

表 4-11 to_numeric()函数的常用参数及说明

名称	说明
arg	要转换的数据，可以是 list、tuple、Series 等。注意，to_numeric()不能直接用于整个 DataFrame 对象
errors	异常处理方式，raise（默认）表示无效解析时引发异常，ignore 表示忽略无效解析，coerce 表示将无效解析的结果设置为 NaN
downcast	指定最终转换的类型，默认为 float64 或 int64，可以设置为 None、integer、signed、unsigned、float

【例 4-25】 使用 to_numeric()函数修改 DataFrame 对象的一列。

```
data = ['1', '2', 'invalid', '4.5', '6']    # 示例数据
df = pd.DataFrame({'numbers': data})
# 将列中的非数字字符转换为数字，无法转换的将变为 NaN
df['numbers'] = pd.to_numeric(df['numbers'], errors='coerce')
print(df)
```

```
   numbers
0      1.0
1      2.0
2      NaN
3      4.5
4      6.0
```

说明：to_numeric()会将无法转换的字符串（如'invalid'）转换为 NaN，同时将其他有效的数字字符串转换为数值。

4.5 数据转换

数据转换是数据预处理中的重要步骤之一，将数据从一种形式转换为另一种形式，以便更好地进行分析、建模和可视化。常见的数据转换技术有面元划分和哑变量处理。

4.5.1 面元划分

面元划分（又称离散化）是将连续数值数据转换为有限的类别或区间的过程。例如，将年龄、收入、温度等连续变量转换为类别变量，以便进行分类分析。通过这种方法，可以将连续值的数据划分为多个类别，从而使得模型能够处理这些离散值。面元划分在许多机器学习算法中非常有用，尤其是在像决策树等算法中，离散化处理的数据通常能提高模型的效果。

在 Pandas 中，面元划分可以通过 cut()函数和 qcut()函数来实现。

1. cut()函数

cut()函数是将连续数据划分为离散的区间（面元）。这个方法通过指定区间的边界，将数据分配到不同的区间中。cut()函数的语法格式如下：

> pd.cut(x, bins, right=True, labels=False, retbins=False, precision=3, include_lowest=False)

cut()函数的常用参数及说明见表 4-12。

表 4-12 cut()函数的常用参数及说明

名称	说明
x	要离散化的数据，可以是列表、Series、DataFrame 的一列，或者 NumPy 数组等
bins	指定离散化的区间数量或自定义区间边界
right	是否包含区间的右端点，默认为 True
labels	是否为每个区间分配标签，默认为 False；如果设置为 True，则返回每个区间的标签
retbins	是否返回实际使用的区间边界，默认为 False
precision	表示区间边界的精度（小数点后的位数），默认为 3
include_lowest	是否包括最小值所在的区间，默认为 False

【例 4-26】使用 cut()函数进行面元划分。

```
import pandas as pd
data = [15, 30, 45, 60, 75, 90, 105, 120]   # 示例数据
df = pd.Series(data)
# 将数据分为 4 个区间
bins = [0, 30, 60, 90, 120]
labels = ['0-30', '31-60', '61-90', '91-120']
df_cut = pd.cut(df, bins=bins, labels=labels)
print(df_cut)
```

```
0    0-30
1    0-30
2    31-60
3    31-60
4    61-90
5    61-90
6    91-120
7    91-120
dtype: category
Categories (4, object): ['0-30' < '31-60' < '61-90' < '91-120']
```

说明：cut()函数将连续数据划分为 4 个区间，每个数据点根据其值被分配到相应的区间。

2. qcut()函数

qcut()函数与 cut()函数类似，但是它基于数据的分位数进行分割。qcut()函数将数据分成相等大小的组，而不是基于固定的区间边界。qcut()函数的语法格式如下：

pd.qcut(x, q, labels=False)

qcut()函数中的常用参数及说明见表 4-13。

表 4-13　qcut()函数的常用参数及说明

名称	说明
x	要离散化的数据
q	指定将数据分为多少个区间，可以是整数或包含分位数的列表
labels	是否为每个区间分配标签

【例 4-27】 使用 qcut()函数进行面元划分。

```
data = [15, 30, 45, 60, 75, 90, 105, 120]    # 示例数据
df = pd.Series(data)
df_qcut = pd.qcut(df, 3, labels=['低', '中', '高'])    # 将数据分为 3 个相等大小的区间
print(df_qcut)
```

```
0    低
1    低
2    低
3    中
4    中
5    高
6    高
7    高
dtype: category
Categories (3, object): ['低' < '中' < '高']
```

说明：在此例中，qcut()函数将数据分成 3 个区间，每个区间包含相同数量的数据点。

4.5.2　哑变量处理

哑变量（Dummy Variable）处理是将分类变量转换为数值型变量的过程。在机器学习中，许多算法无法直接处理文本或类别数据，因此需要将这些数据转化为数值型数据。最常见的做法是使用 True 或 False（1 或 0）来表示不同类别，这就是所谓的哑变量。

Pandas 提供了 get_dummies()函数来处理哑变量转换。

1. get_dummies()函数

get_dummies()函数可以将数据中的分类变量转换为哑变量。每个类别会被转换为一个新的列，该列包含 True 或 False（布尔类型），表示某个样本是否属于该类别。get_dummies()函数的

语法格式如下:

pd.get_dummies(data, columns=None, drop_first=False, prefix=None)

get_dummies()函数的常用参数及说明见表 4-14。

表 4-14 get_dummies()函数的常用参数及说明

名称	说明
data	要转换的数据,可以是 DataFrame 或 Series
columns	指定要转换为哑变量的列。默认为 None,即如果不指定,所有的分类列都会被转换
drop_first	是否删除第一个类别的列,默认为 False。设置为 True 可以避免虚拟变量陷阱(多重共线性问题)
prefix	为新列指定前缀,方便区分不同的列。默认为 None

【例 4-28】 使用 get_dummies()函数进行哑变量处理。

```
import pandas as pd
# 示例数据
data = {
    '性别': ['男', '女', '女', '男'],
    '城市': ['北京', '上海', '广州', '北京']
}
df = pd.DataFrame(data)
df_dummies = pd.get_dummies(df, columns=['性别', '城市'])   # 将'性别'和'城市'列转换为哑变量
df_dummies
```

	性别_女	性别_男	城市_上海	城市_北京	城市_广州
0	False	True	False	True	False
1	True	False	True	False	False
2	True	False	False	False	True
3	False	True	False	True	False

说明:在此例中,get_dummies()函数将性别和城市列分别转换为哑变量。每个类别(如"男"和"女","北京""上海"和"广州")会生成新的列,并用布尔值(True 和 False)表示每个样本所属的类别。

2. drop_first 参数

为了避免虚拟变量陷阱(即多重共线性问题),通常可以使用 drop_first=True 来删除每个类别的第一个类别列。这样可以减少冗余列,并确保模型的有效性。

【例 4-29】 使用 drop_first=True 避免虚拟变量陷阱。

```
# 将'性别'和'城市'列转换为哑变量,删除第一个类别列
df_dummies = pd.get_dummies(df, columns=['性别', '城市'], drop_first=True).astype(int)
df_dummies
```

	性别_男	城市_北京	城市_广州
0	1	1	0
1	0	0	0
2	0	0	1
3	1	1	0

说明:在此例中,drop_first=True 删除了每个分类变量的第一个类别列。"性别"列原本有"男"和"女"两个类别,但通过 drop_first=True,只保留了性别_男列,性别_女列被删除。"城

市"列原本有"北京""上海""广州"3个类别,drop_first=True 删除了城市_上海列,保留了城市_北京和城市_广州列。

如果希望输出为 0 和 1,而不是布尔值,可以使用.astype(int)将布尔值转换为整数。性别_男列中的 1 表示该行数据的性别是男,0 表示该行数据的性别是女。

4.6 案例:学生综合考试成绩数据分析

本案例将对多个科目的学生考试成绩进行数据分析。

4.6.1 案例简介

有 4 个成绩文件,每个文件包含 40 名学生的成绩:
- 大学英语-成绩表.xlsx:包含学号、姓名、性别和大学英语成绩。
- 程序设计-成绩表.xlsx:包含学号、姓名、性别和程序设计成绩。
- 大学语文-成绩表.xlsx:包含学号、姓名、性别和大学语文成绩。
- 高等数学-成绩表.xlsx:包含学号、姓名、性别、平时成绩、期中考试、期末考试和总成绩。

本案例需要解决以下问题:

1)将这 4 个文件的数据合并为一个新的表格,包含以下列:学号、姓名、性别、大学英语、程序设计、大学语文、高等数学(取"总成绩"列)。
2)在新表中,计算每个学生的总分和平均分,并给出最高分和最低分。
3)在新表中,按总分降序排序。
4)将新表保存为"各科成绩表.xlsx"文件。

4.6.2 案例实现

1. 打开 Jupyter Notebook

打开 JupyterLab,创建一个名为"student3.ipynb"的文件。

2. 加载数据

使用 read_excel()读取"大学英语-成绩表.xlsx""程序设计-成绩表.xlsx""大学语文-成绩表.xlsx"和"高等数学-成绩表.xlsx"文件,并使用 usecols 参数选择需要的列,如学号、姓名、性别以及各科成绩。

```
[ ]: import pandas as pd
     # 读取每门课的成绩文件
     path = 'd:/bigdata/'
     english_df = pd.read_excel(path + '大学英语-成绩表.xlsx', usecols=['学号', '姓名', '性别', '大学英语'])
     english_df.head(3)
```

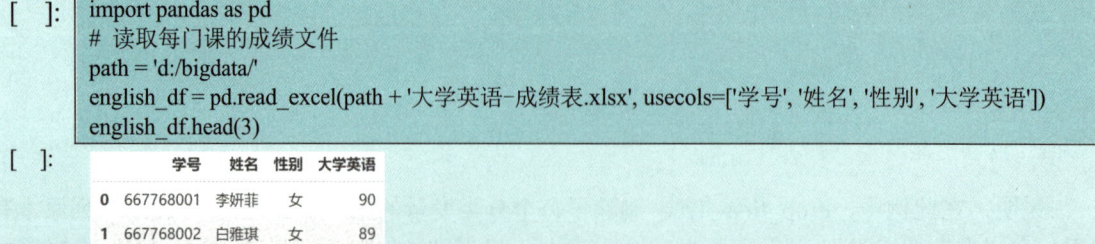

```
programming_df = pd.read_excel(path + '程序设计-成绩表.xlsx', usecols=['学号', '姓名', '性别', '程序设计'])
programming_df.head(3)
```

	学号	姓名	性别	程序设计
0	667768001	李妍菲	女	85
1	667768002	白雅琪	女	90
2	667768003	王志辉	男	87

```
chinese_df = pd.read_excel(path + '大学语文-成绩表.xlsx', usecols=['学号', '姓名', '性别', '大学语文'])
chinese_df.head(3)
```

	学号	姓名	性别	大学语文
0	667768001	李妍菲	女	87
1	667768002	白雅琪	女	90
2	667768003	王志辉	男	65

```
math_df = pd.read_excel(path + '高等数学-成绩表.xlsx', header=1, usecols=['学号', '姓名', '性别', '总成绩'])
math_df.head(3)
```

	学号	姓名	性别	总成绩
0	667768001	李妍菲	女	90.9
1	667768002	白雅琪	女	87.1
2	667768003	王志辉	男	94.6

3. 对每个文件按学号排序

为了确保每位学生的成绩数据不会出现合并错位，需要按"学号"对数据进行排序和合并。

```
# 对每个科目数据按学号进行排序，确保合并时顺序一致
english_df = english_df.sort_values(by='学号')
programming_df = programming_df.sort_values(by='学号')
chinese_df = chinese_df.sort_values(by='学号')
math_df = math_df.sort_values(by='学号')
```

说明：sort_values(by='学号')对每个 DataFrame 按照"学号"列进行升序排序。这样确保了在合并时，所有科目的成绩表都是按"学号"对齐的，避免了合并时因顺序不同导致错误。

4. 合并数据

通过 merge()方法，按照学号、姓名和性别 3 列对各个 DataFrame 进行合并，采用左连接方式进行合并，确保保留所有学生的成绩记录。这样，即使某个科目的数据缺失，也不会丢失其他科目的成绩数据，并且能够保留所有学生的成绩记录。

```
# 合并各个科目的数据，使用学号、姓名、性别为连接键，使用左连接保留所有学生
merged_df = pd.merge(english_df, programming_df, on=['学号', '姓名', '性别'], how='left')
merged_df = pd.merge(merged_df, chinese_df, on=['学号', '姓名', '性别'], how='left')
merged_df = pd.merge(merged_df, math_df, on=['学号', '姓名', '性别'], how='left')
merged_df.head(3)
```

	学号	姓名	性别	大学英语	程序设计	大学语文	总成绩
0	667768001	李妍菲	女	90	85	87	90.9
1	667768002	白雅琪	女	89	90	90	87.1
2	667768003	王志辉	男	86	87	65	94.6

说明：使用 pd.merge()函数时，指定 how='left'确保保留了来自"大学英语-成绩表.xlsx"的所有学生数据（作为主表），并将其他科目的成绩合并进来。如果某个科目的数据中缺少某个学

生的成绩,pandas 会自动填充为 NaN,确保合并时没有遗漏任何学生的成绩。

5. 重命名"总成绩"列为"高等数学"

在合并数据后的 merged_df 中,使用 rename()方法把"总成绩"列名改为"高等数学"。

```
merged_df.rename(columns={'总成绩': '高等数学'}, inplace=True)
merged_df.head(1)
```

	学号	姓名	性别	大学英语	程序设计	大学语文	高等数学
0	667768001	李妍菲	女	90	85	87	90.9

说明:rename(columns={'总成绩': '高等数学'})中的 inplace=True 表示直接修改 merged_df,不需要创建新变量。

6. 计算总分和平均分

merged_df 中的列默认为字符串类型,而不是数值类型。因此,在计算总分和平均分前,需要先将这些列转换为数值类型。先将相关列转换为数值类型,然后计算每个学生的总分和平均分,并将结果保留一位小数。

计算总分和平均分,并添加到新的 DataFrame 中。

计算总分的方法为:总分 = 大学英语 + 程序设计 + 大学语文 + 高等数学

计算平均分的方法为:平均分 = 总分 / 4

```
# 将相关列转换为数值类型,无法转换的值设置为 NaN
columns_to_convert = ['大学英语', '程序设计', '大学语文', '高等数学']
for col in columns_to_convert:
    merged_df[col] = pd.to_numeric(merged_df[col], errors='coerce')

# 计算每个学生的总分和平均分
merged_df['总分'] = merged_df['大学英语'] + merged_df['程序设计'] + merged_df['大学语文'] + merged_df['高等数学']
merged_df['平均分'] = merged_df['总分'] / 4

# 将 总分 和 平均分 保留一位小数
merged_df['总分'] = merged_df['总分'].round(1)
merged_df['平均分'] = merged_df['平均分'].round(1)
merged_df.head(3)   # 查看计算后的部分数据
```

	学号	姓名	性别	大学英语	程序设计	大学语文	高等数学	总分	平均分
0	667768001	李妍菲	女	90.0	85.0	87.0	90.9	352.9	88.2
1	667768002	白雅琪	女	89.0	90.0	90.0	87.1	356.1	89.0
2	667768003	王志辉	男	86.0	87.0	65.0	94.6	332.6	83.2

说明:将涉及的列(大学英语、程序设计、大学语文、高等数学)转换为数值类型。使用 pd.to_numeric()函数并设置 errors='coerce',如果某个值无法转换为数值,在转换过程中发生错误,则将无法转换的值替换为 NaN。这个方法确保了任何非数值字符串不会导致程序崩溃,而是被处理成 NaN,从而保证了代码的稳健性。

7. 计算最高分和最低分

使用 max()和 min()方法找到平均分的最高分和最低分。

```
# 找出平均分的最高分和最低分
max_avg_score = merged_df['平均分'].max()
min_avg_score = merged_df['平均分'].min()
print("\n 平均分最高分: ", max_avg_score)
print("平均分最低分: ", min_avg_score)
```

```
平均分最高分： 90.5
平均分最低分： 61.6
```

8. 按总分排序

使用 sort_values() 方法根据总分进行降序排序，并输出排序后的结果。

```
[ ]:  # 按总分降序排序
      merged_df_sorted = merged_df.sort_values(by='总分', ascending=False)
      # 输出结果
      print("合并后的成绩表：")
      print(merged_df_sorted)
```

合并后的成绩表：

	学号	姓名	性别	大学英语	程序设计	大学语文	高等数学	总分	平均分
38	667768039	贾海亮	男	87.0	93.0	88.0	94.0	362.0	90.5
10	667768011	孙佳佳	女	87.0	93.0	91.0	86.9	357.9	89.5
...									
32	667768033	安徒生	男	62.0	84.0	NaN	66.0	NaN	NaN
34	667768035	武大山	男	NaN	NaN	83.0	55.0	NaN	NaN

9. 保存

将合并后的结果保存到一个新的 Excel 文件，文件名为"各科成绩表.xlsx"。

```
[ ]:  # 合并后的数据保存到新的 Excel 文件
      merged_df_sorted.to_excel(path + '各科成绩表.xlsx', index=False)
```

习题

1. 假设有一个包含学生成绩的 DataFrame，代码如下：

```
import pandas as pd
data = {
    '学生姓名': ['张三', '李四', '王五', '赵六', '孙七'],
    '语文成绩': [90, 88, None, 70, 85],
    '数学成绩': [85, None, 92, 78, None]
}
df = pd.DataFrame(data)
```

请写出代码，处理以下问题：

1）找出缺失值所在的行。
2）将缺失的成绩填充为各科目的平均成绩。

2. 假设有以下学生成绩数据，其中存在重复数据：

```
import pandas as pd
data = {
    '学生姓名': ['张三', '李四', '王五', '李四', '王五'],
    '语文成绩': [90, 88, 85, 88, 85],
    '数学成绩': [85, 80, 92, 80, 92]
}
df = pd.DataFrame(data)
```

请写出代码，处理以下问题：

1）找出重复的行。

2）删除重复行，保留第一次出现的记录。

3．假设有一个学生成绩 DataFrame，其中语文成绩应在 0～100 之间，但有些值超出了这个范围：

```
import pandas as pd
data = {
    '学生姓名': ['张三', '李四', '王五', '赵六', '孙七'],
    '语文成绩': [95, 120, -5, 80, 105],
    '数学成绩': [85, 90, 92, 78, 88]
}
df = pd.DataFrame(data)
```

请写出代码，处理以下问题：

1）找出语文成绩异常的学生。

2）将语文成绩超出范围的值替换为合理的值（如将超过 100 的值设置为 100，低于 0 的值设置为 0）。

4．假设有两个 DataFrame：一个包含学生姓名和语文成绩；另一个包含学生姓名和数学成绩：

```
import pandas as pd
df1 = pd.DataFrame({
    '学生姓名': ['张三', '李四', '王五', '赵六'],
    '语文成绩': [90, 88, 85, 70]
})
df2 = pd.DataFrame({
    '学生姓名': ['张三', '李四', '王五', '孙七'],
    '数学成绩': [85, 80, 92, 88]
})
```

请写出代码，使用"学生姓名"作为主键将两个 DataFrame 合并为一个，保留所有学生的信息。

5．假设有两个 DataFrame：其中一个包含学生姓名和成绩的记录；另一个包含相同格式的记录。请写出代码，按行堆叠这两个 DataFrame：

```
import pandas as pd
df1 = pd.DataFrame({
    '学生姓名': ['张三', '李四'],
    '语文成绩': [90, 88],
    '数学成绩': [85, 80]
})
df2 = pd.DataFrame({
    '学生姓名': ['王五', '赵六'],
    '语文成绩': [85, 70],
    '数学成绩': [92, 78]
})
```

堆叠后的结果应包含所有学生的信息。

6．假设有两个 DataFrame，分别表示学生成绩和学科信息，它们共享相同的索引：

import pandas as pd

```
df1 = pd.DataFrame({
    '学生姓名': ['张三', '李四', '王五', '赵六'],
    '语文成绩': [90, 88, 85, 70]
}, index=[0, 1, 2, 3])
df2 = pd.DataFrame({
    '数学成绩': [85, 80, 92, 78]
}, index=[0, 1, 2, 3])
```

请写出代码，根据索引将这两个 DataFrame 合并。

7．假设有两个 DataFrame，其中 df1 包含学生姓名和语文成绩，df2 包含学生姓名和数学成绩。部分学生在两个 DataFrame 中都有记录：

```
import pandas as pd
df1 = pd.DataFrame({
    '学生姓名': ['张三', '李四', '王五'],
    '语文成绩': [90, 88, 85]
})
df2 = pd.DataFrame({
    '学生姓名': ['李四', '王五', '赵六'],
    '数学成绩': [80, 92, 78]
})
```

请写出代码，使用"学生姓名"作为主键合并 df1 和 df2，并处理重复的学生记录。

8．假设有以下学生成绩的宽格式数据，其中每个学生有多个学科的成绩：

```
import pandas as pd
df = pd.DataFrame({
    '学生姓名': ['张三', '李四', '王五'],
    '语文成绩': [90, 88, 85],
    '数学成绩': [85, 80, 92]
})
```

请使用 melt() 方法将数据从宽格式转换为长格式，每个学科成绩对应一行。

9．假设有以下学生成绩数据，其中"语文成绩"和"数学成绩"应为整数类型，但数据被读取为字符串类型：

```
import pandas as pd
data = {
    '学生姓名': ['张三', '李四', '王五', '赵六', '孙七'],
    '语文成绩': ['90', '88', '85', '70', '95'],
    '数学成绩': ['85', '80', '92', '78', '88']
}
df = pd.DataFrame(data)
```

请写出代码，处理以下问题：

1）将"语文成绩"列和"数学成绩"列转换为整数类型。

2）查看每列的数据类型，确保转换成功。

项目 5　Pandas 数据分组与聚合分析

本项目主要介绍 Pandas 数据分组与聚合分析，包括数据分组与聚合概述，数据分组，数据聚合，多重聚合与聚合结果的格式化，分组后的筛选与排序，聚合与分组中的缺失值处理，分组与聚合操作应用实例，连锁超市销售数据分析与可视化项目的实现。

知识目标	素养目标
◇ 掌握数据分组与聚合的基本概念，掌握数据分组、数据聚合的方法 ◇ 掌握多重聚合与聚合结果的格式化 ◇ 掌握聚合与分组中的缺失值处理方法 ◇ 掌握分组与聚合操作在实际中的应用	◇ 提升跨学科学习能力 ◇ 培养精益求精的工作态度 ◇ 培养系统性分析与解决问题的能力 ◇ 提升职业道德与职业认同感 ◇ 掌握实验设计与数据分析能力

5.1　数据分组与聚合概述

数据分组与聚合是数据分析中常见且重要的操作，可以根据某些特征将数据拆分成多个小组，然后进行聚合计算。通过这种方法，可以更好地理解数据的结构和模式，从而提取有价值的信息，支持后续的决策和预测分析。

1. 数据分组的概念

数据分组是指根据某些特定条件或特征，将数据集拆分成多个子集或组，每个子集包含具有相似特征的数据项。通过数据分组，可以更清晰地看到不同分组之间的差异，计算可以在每个分组内部单独进行，从而简化复杂数据集的处理，使得对复杂数据集的处理变得更加简便。

常见的数据分组方式如下。

- 按列分组：根据一列或多列的值进行分组。例如，按地区、产品类别等。
- 按索引分组：根据数据的索引进行分组。
- 按条件分组：根据特定的条件将数据划分成不同的组。

在 Pandas 中，数据分组通常使用 groupby()方法。通过 groupby()，可以根据某些特征将数据划分为不同的组，从而更方便地分析和比较不同类别的数据，支持后续的聚合操作。

2. 数据聚合的概念

数据聚合是指对分组后的数据进行总结、计算和汇总的过程。聚合操作通常对每个组的数据应用统计计算，例如，求和、平均值、计数、最大值等，输出的是每个分组的统计结果。通过聚合，可以从每个分组中提取有用的统计信息，简化复杂数据，为决策提供依据，并加速数据分析过程。

聚合函数可以是内置函数（如 sum()、mean()）或自定义函数，可以根据需求选择合适的聚合方法。

3. 数据分组与聚合操作的操作步骤

数据分组与聚合操作通常包含以下几个关键步骤：

1）数据准备：在开始数据分组和聚合之前，首先需要准备一个适合进行分组的数据集。数据集应当包含明确的分组依据（如类别、日期等）。

2）数据分组：使用 groupby()方法对数据进行分组。可以根据一个或多个列进行分组，也可以根据数据的索引或根据特定条件进行分组。常见的分组依据有地区、产品类别、时间等。

3）聚合操作：在分组后的数据上应用聚合函数（如 sum()、mean()、count()等）来计算每个分组的统计结果。可以对单列、多列进行聚合，甚至使用多个聚合函数同时计算不同的统计值。

4）分析与解释：聚合后的结果需要进行详细分析。例如，找出每个分组的趋势、比较不同分组的表现、识别数据中的异常值等。结合业务背景对聚合结果进行解释，从中提炼出有意义的结论。

5）结果展示：将分组和聚合的结果以合适的方式展示出来。结果可以通过表格、图表或报告形式呈现，帮助决策者更好地理解数据并做出相关决策。

5.2 数据分组

在 Pandas 中，数据分组操作主要通过 groupby()方法来实现。groupby()方法根据某些列或索引对数据进行分组，并在每个分组上执行后续的聚合、变换或应用其他操作。

5.2.1 groupby()方法的基本语法

groupby()方法可以将 DataFrame 或 Series 根据某些列（或索引）进行分组。通过指定分组依据的列，Pandas 会将数据按行拆分成不同的组，每个组都可以独立地进行操作。groupby()方法的基本语法格式如下：

df.groupby(by=None, sort=True, group_keys=True, dropna=False, ⋯)

groupby()方法的常用参数及说明见表 5-1。

表 5-1 groupby()方法的常用参数及说明

名称	说明
by	分组的依据，称为分组键。它可以是列名、列名列表、Series、字典或函数。如果 by 是列名列表，通常按照列值分组，按分组列对每个列的值进行聚合运算
sort	是否对分组结果按分组键的值进行排序。如果 sort=True（默认），则对分组键进行排序；如果为 False，则不排序，按照原始 DataFrame 中的顺序出现。注意，这不会影响每个组内的顺序
group_keys	是否在结果中包含分组键。如果 group_keys=True（默认），则在结果中包含分组键；如果为 False，则不包含
dropna	是否删除包含缺失值的行。如果 dropna=True（默认），则删除包含缺失值的行；如果为 False，则保留缺失值，NaN 值也被视为组中的键

groupby()方法返回一个 GroupBy 对象。该对象包含分组后的数据，每个分组由一个分组键和相应的分组数据组成。可以对该对象进行进一步的操作，如聚合、变换、应用或筛选等。

5.2.2 按单个列分组

按单个列进行分组是 groupby()方法中最常见的操作之一。

1. 按一列分组，不指定返回列

当 DataFrame 对象的某一列满足分组要求时，可以将该列的列名作为分组键来分组数据。如果不指定返回的列，df.groupby(by='col')方法将返回一个按列进行分组的 GroupBy 对象，默认包括所有列。

例 5-1

【例 5-1】 按"班级"列分组，查看 GroupBy 对象中的数据。

```
import pandas as pd
data = {'班级': ['一班', '二班', '一班', '二班', '三班'],
        '姓名': ['张三', '李四', '王五', '赵六', '孙七'],
        '性别': ['女', '男', '女', '女', '男'],
        '数学': [99, 88, 77, 66, 55],
        '英语': [90, 80, 70, 50, 60]}
df = pd.DataFrame(data)
grouped = df.groupby(by='班级')  # 按班级分组，得到分组对象
grouped  # 显示 groupby 对象内容（内存地址），每次运行都显示不同
```

```
<pandas.core.groupby.generic.DataFrameGroupBy object at 0x00000196076E3F90>
```

```
list(grouped)  # 将 GroupBy 对象转换为列表，查看分组数据
```

```
[('一班',
    班级 姓名 性别 数学 英语
  0 一班 张三  女  99  90
  2 一班 王五  女  77  70),
 ('三班',
    班级 姓名 性别 数学 英语
  4 三班 孙七  男  55  60),
 ('二班',
    班级 姓名 性别 数学 英语
  1 二班 李四  男  88  80
  3 二班 赵六  女  66  50)]
```

说明：在此例中，groupby(by='班级')会将数据按"班级"列进行分组，返回的 grouped 对象是一个 GroupBy 对象，包含按班级分组后的数据。通过 list(grouped)可以查看分组后的数据，它将以元组的形式呈现，每个元组的第一个元素是分组依据的值（例如，"一班""二班"和"三班"），第二个元素是对应组中的 DataFrame 数据。

2. 按一列分组，指定返回列

如果只需要返回特定的列，可以使用 df.groupby(by='col')[['col1', 'col2']]的形式，指定返回需要的列。这样返回的 GroupBy 对象只会包含指定的列。

【例 5-2】 按"性别"分组，指定返回"姓名""性别"和"英语"列，查看 GroupBy 对象中的数据。

```
grouped1 = df.groupby(by='性别')[['姓名','性别','英语']]  # 按'性别'分组，返回指定列
list(grouped1)
```

```
[('女',
    姓名 性别 英语
  0 张三  女  90
  2 王五  女  70
  3 赵六  女  50),
 ('男',
    姓名 性别 英语
  1 李四  男  80
  4 孙七  男  60)]
```

注意：存取器本身用[ ]，其中的各列用列表，则使用双方括号[['姓名', '性别', '英语']]。

5.2.3 按多个列分组

在 Pandas 中，可以按照多个列进行分组，这样将会根据多个列的组合来创建不同的分组。

1. 按多列分组，不指定返回列

如果采用 df.groupby(by=[col1, col2])的形式，按多个列作为分组键来分组数据集。如果不指定返回的列，则返回的 GroupBy 对象默认包含所有列。

【例 5-3】 按"班级"和"性别"分组，查看 GroupBy 对象中的数据。

```
[ ]:  grouped2 = df.groupby(by=['班级','性别'])    # 按'班级'和'性别'分组
      list(grouped2)
[ ]:  [(('一班', '女'),
         班级 姓名 性别 数学 英语
      0  一班  张三  女  99  90
      2  一班  王五  女  77  70),
      (('三班', '男'),
         班级 姓名 性别 数学 英语
      4  三班  孙七  男  55  60),
      (('二班', '女'),
         班级 姓名 性别 数学 英语
      3  二班  赵六  女  66  50),
      (('二班', '男'),
         班级 姓名 性别 数学 英语
      1  二班  李四  男  88  80)]
```

说明：通过 list(grouped2)输出，看到分组后的对象列表由多个元组组成。每个元组的第一个元素是多个分组键的组合（如('一班', '女')），第二个元素是对应组中的 DataFrame 数据。

2. 按多列分组，指定返回列

如果在按多列分组的同时返回特定的列，可以使用 df.groupby(by=[col1, col2])[['col1', 'col2', ...]]的形式。

【例 5-4】 按"班级"和"性别"分组，输出"姓名""数学"和"英语"列，查看 GroupBy 对象中的数据。

```
[ ]:  grouped3 = df.groupby(by=['班级','性别'])[['姓名','性别','数学','英语']]  # 按多列分组并指定返回列
      list(grouped3)
[ ]:  [(('一班', '女'),
         姓名 性别 数学 英语
      0  张三  女  99  90
      2  王五  女  77  70),
      (('三班', '男'),
         姓名 性别 数学 英语
      4  孙七  男  55  60),
      (('二班', '女'),
         姓名 性别 数学 英语
      3  赵六  女  66  50),
      (('二班', '男'),
         姓名 性别 数学 英语
      1  李四  男  88  80)]
```

5.2.4 按函数分组

还可以使用函数作为分组键，通过计算结果进行分组。任何被当作分组键的函数都会在各

个索引值上被调用一次，其返回值将作为分组名称。

【例 5-5】 按数据行的条件分组（按值进行分组）。例如，按"英语"成绩的及格与否分组，将成绩分为"通过"和"不通过"两组。

```
# 定义分组函数，按成绩划分为"通过"（>=60）和"不通过"（<60）
def pass_fail(score):
    return 'Pass' if score >= 60 else 'Fail'

# 使用 groupby() 按 '英语' 列进行分组
grouped = df.groupby(df['英语'].map(pass_fail))

# 输出每个分组的学生名单
for group_name, data in grouped:
    print(f"组名: {group_name}")
    print(data)
    print()
```

```
组名: Fail
   班级  姓名 性别  数学  英语
3  二班  赵六  女   66   50

组名: Pass
   班级  姓名 性别  数学  英语
0  一班  张三  女   99   90
1  二班  李四  男   88   80
2  一班  王五  女   77   70
4  三班  孙七  男   55   60
```

说明：在此例中，pass_fail(score)定义了一个函数，根据学生的英语成绩将学生分为"Pass"和"Fail"两组。df['英语'].map(pass_fail)将该函数应用到"英语"列，生成每个学生的分组标签（"Pass"和"Fail"）。然后，groupby()方法根据这些标签进行分组。

这种方法可以非常灵活地根据列的值或自定义的函数进行分组，非常适合处理复杂的分组需求。

5.3 数据聚合

数据聚合是对分组后的数据进行总结、计算和汇总的过程，是数据分析中的常见操作。通过聚合，可以对每个分组执行计算任务，并从中提取出有用的信息。Pandas 提供了一些常用的内置聚合函数，同时也允许用户定义自定义聚合函数，以满足更复杂的需求。

5.3.1 常用的聚合函数

Pandas 提供了许多常用的聚合函数，可以直接在 groupby()分组对象上调用。这些聚合函数能对分组后的数据进行快速汇总和计算。常用的聚合函数包括：
- sum()：计算每个组的总和。
- mean()：计算每个组的均值。
- count()：计算每个组的元素数量。
- min()：计算每个组的最小值。

- max()：计算每个组的最大值。
- std()：计算每个组的标准差。
- var()：计算每个组的方差。
- median()：计算每个组的中位数。

在使用聚合函数时，如果不指定要计算的列，默认会计算分组后除分组键外的所有列。然而，有些聚合函数，如 sum()，会自动忽略非数值列，而像 mean()，则会尝试对所有列进行计算，若包含非数值列，可能会导致 TypeError 错误。为避免这种问题，可以在执行这些函数时使用 numeric_only=True 参数，确保只对数值型列计算。

例 5-6

【例 5-6】 按班级计算总成绩和平均成绩。

```
import pandas as pd
data = {'班级': ['一班', '二班', '一班', '二班', '三班'],
        '姓名': ['张三', '李四', '王五', '赵六', '孙七'],
        '性别': ['女', '男', '女', '女', '男'],
        '数学': [99, 88, 77, 66, 55],
        '英语': [90, 80, 70, 50, 60]}
df = pd.DataFrame(data)
# 按班级分组并计算总成绩和平均成绩
grouped = df.groupby('班级')
total_scores = grouped[['数学', '英语']].sum()   # 计算每个班级的总成绩
print("每个班级的总成绩：")
print(total_scores)
```

```
每个班级的总成绩：
      数学   英语
班级
一班   176  160
三班    55   60
二班   154  130
```

```
average_scores = grouped[['数学', '英语']].mean()   # 计算每个班级的平均成绩
print("\n 每个班级的平均成绩：")
print(average_scores)
```

```
每个班级的平均成绩：
      数学    英语
班级
一班   88.0  80.0
三班   55.0  60.0
二班   77.0  65.0
```

说明：在此例中，sum()用于计算每个班级数学和英语成绩的总和，mean()用于计算每个班级数学和英语成绩的平均值。

5.3.2 自定义聚合函数

在某些情况下，内置的聚合函数可能无法满足需求。此时，可以使用自定义的聚合函数，通过 apply()或 agg()方法将其应用到每个分组上，以实现更复杂的操作。

【例 5-7】 自定义函数计算每个班级的数学成绩和英语成绩的差异。

```
# 自定义聚合函数：计算每个班级数学和英语成绩的差异
def score_difference(group):
```

```
    return group['数学'] - group['英语']

# 按班级分组并应用自定义聚合函数
grouped = df.groupby('班级')
score_diff = grouped.apply(score_difference)
print(score_diff)
```

```
[ ]: 班级
    一班    0     9
          2     7
    三班    4    -5
    二班    1     8
          3    16
    dtype: int64
```

说明：在此例中，定义了一个 score_difference()函数，该函数计算每个班级的数学成绩与英语成绩的差异。然后，使用 apply()方法将该函数应用到每个分组（按班级分组）。apply()方法会将自定义的聚合函数应用到每个组中，返回一个包含每个班级成绩差异的 Series。

返回的结果是一个多级索引的 Series。
- 多级索引：班级是第一级索引，表示每个分组的名称。原始 DataFrame 的索引是第二级索引，表示每个分组内的行索引。
- 值：每个值是对应行的数学列与英语列的差值。

5.4 多重聚合与聚合结果的格式化

在数据分析中，常常需要对分组数据应用多种聚合操作，或者对多个列应用不同的聚合方法。Pandas 提供了强大的功能，允许执行多重聚合操作，这样可以更灵活地从数据中提取有意义的信息。聚合结果可以进一步格式化或自定义名称，以满足业务需求。

5.4.1 通过 agg()方法聚合函数

agg()方法可以在一次操作中对一个或多个列应用多个聚合函数（如 sum()、mean()等），并且可以同时对多个列应用不同的聚合方法。通过这种方式，可以在一个操作中计算不同的统计量，避免了多次调用不同聚合函数的麻烦。agg()方法的语法格式如下：

df.agg(func, axis=0, *args, **kwargs)

agg()方法的常用参数及说明见表 5-2。

表 5-2 agg()方法的常用参数及说明

名称	说明
func	指定要应用的聚合函数。可以是以下几种形式： ● 函数：如 numpy.sum、numpy.mean 等。 ● 字符串：如'sum'、'mean'等，表示内置的聚合函数。 ● 列表：包含多个函数或字符串，如['sum', 'mean']，表示对每一列或行应用多个聚合函数。 ● 字典：键为列名，值为函数或字符串，如{'A': 'sum', 'B': 'mean'}，表示对指定列应用不同的聚合函数
axis	指定聚合操作的轴。0 或'index'（默认）按列聚合，即对每一列应用聚合函数。1 或'columns'按行聚合，即对每一行应用聚合函数
*args	传递给聚合函数的额外位置参数
**kwargs	传递给聚合函数的额外关键字参数

agg()方法的返回数据类型有 3 种：标量（scalar）、Series 或 DataFrame。
- scalar：当 Series.agg()聚合单个函数时，返回标量值。
- Series：当 DataFrame.agg()聚合单个函数或 Series.agg()聚合多个函数时，返回 Series。
- DataFrame：当 DataFrame.agg()聚合多个函数时，返回 DataFrame。

agg()方法经常接在 groupby()分组函数后使用。先进行分组操作，再进行聚合。分组后可以对所有列聚合，也可以仅聚合特定的列。

1．对多个列使用一个聚合函数

可以将一个聚合函数传递给 agg()方法的 func 参数，并应用到多个列上。

【例 5-8】 按"班级"分组，对分组后的对象指定的列执行 mean 函数。

```
import pandas as pd

data = {'班级': ['一班', '二班', '一班', '二班', '三班'],
        '姓名': ['张三', '李四', '王五', '赵六', '孙七'],
        '性别': ['女', '男', '女', '女', '男'],
        '数学': [99, 88, 77, 66, 55],
        '英语': [90, 80, 70, 50, 60]}
df = pd.DataFrame(data)
grouped = df.groupby(by=['班级'])    # 按"班级"分组
agg_results = grouped[['数学', '英语']].agg('mean')   # 对分组后的数据按指定的列执行 mean 函数
#agg_results = df.groupby(by=['班级'])[['数学', '英语']].agg('mean')   # 常常把上面两行代码合为一行
agg_results
```

班级	数学	英语
一班	88.0	80.0
三班	55.0	60.0
二班	77.0	65.0

2．对多个列使用多个聚合函数

可以将多个聚合函数传递给 agg()方法，应用于不同列的计算。聚合结果将被合并到一个 DataFrame 中，并且结果中的列索引为函数名。

【例 5-9】 按"班级"分组，对分组后的数据指定的列执行 min 和 max 函数。

```
agg_results = df.groupby(by=['班级'])[['数学', '英语']].agg(['min', 'max'])   # 用列表传入多个聚合函数
agg_results
```

	数学		英语	
	min	max	min	max
班级				
一班	77	99	70	90
三班	55	55	60	60
二班	66	88	50	80

3．对多个列使用不同的聚合函数

如果希望对不同的列使用不同的聚合函数，可以通过字典的方式指定每列应用的聚合函数。agg()方法会将列与对应的函数执行结果合并为一个 DataFrame，如果某列或行没有对应的函数，结果会填充为 NaN。

【例 5-10】 按"班级"分组，对分组后的数据指定的列分别应用不同的聚合函数，对字符

串列（如"性别"）使用 count 函数，对数值列（如"数学"和"英语"）分别计算均值、最大值和最小值。

```
# 用字典定义列对应的聚合函数
dict = {
    '性别': 'count',    # 性别计数
    '数学': ['mean'],   # 计算数学成绩的均值
    '英语': ['max', 'min']   # 计算英语成绩的最大值和最小值
}
agg_results = df.groupby(by='班级').agg(dict)   # 用字典方式传入多个聚合函数
agg_results
```

	性别	数学	英语	
	count	mean	max	min
班级				
一班	2	88.0	90	70
三班	1	55.0	60	60
二班	2	77.0	80	50

5.4.2 聚合结果的格式化与自定义名称

agg()方法返回的聚合结果有时需要进一步格式化或自定义，以满足特定的业务需求或展示需求。

1. 聚合结果的格式化

当通过 agg()方法应用多个聚合函数时，结果通常会形成多级索引（例如，列名和聚合函数组合成一个层级）。可以使用 reset_index()方法将多级索引转换为标准的 DataFrame。reset_index()方法的语法格式如下：

```
df.reset_index(level=None, drop=False, inplace=False, col_level=0, col_fill="")
```

reset_index()方法的常用参数及说明见表 5-3。

表 5-3 reset_index()方法的常用参数及说明

名称	说明
level	指定要重置的索引级别。可以是以下几种形式： ● None：重置所有索引级别。 ● 整数或字符串：重置指定的索引级别。 ● 整数列表或字符串列表：重置多个指定的索引级别
drop	是否丢弃索引列。如果设置为 True，则不将索引列添加到 DataFrame 中；如果设置为 False（默认），则将索引列添加到 DataFrame 中
inplace	是否在原地修改 DataFrame。如果设置为 True，则直接在原 DataFrame 上进行操作，不返回新的 DataFrame；如果设置为 False（默认），则返回一个新的 DataFrame
col_level	在多级列索引中，指定索引列的列级别，默认为 0
col_fill	在多级列索引中，用于填充列名称的值，默认为""

2. 自定义名称

为了更好地描述数据，可以自定义聚合结果的列名，使其更加直观和易于理解。

【例 5-11】 格式化多级索引的聚合结果，并自定义列名称。

```
# 按班级分组，并应用多个聚合函数
grouped = df.groupby('班级')
```

```
agg_results = grouped.agg({
    '数学': ['mean', 'std'],    # 计算数学成绩的均值和标准差
    '英语': ['sum', 'max']      # 计算英语成绩的总和与最大值
})
# 格式化结果，自定义列名称
agg_results.columns = ['数学成绩_均值','数学成绩_标准差','英语成绩_总和','英语成绩_最大值']
agg_results = agg_results.reset_index()   # 将多级索引转换为列
agg_results
```

	班级	数学成绩_均值	数学成绩_标准差	英语成绩_总和	英语成绩_最大值
0	一班	88.0	15.556349	160	90
1	三班	55.0	NaN	60	60
2	二班	77.0	15.556349	130	80

通过 agg() 执行多重聚合操作后，可以重新命名聚合结果的列。通过 reset_index() 方法，可以将多级索引转化为普通列。

5.5 分组后的筛选与排序

在数据分析中，除了聚合操作外，还常常需要根据特定的条件筛选分组数据或对分组结果进行排序。

5.5.1 筛选特定分组

筛选特定分组指的是根据特定的条件，从已分组的数据中选出符合标准的组。通过 groupby() 后的对象，可以应用筛选函数来选出需要的分组。

filter() 方法用于根据某些条件筛选出分组，并返回符合条件的分组。它可以对每个分组应用特定的逻辑，例如，筛选出具有足够数量元素的组，或者某列值满足特定条件的组。filter() 方法的语法格式如下：

grouped.filter(func, dropna=True, *args, **kwargs)

grouped 是 groupby() 后的对象，filter() 方法的常用参数及说明见表 5-4。

表 5-4 filter() 方法的常用参数及说明

名称	说明
func	一个函数，用于对每个分组应用条件。该函数的输入是一个分组（DataFrame 或 Series），输出是一个布尔值。如果返回 True，则保留该分组；如果返回 False，则丢弃该分组
dropna	是否在结果中丢弃缺失值（NaN）。如果设置为 True（默认），则在结果中丢弃包含缺失值的行；如果设置为 False，则保留这些行
*args	传递给 func 的额外位置参数
**kwargs	传递给 func 的额外关键字参数

【例 5-12】 按班级分组，筛选数学成绩大于 85 的学生。

```
import pandas as pd
data = {'班级':['一班', '二班', '一班', '二班', '三班'],
        '姓名':['张三', '李四', '王五', '赵六', '孙七'],
        '性别':['女', '男', '女', '女', '男'],
```

```
        '数学':[99, 88, 77, 66, 55],
        '英语':[90, 80,70, 50, 60]}
df = pd.DataFrame(data)
# 按班级分组,筛选出数学成绩大于 85 的学生
grouped = df.groupby('班级')    # 按班级分组
filtered_groups = grouped.filter(lambda x: x['数学'].mean() > 85)   # 筛选出数学成绩大于 85 的组
filtered_groups
```

[ ]:

	班级	姓名	性别	数学	英语
0	一班	张三	女	99	90
2	一班	王五	女	77	70

说明:通过 lambda x: x['数学'].mean() > 85 筛选出数学成绩大于 85 的学生。

5.5.2 按条件筛选组内数据

筛选组内数据是指在每个分组中进一步筛选符合某些条件的数据。在 groupby()后,可以通过 apply()、transform()等方法对每个组内的数据进行筛选。

1. apply()方法

apply()方法接收一个函数作为参数,对 Series 或 DataFrame 中的数据应用该函数。它会遍历整个 Series 或 DataFrame,并将函数应用到对象的某一列、多列或某一行、多行,筛选出符合条件的数据。apply()方法的语法格式如下:

> df.apply(func, axis=0, raw=False, result_type=None, args=(), **kwargs)

apply()方法的常用参数及说明见表 5-5。

表 5-5 apply()方法的常用参数及说明

名称	说明
func	要应用的函数。该函数可以是任何可调用对象(如内置函数'sum'、'mean'等)、自定义函数或匿名函数(如 lambda)。函数的输入是一个 Series 或 DataFrame,输出可以是标量、Series 或 DataFrame
axis	应用函数的轴,如果 axis=0(默认),则函数应用的是每一列;如果 axis=1,则函数应用的是每一行
raw	如果设置为 True,则将数据以 NumPy 数组的形式传递给函数;若为 False(默认),则将数据以 Series 或 DataFrame 的形式传递给函数
result_type	指定返回结果的类型。可以是以下几种形式:None(默认,根据函数的返回值自动推断)、'expand'(将返回值扩展为 DataFrame)、'reduce'(将返回值缩减为 Series)、'broadcast'(将返回值广播到与输入相同的形状)
args	传递给函数的额外位置参数
*kwargs	传递给函数的额外关键字参数

【例 5-13】按班级分组,使用 apply()方法筛选数学成绩大于 85 的学生。

[ ]:
```
grouped = df.groupby('班级')    # 按班级分组
filtered_students = grouped.apply(lambda x: x[x['数学'] > 85])   # 筛选出数学成绩大于 85 的学生
filtered_students
```

[ ]:

班级		班级	姓名	性别	数学	英语
一班	0	一班	张三	女	99	90
二班	1	二班	李四	男	88	80

说明:通过 apply(lambda x: x[x['数学'] > 85])在每个分组中筛选出数学成绩大于 85 的学生。

2. transform()方法

transform()是 Pandas 中对分组数据进行变换的一个非常重要的函数。它允许对每个分组内的数据应用某个操作,并返回一个与原始数据集形状相同的 DataFrame 或 Series,其中每个分组的值被变换为相应的聚合结果(即逐行变换)。常见的用法包括标准化、归一化、排名等。transform()方法的语法格式如下:

df.transform(func, axis=0, *args, **kwargs)

transform()方法的常用参数及说明见表 5-6。

表 5-6 transform()方法的常用参数及说明

名称	说明
func	要应用的函数。可以是以下几种形式: ● 函数:如 numpy.mean、numpy.sum 等。 ● 字符串:如'mean'、'sum'等,表示内置的聚合函数。 ● 列表:包含多个函数或字符串,如['mean', 'sum'],表示对每一列或行应用多个函数。 ● 字典:键为列名,值为函数或字符串,如{'A': 'mean', 'B': 'sum'},表示对指定列应用不同的函数
axis	应用函数的轴,如果 axis=0(默认),则按列应用函数,即对每一列应用函数;如果 axis=1,则按行应用函数,即对每一行应用函数
*args	传递给函数的额外位置参数
*kwargs	传递给函数的额外关键字参数

【例 5-14】 按班级分组,在每个班级内筛选出数学成绩大于 85 的学生。

```
grouped = df.groupby('班级')   #按班级分组
# 使用 transform()生成布尔条件,表示每个学生数学成绩是否大于 85
df['数学成绩大于 85'] = grouped['数学'].transform(lambda x: x > 85)
filtered_df = df[df['数学成绩大于 85']]   # 筛选出数学成绩大于 85 的学生
filtered_df
```

	班级	姓名	性别	数学	英语	数学成绩大于85
0	一班	张三	女	99	90	True
1	二班	李四	男	88	80	True

说明:通过 transform()生成一个布尔列"数学成绩大于 85",表示每个学生的数学成绩是否大于 85,然后通过布尔索引 df[df['数学成绩大于 85']]筛选出符合条件的学生。

5.5.3 对分组结果排序

在分组操作后,有时需要对每个分组的结果进行排序。sort_values()方法可以按照某一列或多列对数据进行升序或降序排序。

【例 5-15】 按班级和语文成绩排序。

```
import pandas as pd
# 示例数据
data = {
  '班级': ['A', 'A', 'B', 'B', 'C', 'C'],
  '学生姓名': ['张三', '李四', '王五', '赵六', '孙七', '周八'],
  '语文成绩': [90, 85, 88, 92, 78, 85],
  '数学成绩': [95, 88, 90, 85, 85, 80]
}
df = pd.DataFrame(data)
```

```
grouped = df.groupby('班级')   # 按班级分组
# 分组内按语文成绩降序排序
sorted_groups = grouped.apply(lambda x: x.sort_values('语文成绩', ascending=False))
sorted_groups
```

班级		班级	学生姓名	语文成绩	数学成绩
A	0	A	张三	90	95
	1	A	李四	85	88
B	3	B	赵六	92	85
	2	B	王五	88	90
C	5	C	周八	85	80
	4	C	孙七	78	85

说明：通过 sort_values('语文成绩', ascending=False)，在每个班级分组内按"语文成绩"降序排序。

5.5.4 对分组排序结果重置索引

分组后的排序结果通常会产生一个多级索引（即分组键 + 排序后的列）。有时，为了更方便地展示和处理结果，需要将多级索引转换为普通列。使用 reset_index()方法可以将多级索引转换为普通列。

【例 5-16】按班级排序，并重置索引。

```
grouped = df.groupby('班级')   # 按班级分组
sorted_groups = grouped.apply(lambda x: x.sort_values('语文成绩', ascending=False))   # 按语文成绩降序排序
sorted_groups_reset = sorted_groups.reset_index(drop=True)   # 重置索引
sorted_groups_reset
```

	班级	学生姓名	语文成绩	数学成绩
0	A	张三	90	95
1	A	李四	85	88
2	B	赵六	92	85
3	B	王五	88	90
4	C	周八	85	80
5	C	孙七	78	85

说明：通过 reset_index(drop=True)重置索引，避免保留多级索引。

5.6 分组中的缺失值处理

在数据分析中，缺失值（NaN）是不可避免的，它们可能对分组操作产生影响。因此，如何处理缺失值对于确保分析结果的准确性至关重要。Pandas 提供了多种方法来处理缺失值，包括在分组时处理、填充或丢弃缺失值，以及在分组后处理异常值。

5.6.1 在分组时处理缺失值

在分组时，缺失值的处理是一个关键问题。groupby()方法允许用户通过设置不同的参数来

控制如何处理分组中的缺失值。常见的处理方法如下：
- 忽略缺失值：在默认情况下，groupby()会跳过包含缺失值的行，不会对其进行分组操作。
- 将缺失值视为一个组：通过设置 dropna=False，缺失值会被当作一个单独的组进行处理。
- 删除缺失值：可以选择删除包含缺失值的行，确保数据集的完整性。

【例 5-17】 忽略缺失值与保留缺失值分组示例。

```python
import pandas as pd
import numpy as np
# 示例数据
data = {
    '班级': ['A', 'A', 'B', 'B', 'C', np.nan],
    '语文成绩': [90, 85, 88, 92, 78, np.nan],
    '数学成绩': [95, 88, 90, 85, 85, 80]
}
df = pd.DataFrame(data)
# 1. 忽略缺失值：默认行为，跳过含有 NaN 的行
grouped_ignore_na = df.groupby('班级', dropna=True).mean()
print("忽略缺失值后的分组：")
grouped_ignore_na
```

忽略缺失值后的分组：

班级	语文成绩	数学成绩
A	87.5	91.5
B	90.0	87.5
C	78.0	85.0

```python
# 2. 将缺失值视为一个组：设置 dropna=False
grouped_include_na = df.groupby('班级', dropna=False).mean()
print("包含缺失值（NaN）为一组后的分组：")
grouped_include_na
```

包含缺失值（NaN）为一组后的分组：

班级	语文成绩	数学成绩
A	87.5	91.5
B	90.0	87.5
C	78.0	85.0
NaN	NaN	80.0

说明：在默认情况下，也即忽略缺失值，groupby()会跳过缺失值（NaN），因此缺失值所在的班级（NaN）不会计入分组计算。

通过 dropna=False，NaN 会被视为一个独立的组进行处理，NaN 作为班级的一组显示在结果中。

5.6.2 填充缺失值与丢弃缺失数据

在进行分组之前，通常需要填充或丢弃缺失值，以确保数据的完整性和分析的准确性。Pandas 提供了多种方法来填充和丢弃缺失值，有效控制缺失值对聚合过程的影响。

- 填充缺失值：使用 fillna()方法可以将缺失值填充为指定的值，或通过插值方法填充。
- 丢弃缺失值：使用 dropna()方法可以删除包含缺失值的行。

【例 5-18】 填充缺失值与丢弃缺失值。

```
data = {
    '班级': ['A', 'A', 'B', 'B', 'C', np.nan],
    '语文成绩': [90, 85, 88, 92, 78, np.nan],
    '数学成绩': [95, 88, 90, 85, 85, 80]
}
df = pd.DataFrame(data)
# 1. 填充缺失值：用均值填充语文成绩的缺失值
df['语文成绩'] = df['语文成绩'].fillna(df['语文成绩'].mean())
print("填充缺失值后的数据：")
df
```

填充缺失值后的数据：

	班级	语文成绩	数学成绩
0	A	90.0	95
1	A	85.0	88
2	B	88.0	90
3	B	92.0	85
4	C	78.0	85
5	NaN	86.6	80

```
# 2. 丢弃含有缺失值的行
df_dropped = df.dropna()
print("丢弃缺失值后的数据：")
df_dropped
```

丢弃缺失值后的数据：

	班级	语文成绩	数学成绩
0	A	90.0	95
1	A	85.0	88
2	B	88.0	90
3	B	92.0	85
4	C	78.0	85

说明：通过 fillna()方法，将"语文成绩"列中的缺失值填充为该列的均值。
通过 dropna()方法丢弃了包含缺失值的行，结果中不再包含 NaN 的缺失数据。

5.6.3 处理分组后数据的异常值

在分组和聚合分析中，异常值（如极端数据点）可能会对分析结果产生不利影响。通过识别并适当处理异常值，可以提高分析结果的准确性和鲁棒性。常见的异常值处理方法如下：

- 识别异常值：常见的方法包括使用 Z 分数或四分位距（IQR）来检测异常值。
- 处理异常值：可以选择删除异常值、用中位数或均值填充异常值，或使用其他合适的方法进行处理。

【例 5-19】 使用四分位距处理分组后的异常值。

```
import pandas as pd
data = {
    '班级': ['A', 'A', 'B', 'B', 'C', 'C'],
```

```
    '语文成绩': [90, 85, 88, 92, 78, 500],  # 注意第 6 行数据是异常值
    '数学成绩': [95, 88, 90, 85, 85, 80]
}
df = pd.DataFrame(data)
# 计算每列的 IQR 来识别异常值
Q1 = df['语文成绩'].quantile(0.25)
Q3 = df['语文成绩'].quantile(0.75)
IQR = Q3 − Q1
lower_bound = Q1 − 1.5 * IQR
upper_bound = Q3 + 1.5 * IQR
# 过滤掉异常值
df_no_outliers = df[(df['语文成绩'] >= lower_bound) & (df['语文成绩'] <= upper_bound)]
print("去除异常值后的数据：")
df_no_outliers
```

[ ]: 去除异常值后的数据：

	班级	语文成绩	数学成绩
0	A	90	95
1	A	85	88
2	B	88	90
3	B	92	85
4	C	78	85

说明：通过四分位距方法，可以识别语文成绩列中的异常值，并过滤掉那些超出上限 upper_bound 或下限 lower_bound 的数据。在此例中，500 被识别为异常值，因此被删除。

5.7 分组与聚合操作应用实例

在数据分析中，分组与聚合操作通常用于实际业务问题的分析和决策支持。通过对数据进行有效的分组、聚合和处理，能够提取有价值的信息，并辅助决策。本节将通过几个实际案例，介绍在不同的业务场景中应用分组与聚合的技巧。

5.7.1 销售数据按地区分组聚合

销售数据分析通常需要根据不同的地区、产品等维度进行分组，并对销售额、销售量等进行聚合。通过按地区分组聚合，可以了解各地区的销售表现，发现潜在的增长机会。

【例 5-20】 按地区分组聚合销售数据。有一个包含销售记录的 DataFrame，其中包含地区、销售额和销售量。希望根据地区计算每个地区的总销售额和平均销售量。

```
[ ]: import pandas as pd
# 示例销售数据
data = {
    '地区': ['北方', '南方', '东部', '西部', '北方', '南方'],
    '销售额': [1000, 1500, 1200, 800, 950, 1600],
    '销售量': [100, 200, 150, 90, 120, 220]
}
df = pd.DataFrame(data)
# 按地区分组, 计算每个地区的总销售额和平均销售量
```

```python
grouped = df.groupby('地区').agg({
    '销售额': 'sum',   # 计算总销售额
    '销售量': 'mean'   # 计算平均销售量
})
grouped
```

[ ]:

地区	销售额	销售量
东部	1200	150.0
北方	1950	110.0
南方	3100	210.0
西部	800	90.0

按地区分组：计算每个地区的销售额总和与销售量的平均值。

重置索引：通过 reset_index()，可以将分组后的结果转化为标准的 DataFrame，便于进一步分析或展示。

```python
sorted_groups_reset = grouped.reset_index()   # 重置索引
sorted_groups_reset
```

[ ]:

	地区	销售额	销售量
0	东部	1200	150.0
1	北方	1950	110.0
2	南方	3100	210.0
3	西部	800	90.0

通过聚合后的数据，可以清晰地看到各地区的销售表现，从而为制定针对性的营销策略提供支持。

5.7.2 学生成绩按科目和班级分组统计

在教育数据分析中，通常需要根据学生的科目和班级进行分组，并对成绩进行聚合操作。这有助于分析每个班级在不同科目的表现，发现优秀或有待提高的领域。

【例 5-21】按班级和科目分组统计学生成绩。有一个学生成绩的 DataFrame，其中包含学生的班级、科目和成绩。希望按照班级和科目进行分组，计算每个班级在各个科目的平均成绩。

```python
import pandas as pd
# 示例学生成绩数据
data = {
    '班级': ['A', 'A', 'A', 'B', 'B', 'B', 'C', 'C'],
    '科目': ['语文', '数学', '英语', '语文', '数学', '英语', '语文', '数学'],
    '成绩': [90, 85, 88, 92, 78, 85, 85, 80]
}
df = pd.DataFrame(data)
grouped = df.groupby(['班级', '科目'])['成绩'].mean().unstack()   # 按班级和科目分组，计算平均成绩
grouped
```

[ ]:

科目	数学	英语	语文
班级			
A	85.0	88.0	90.0
B	78.0	85.0	92.0
C	80.0	NaN	85.0

按班级和科目分组：使用 groupby(['班级', '科目'])对学生数据进行分组。

计算平均成绩：使用 mean()计算每个班级每个科目的平均成绩。

转换列索引：通过 unstack()方法将科目列转换为列索引，使得结果更加易于查看。

通过此方法，可以快速查看每个班级在不同科目上的平均成绩，帮助教育机构分析各班级的优劣势，为学生提供有针对性的辅导。

5.7.3 按部门和职位对员工薪资进行聚合

在公司薪资分析中，通常需要根据员工的部门和职位对薪资进行分组，计算不同岗位、部门的薪资水平。这有助于进行薪酬分析、调整和优化。

【例5-22】 按部门和职位对员工薪资进行聚合。有一个包含员工信息的 DataFrame，其中包含部门、职位和薪资。希望按部门和职位进行分组，计算每个部门和职位的平均薪资。

```python
import pandas as pd
# 示例员工数据
data = {
    '部门': ['HR', 'HR', '技术', '技术', '财务', '财务'],
    '职位': ['经理', '助理', '开发', '测试', '经理', '助理'],
    '薪资': [12000, 8000, 15000, 10000, 13000, 8500]
}
df = pd.DataFrame(data)
grouped = df.groupby(['部门', '职位'])['薪资'].mean()   # 按部门和职位分组，计算平均薪资
grouped
```

```
部门    职位
HR    助理      8000.0
      经理     12000.0
技术    开发     15000.0
      测试     10000.0
财务    助理      8500.0
      经理     13000.0
Name: 薪资, dtype: float64
```

按部门和职位分组：使用 groupby(['部门', '职位'])对员工数据进行分组。

计算平均薪资：使用 mean()计算每个分组的平均薪资。

```python
sorted_groups_reset = grouped.reset_index()   # 重置索引
sorted_groups_reset
```

	部门	职位	薪资
0	HR	助理	8000.0
1	HR	经理	12000.0
2	技术	开发	15000.0
3	技术	测试	10000.0
4	财务	助理	8500.0
5	财务	经理	13000.0

重置索引：通过 reset_index()将分组后的数据转化为标准格式。

通过这种方式，可以清晰地分析出各部门和职位的薪资结构，帮助公司进行薪酬分析、优化和调整。

5.8 案例：连锁超市销售数据分析与可视化

本节以国内某连锁超市为例，分析其销售数据。通过对这些数据的分析，将能够从不同维度（如商品类别、门店、时间等）深入挖掘销售趋势、最畅销商品等关键信息，通过挖掘数据中的潜在价值，分析销售情况，为超市制定更加精确的营销策略提供依据。

5.8.1 案例简介

在本案例中，将使用保存于 order2021-2022.csv 文件中的超市销售数据进行分析。该数据集包含以下几个重要字段：
- 商品 ID：每个商品的唯一标识符。
- 类别 ID：商品所属的类别编号。
- 门店编号：连锁超市的各个门店编号。
- 单价：商品的单个价格。
- 销量：商品的销量。
- 成交时间：销售该商品的时间戳。
- 订单 ID：销售该商品的订单 ID。

图 5-1 展示了 "order2021-2022.csv" 文件的部分内容。

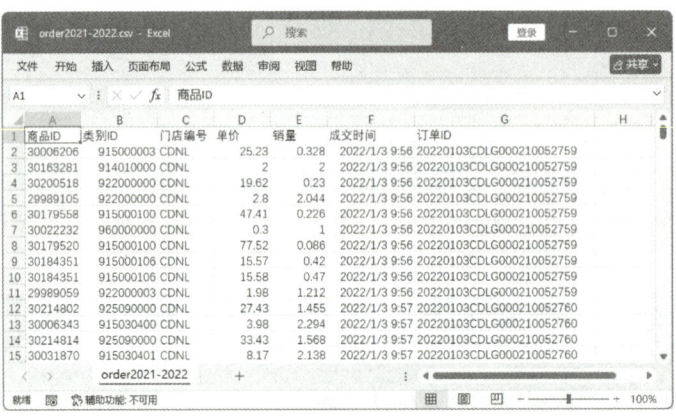

图 5-1 "order2021-2022.csv" 文件的部分内容

本案例的任务是从产品类别、商品的角度，统计分析最受欢迎的商品类别和商品；从超市不同门店的角度，统计分析不同门店的销售情况；统计不同时间范围内的销售情况，给出同比和环比对比报表。

5.8.2 案例实现

在本案例中，将使用 Jupyter Notebook 进行数据分析与可视化操作。具体步骤如下。

1. 创建 Jupyter Notebook

打开 JupyterLab，新建一个名为 "supermarket.ipynb" 的文件。

2. 加载数据

从"order2021-2022.csv"文件中读取数据并查看数据的基本信息。代码如下：

```
# 导入所需模块
import numpy as np
import pandas as pd
from datetime import datetime
# 导入数据源，parse_dates 将时间字符串转为日期时间格式
data=pd.read_csv("d:/bigdata/order2021-2022.csv", parse_dates=["成交时间"], encoding='gbk')
data.info()   # 查看数据类型
```

```
<class 'pandas.core.frame.DataFrame'>
RangeIndex: 4280 entries, 0 to 4279
Data columns (total 7 columns):
 #   Column    Non-Null Count  Dtype
---  ------    --------------  -----
 0   商品ID      4280 non-null   int64
 1   类别ID      4280 non-null   int64
 2   门店编号      4280 non-null   object
 3   单价        4280 non-null   float64
 4   销量        4280 non-null   float64
 5   成交时间      4280 non-null   datetime64[ns]
 6   订单ID      4280 non-null   object
dtypes: datetime64[ns](1), float64(2), int64(2), object(2)
memory usage: 234.2+ KB
```

查看数据的形状和前 5 条数据记录：

```
print(data.shape)   # 查看形状
data.head()   # 显示前 5 条数据记录
```

```
(4280, 7)
```

	商品ID	类别ID	门店编号	单价	销量	成交时间	订单ID
0	30006206	915000003	CDNL	25.23	0.328	2022-01-03 09:56:00	20220103CDLG000210052759
1	30163281	914010000	CDNL	2.00	2.000	2022-01-03 09:56:00	20220103CDLG000210052759
2	30200518	922000000	CDNL	19.62	0.230	2022-01-03 09:56:00	20220103CDLG000210052759
3	29989105	922000000	CDNL	2.80	2.044	2022-01-03 09:56:00	20220103CDLG000210052759
4	30179558	915000100	CDNL	47.41	0.226	2022-01-03 09:56:00	20220103CDLG000210052759

3. 产品销售分析

（1）最畅销的产品类别

按"类别 ID"分组，计算每个类别的总销量，找出销量最大的前 10 种类别。代码如下：

```
# 按销量降序排列，获取销量最大的前 10 种类别
top_categories = data.groupby("类别ID")["销量"].sum().reset_index().sort_values(by="销量", ascending=False).head(10)
top_categories
```

	类别ID	销量
240	922000003	525.954
239	922000002	244.245
251	923000006	232.327
216	915030104	189.681
367	960000000	149.000
238	922000001	140.550
234	920090000	115.756
247	923000002	110.481
249	923000002	108.023
237	922000000	105.112

(2)最畅销的商品

按"商品 ID"分组,计算每个商品的总销量,找出销量最大的前 10 个商品。代码如下:

```
# 按销量降序排列,获取销量最大的前 10 个商品
top_products =data.groupby("商品 ID")["销量"].sum().reset_index().sort_values(by="销量", ascending=False).head(10)
top_products
```

	商品ID	销量
291	29989059	391.549
301	29989072	102.876
788	30022232	101.000
846	30031960	99.998
4	29865492	98.647
340	29989157	72.453
795	30023041	66.036
825	30026255	62.375
290	29989058	56.052
830	30027007	48.757

4. 门店分析

分析不同门店的销售情况,包括销售额的计算和门店销售占比。

1)计算每个门店的销售额。

```
data["销售额"] = data["销量"] * data["单价"]   # 计算销售额
store_sales = data.groupby("门店编号")["销售额"].sum()
print(store_sales)
```

```
门店编号
CDLG    17211.23275
CDNL     8059.47867
CDXL    10727.51316
Name: 销售额, dtype: float64
```

2)计算每个门店的销售额占比。

```
store_sales_percentage = data.groupby("门店编号")[["销售额"]].sum() / data["销售额"].sum()
store_sales_percentage.rename(columns={'销售额':'销售额占比'}, inplace=True)
print(store_sales_percentage)
```

```
        销售额占比
门店编号
CDLG    0.478113
CDNL    0.223885
CDXL    0.298001
```

3)通过可视化图形展示不同门店的销售额占比,这里使用饼图展示。

```
import matplotlib.pyplot as plt
plt.rcParams['figure.figsize'] = (10.0, 6.0)   # 设置图形尺寸
plt.rcParams['font.sans-serif'] = ['SimHei']   # 中文显示
plt.rcParams['axes.unicode_minus'] = False     # 正常显示负号
plt.rcParams['font.size'] = 12
store_sales_percentage.plot.pie(y='销售额占比', autopct='%1.1f%%', legend=False)   # 绘制饼图
plt.title('各门店销售额占比')
plt.show()
```

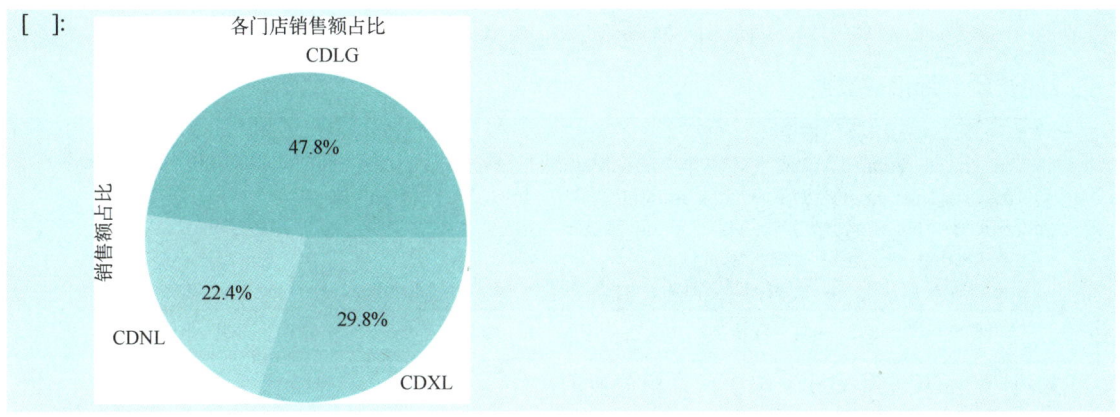

5. 销售趋势分析

（1）统计每小时时间段的销售量

统计每小时的销售量，并绘制销量折线图，了解销售高峰期。代码如下：

```python
# 提取小时
data["小时"] = data["成交时间"].map(lambda x: int(x.strftime("%H")))
# 计算每小时的销售量
traffic = data[["小时", "订单 ID"]].drop_duplicates()  # 去重
counts = traffic.groupby("小时")["订单 ID"].count()
counts.plot()  # 绘制每小时的销售量折线图
plt.title("每小时销售量")
plt.ylabel("销售量")
plt.xlabel("小时")
plt.show()
```

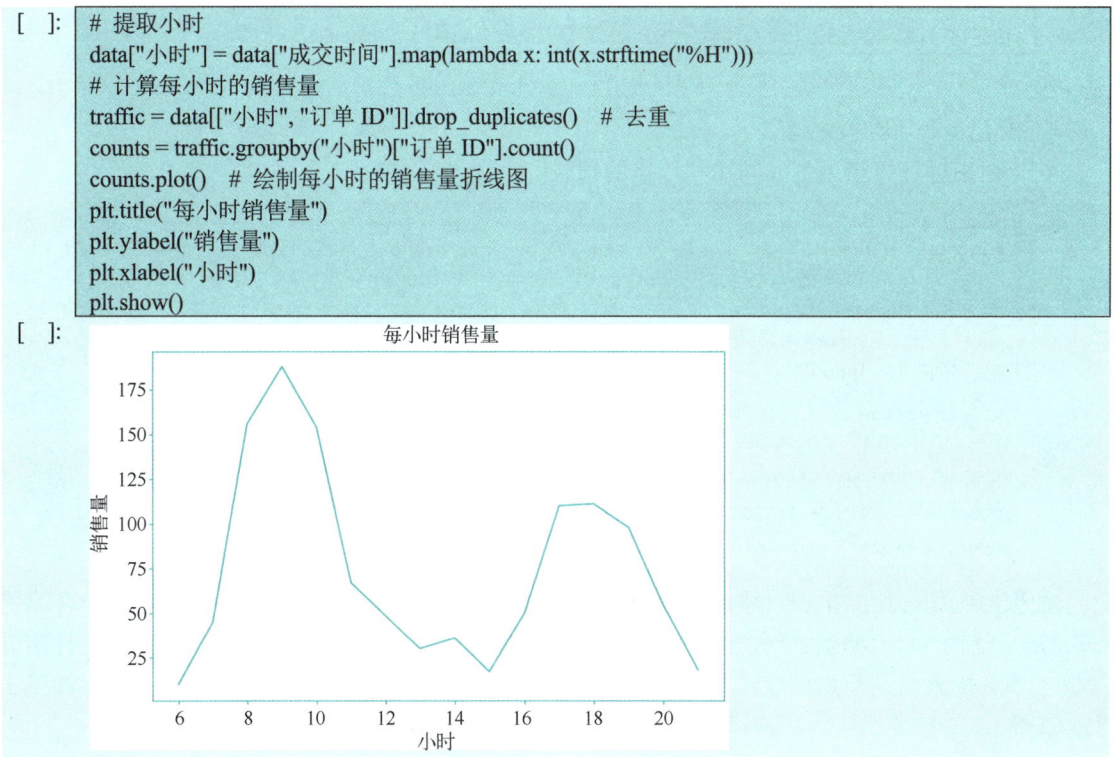

（2）按月计算相关的指标

计算 2022 年 1 月、2 月和去年同期（2021 年 2 月）的销售额、客流量和客单价。

1）计算 1 月相关数据。

```python
# 计算 1 月相关指标
last_month = data[(data["成交时间"] >= datetime(2022, 1, 1)) & (data["成交时间"] <= datetime(2022, 1, 31))]
sales_2 = (last_month["销量"] * last_month["单价"]).sum()  # 销售额
traffic_2 = last_month["订单 ID"].drop_duplicates().count()  # 客流量
s_t_2 = sales_2 / traffic_2  # 客单价
print(f"2022 年 1 月销售额：{sales_2:.2f}，客流量：{traffic_2}，客单价：{s_t_2:.2f}")
```

[ ]: 本月销售额为：11056.14,客流量为：368,客单价为：30.04

2）计算 2 月相关数据。

[ ]:
```
# 计算2月的相关的指标
This_month=data[(data["成交时间"]>=datetime(2022,2,1))&(data["成交时间"]<=datetime(2022,2,28))]
sales_1=(This_month["销量"]*This_month['单价']).sum()   # 销售额计算
traffic_1=This_month["订单 ID"].drop_duplicates().count()   # 客流量计算，即订单量
s_t_1=sales_1/traffic_1   # 客单价计算
print("本月销售额为：{:.2f},客流量为：{},客单价为：{:.2f}".format(sales_1,traffic_1,s_t_1))
```

[ ]: 本月销售额为：8657.92,客流量为：266,客单价为：32.55

3）计算去年同期（2021 年 2 月）相关数据。

[ ]:
```
# 计算去年同期相关指标
same_month=data[(data["成交时间"]>=datetime(2021,2,1))&(data["成交时间"]<=datetime(2021,2,28))]
sales_3=(same_month["销量"]*same_month["单价"]).sum()
traffic_3=same_month["订单 ID"].drop_duplicates().count()
s_t_3=sales_3/traffic_3
print("本月销售额为：{:.2f},客流量为：{},客单价为：{:.2f}".format(sales_3,traffic_3,s_t_3))
```

[ ]: 本月销售额为：6941.29,客流量为：218,客单价为：31.84

6．创建同比和环比报表

将上述指标计算结果生成同比和环比的报表，便于业务分析。

[ ]:
```
# 创建 DataFrame
report = pd.DataFrame([[sales_1, sales_2, sales_3], [traffic_1, traffic_2, traffic_3], [s_t_1, s_t_2, s_t_3]],
            columns=["本月累计", "上月同期", "去年同期"], index=["销售额", "客流量", "客单价"])
# 添加同比和环比字段
report["环比"] = report["本月累计"] / report["上月同期"] - 1
report["同比"] = report["本月累计"] / report["去年同期"] - 1
report   # 查看报表
```

[ ]:

	本月累计	上月同期	去年同期	环比	同比
销售额	8657.919050	11056.137240	6941.289210	-0.216913	0.247307
客流量	266.000000	368.000000	218.000000	-0.277174	0.220183
客单价	32.548568	30.043851	31.840776	0.083369	0.022229

根据同比和环比的报表，可以观察到，尽管 2 月相较于 1 月，销售额（-0.21）和客流量（-0.27）分别下降，但相较于去年 2 月，销售额和客流量则有显著增长（环比增长）。这种信息帮助业务分析人员判断当前业绩相对上一周期的表现以及与去年同月的对比情况，进而调整未来的策略。

7．保存报表

将计算的报表保存为 CSV 文件"order_report.csv"。

[ ]: `report.to_csv("order_report.csv", encoding="utf-8")`

习题

1．在 Pandas 中，什么是数据分组与聚合操作？它们在数据分析中有何作用？

2．请使用 groupby()方法按"班级"列对学生成绩数据进行分组，并计算每个班级的平均成绩。假设数据如下：

```
data = {'班级': ['A', 'B', 'A', 'B', 'A', 'B'],
        '成绩': [85, 90, 88, 92, 80, 85]}
df = pd.DataFrame(data)
```

3．假设有一个销售数据集，包含"地区"和"销售额"两列。请按"地区"分组，计算每个地区的总销售额。数据如下：

```
data = {'地区': ['东部', '西部', '东部', '西部', '南部'],
        '销售额': [1000, 1500, 1200, 800, 950]}
df = pd.DataFrame(data)
```

4．假设有一个学生成绩数据集，包含"班级"和"科目"两列，要求按这两列进行分组，并计算每个班级每个科目的平均成绩。数据如下：

```
data = {'班级': ['A', 'A', 'B', 'B', 'A', 'B'],
        '科目': ['语文', '数学', '语文', '数学', '语文', '数学'],
        '成绩': [85, 90, 88, 92, 80, 85]}
df = pd.DataFrame(data)
```

5．请按"店铺"分组，计算每个店铺的销售总额、平均销售额和最大销售额。数据如下：

```
data = {'店铺': ['A', 'B', 'A', 'B', 'A', 'B'],
        '销售额': [1000, 1500, 1200, 800, 950, 1600]}
df = pd.DataFrame(data)
```

6．使用自定义函数计算每个店铺的"销售额标准差"。数据与第 5 题相同。

7．请按"店铺"分组，计算销售额的总和、平均值和标准差。数据与第 5 题相同。

8．将每个店铺的销售总额、平均销售额和标准差结果格式化为更易读的形式。数据与第 5 题相同。

9．请筛选出销售额大于 1000 的店铺。数据与第 5 题相同。

10．请筛选出"班级 A"中成绩大于 85 的学生。数据如下：

```
data = {'班级': ['A', 'A', 'B', 'A', 'B', 'B'],
        '学生': ['张三', '李四', '王五', '赵六', '孙七', '周八'],
        '成绩': [90, 80, 85, 88, 90, 70]}
df = pd.DataFrame(data)
```

11．请对每个店铺的销售额进行排序，计算销售额总和，并按降序排序。数据如下：

```
data = {'店铺': ['A', 'B', 'A', 'B', 'A', 'B'],
        '销售额': [1000, 1500, 1200, 800, 950, 1600]}
df = pd.DataFrame(data)
```

12．请对分组后的销售额进行降序排序，并重置索引。数据与第 11 题相同。

13．请按"店铺"分组，计算销售额总和，但保留缺失值的数据。数据如下：

```
data = {'店铺': ['A', 'B', 'A', 'B', 'A', None],
        '销售额': [1000, 1500, 1200, 800, None, 1600]}
df = pd.DataFrame(data)
```

项目 6 使用 Matplotlib 实现数据可视化

数据可视化是一种将数据以直观且形象的图表形式展示的方法。与单纯的数值或文字描述相比，图表可以更直观地反映数据之间的关系与变化趋势，有助于用户进行分析，得出合理结论，并进行预测。Python 提供了多种优秀的数据可视化库，本章将重点介绍 Matplotlib 库及 Pandas 库的绘图功能，通过实例展示如何绘制常见图表及其实际效果，包括绘制折线图、柱状图、直方图、饼图、箱形图、散点图等基本图表的方法，餐厅订单数据分析项目的实现方法。

知识目标	素养目标
◇ 掌握 Matplotlib 库的基本使用，能够使用该库绘制常见图表 ◇ 餐厅订单数据分析项目的实现方法	◇ 发展快速学习与适应能力 ◇ 提升逻辑推理与论证能力 ◇ 提升工具使用与操作能力

6.1 Matplotlib 库基础

使用 Matplotlib 的 pyplot 模块，可以使用简洁的代码将数据转换为多种图表形式，如折线图、直方图、饼图和散点图等。尽管图表样式多样，但使用 Matplotlib 绘制图表的基本思路大致相同。

6.1.1 图表的基本组成

尽管图表类型多样，其基本组成部分大致相同，主要包括以下内容（见图 6-1）。

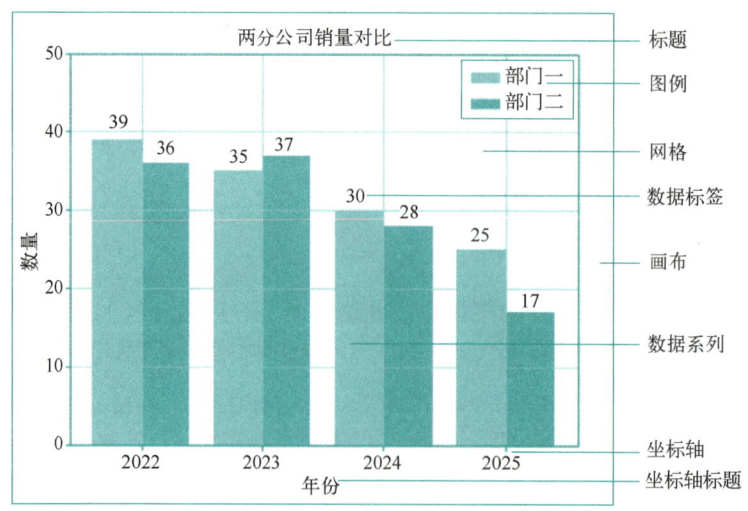

图 6-1 图表的基本组成

1. 画布（Figure）

画布是图表绘制的整体容器。

2. 标题（Title）

标题用于描述图表的内容，包括总标题和副标题，一般位于图表上方。

3. 坐标轴（Axes）

坐标轴用以标识数据的范围与分类，包括水平坐标轴（x 轴）和垂直坐标轴（y 轴），每个坐标轴包含刻度线、轴标签等。

4. 数据系列（Data Series）

数据系列是图表的核心数据部分，由行或列数据构成，可以通过不同的颜色或符号加以区分。

5. 图例（Legend）

图例用于解释数据系列的含义，通常位于图表边角或一侧。

6. 网格（Grid）

网格是贯穿绘图区域的线条，帮助用户估算图形所表示的数值，分为水平网格和垂直网格。

6.1.2 Matplotlib 库绘图的层次结构

为了高效使用 Matplotlib，理解其绘图体系的层次结构至关重要。这一结构分为 3 个层次：容器层、图像层和辅助显示层。

1. 容器层（Container Layer）

容器层是 Matplotlib 绘图体系的基础，主要由以下对象构成。

（1）Figure 对象

Figure 是容器层的底层对象，作为整个图表的画布，即绘图的整体区域。可以通过 figure() 函数创建 Figure 对象，并自定义其大小、分辨率和背景颜色等属性。一个 Figure 既可以用作单个图表的画布，也可以划分为多个子区域（称为 Axes 或 Subplots），每个子区域可以独立绘制图表。

（2）Axes 对象

Axes 是 Figure 中的一个或多个子区域，表示具体的绘图区域。可以使用 add_subplot()或 subplots()函数创建 Axes 对象。一个 Figure 可以包含多个 Axes，每个 Axes 具有自己的坐标系统，通常由左、右、上、下 4 条轴线（Spines）包围。在默认情况下，Matplotlib 只显示左侧和底部的轴线。Axes 对象可以包含多种元素，如坐标轴线、刻度线和标签、图表标题、图例和数据图表等。

（3）Axis 对象

Axis 是 Axes 对象中的坐标轴，负责刻度线、刻度标签和坐标轴外观的绘制。每个 Axis 由轴线、主刻度和次刻度、主刻度标签、次刻度标签及轴标签组成。轴线是连接刻度线和数据区域的界线，分为水平的 x 轴和垂直的 y 轴。

容器层的结构如图 6-2 所示，在这个示例中，一个 Figure 对象包含 3 个 Axes 对象，每个 Axes 对象内部有一个 Axis 对象。

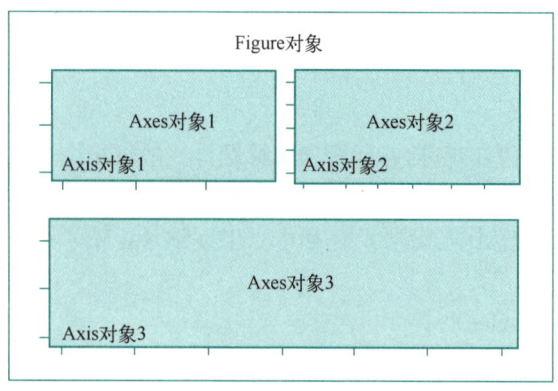

图 6-2 容器层的结构

2. 图像层（Artist Layer）

图像层包含绘图区域内的数据图表（Data Plots），是 Axes 上的具体图形元素，如折线图、散点图、柱状图等。这些图形元素统称为"艺术家"（Artist），由 plot()、scatter()、bar() 等函数生成，展示数据的主要内容。

3. 辅助显示层（Helper Layer）

辅助显示层由所有非数据的图形元素组成，包括坐标轴（Axis 对象）、标题（Text 对象）、图例（Legend 对象）、注释文本（Text 对象）等。这些辅助元素增强了图表的描述性信息，帮助用户更好地理解数据，而不会干扰数据的展示。

Matplotlib 的 3 层结构是嵌套关系：一个 Figure 包含一个或多个 Axes，每个 Axes 包含一个或多个 Axis。这种结构的详细示意如图 6-3 所示。

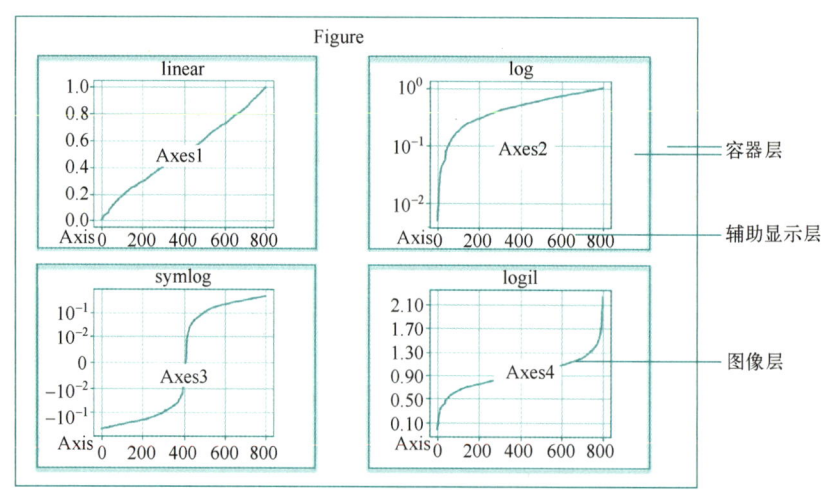

图 6-3 Matplotlib 库绘图的层次结构

在 Matplotlib 的层次结构中，Figure 是最底层对象，提供绘图基础；Axes 位于 Figure 之上，表示数据的绘图区域；Axis 是 Axes 的具体坐标轴，包括刻度线和标签等细节。图像层和辅助显示层中的所有内容都位于 Axes 之上，构成最终的图表。

6.1.3 创建简单图表的基本流程

Anaconda 中已经内置 Matplotlib 库，不需要安装。如果是在非 Anaconda 环境下使用，则要通过 pip install matplotlib 命令安装 Matplotlib 库。

使用 Matplotlib 绘制图表通常包括以下几个步骤：导入模块，准备数据，创建画布，在 Figure 对象上创建子图，绘制图表，添加标签、图例和中文支持，保存图表和显示图表。

1. 导入模块

Matplotlib 库通过 matplotlib.pyplot 模块提供了一种常用的绘图方法，该模块包含一系列类似于 MATLAB 的画图函数。绘图前需要导入 matplotlib.pyplot 模块，代码如下：

```
import matplotlib.pyplot as plt   # 导入 matplotlib.pyplot 模块
```

在导入模块后，可以使用其别名 plt 调用各种绘图功能。

2. 准备数据

绘图前需要准备好绘图所需的数据。数据形式需符合绘图函数的要求，可以是序列，也可以通过方法或表达式生成。

【例 6-1】 用折线图展现北京秋季 15 天的最高气温情况。

```
[ ]: days = list(range(1, 16))   # x 轴的数据，表示 15 天（从第 1 天到第 15 天）
     high_temps = [23, 24, 22, 21, 25, 26, 27, 26, 22, 24, 21, 20, 23, 16, 17]   # y 轴的数据，表示最高气温
```

在绘图中，x 和 y 中位置相同的元素会组成点的坐标，例如(1, 23)、(2, 24)、…、(15,17) 等。根据这些坐标绘制成点，并用线段按照时间顺序连接。

3. 创建画布

在 Matplotlib 中，每一个 Figure 对象代表一个作图窗口，可以通过两种方式创建画布。

（1）隐式创建 Figure 对象

如果未显式定义 Figure 对象，Matplotlib 会默认创建一个 Figure 对象，并在该画布上绘制一个坐标系。

（2）显式创建 Figure 对象

通过 figure()函数可以显式创建 Figure 对象，或激活已有的 Figure 对象。显式创建时，可以自定义画布的大小、背景颜色、分辨率等属性，还可以创建多个 Figure 对象，让不同的图形位于不同画布中。figure()函数的语法如下：

```
plt.figure(num=None, figsize=None, dpi=None, facecolor=None, edgecolor=None, frameon=True, clear=False)
```

plt 是 matplotlib.pyplot 模块的别名。figure()函数的常用参数及说明见表 6-1。

表 6-1 figure()函数的常用参数及说明

名称	说明
num	图形的唯一标识符，可为整数、字符串、Figure 或 SubFigure。若未提供，系统会自动生成一个递增值作为 ID
figsize	图形的宽度和高度，单位为英寸。例如，figsize=(4, 3)表示宽 4 英寸、高 3 英寸
dpi	图形的分辨率，以每英寸点数表示。默认为系统设置值
facecolor	图形的背景颜色，可通过 RGB 代码（如'#FF0000'表示红色）或单字符（如'r'表示红色）设置
edgecolor	图形边框的颜色，设置方法与 facecolor 相同
frameon	是否绘制窗口边框，默认为 True

【例 6-2】 自定义画布对象，分别创建两个画布对象，激活一个已经存在的画布。

```
[ ]: import matplotlib.pyplot as plt   # 导入模块
     # 创建一个名为'sin'的画布
```

```
plt.figure(num='sin', figsize=(10.5, 6.3), facecolor='yellow')
# 创建第二个画布
fig1 = plt.figure(num='cos', figsize=(6, 4), dpi=75, facecolor='#FFFFFF', edgecolor='#FF0000')
plt.figure(num=1)    # 激活第一个画布
```

4．在 Figure 对象上创建子图

一个 Figure 对象中可以创建多个子图（Subplot），每个子图都有独立的坐标系。在默认情况下，如果未创建子图，Matplotlib 会自动在整个画布上创建一个子图。

5．绘制图表

使用 matplotlib.pyplot 模块中的绘图函数可以在当前画布上绘制图表。例如，以下代码绘制了一个简单的折线图。

```
plt.plot(days, high_temps, label='最高气温', marker='o', linestyle='-', color='red')   # 绘制折线图
```

6．添加标签、图例和中文支持

可以为图表添加标题、坐标轴标签和图例。例如：

```
plt.plot(days, high_temps, label='最高气温', marker='o', linestyle='-', color='red')   # 绘制折线图
plt.title('北京 10 月份 15 天的最高气温', fontsize=16, loc='center')   # 添加标题
plt.xlabel('天数', fontsize=12)   # 添加 x 轴标签
plt.ylabel('气温（°C）', fontsize=12)   # 添加 y 轴标签
plt.legend()   # 添加图例
plt.grid(True)   # 显示网格线
```

需要注意的是，Matplotlib 默认不支持中文字符。为了在图表中正常显示中文和坐标轴的负号刻度，可通过 Matplotlib 的 rcParams 设置全局的字体，使其支持中文。设置语句如下：

```
plt.rcParams['font.sans-serif'] = ['SimHei']   # 设置字体为黑体
plt.rcParams['axes.unicode_minus'] = False   # 解决负号显示为方块的问题
```

如果需要为特定标签单独设置中文字体，可以使用 fontproperties 属性。例如：

```
plt.ylabel('余弦值', fontproperties='SimHei')   # y 轴标签使用黑体
plt.title('余弦波示例', fontproperties='Microsoft YaHei')   # 标题使用微软雅黑
```

7．保存和显示图表

完成图表绘制后，可以将图表保存为图片或直接显示。

（1）保存图表

savefig()函数可以把绘制的图表保存为 JPEG、TIFF 或 PNG 等格式的图片，该代码必须在 plt.show()代码前。savefig()函数的语法格式如下：

> savefig(fname, dpi='figure', format=None, ⋯)

参数 fname 表示保存图片的路径和文件名。dpi 表示每英寸点数的分辨率，取值 float 或 'figure'，如果为'figure'，则使用图形的 dpi 值。format 表示文件格式，如'png'、'pdf'等。例如：

```
plt.savefig('d:/bigdata/ex6-1.jpg')   # 保存为 jpg 图片
```

（2）显示图表

show()函数显示所有打开的图形，其语法格式如下：

```
plt.show()
```

例 6-3

【例 6-3】 用折线图展示 15 天的最高气温与最低气温。

```
import matplotlib.pyplot as plt   # 导入模块
```

```
plt.rcParams['font.sans-serif'] = ['SimHei']   # 设置字体为黑体
plt.rcParams['axes.unicode_minus'] = False   # 解决负号显示为方块的问题
# 准备数据。假设数据：北京 10 月份 15 天的最高气温和最低气温
days = list(range(1, 16))     # x 轴的数据，表示 15 天，假设从第 1 天到第 15 天
high_temps = [23, 24, 22, 21, 25, 26, 27, 26, 22, 24, 21, 20, 23, 16, 17]   # 第 1 个折线图 y 轴的数据，最高气温
low_temps = [13, 14, 12, 11, 14, 15, 16, 15, 11, 13, 12, 11, 12, 5, 6]   # 第 2 个折线图 y 轴的数据，最低气温
# 创建画布
plt.figure(figsize=(10, 6))
# 绘制图表
plt.plot(days, high_temps, label='最高气温', marker='o', linestyle='-', color='red')   # 第 1 个折线图
plt.plot(days, low_temps, label='最低气温', marker='o', linestyle='-', color='blue')   # 第 2 个折线图
# 添加标签和图例
plt.title('北京 10 月份 15 天的最高气温和最低气温', fontsize=16, loc='center')   # 添加标题
plt.xlabel('天数', fontsize=12)   # 添加 x 轴的名称
plt.ylabel('气温（°C)', fontsize=12)   # 添加 y 轴的名称
plt.legend()    # 添加图例
plt.grid(True)    # 显示网格线
plt.show()    # 显示图表
```

[ ]:

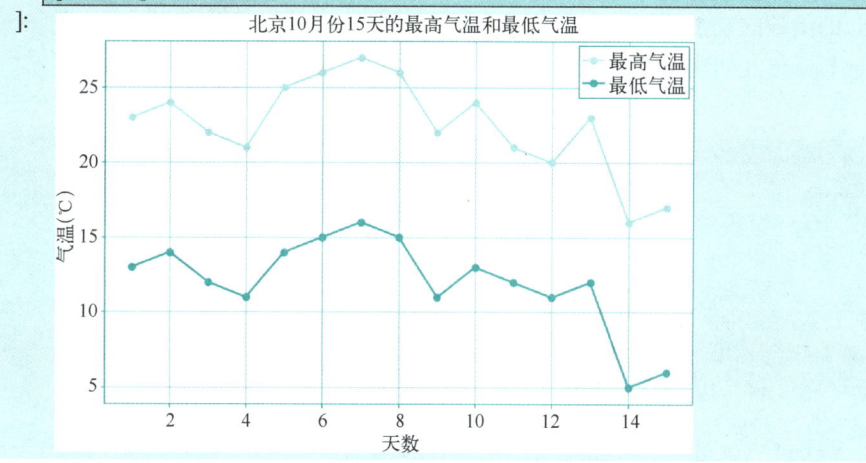

运行以上代码后，将会生成一幅折线图，展示 15 天内最高气温和最低气温的变化趋势。

6.1.4 创建子图

在一个画布上可以将其划分为 m×n（行×列）的矩阵区域，并按照先行后列的顺序为每个区域编号（从 1 开始）。随后，可以在选定的区域中绘制单个或多个子图。在每个子图中，可以绘制不同的图像，这种绘图形式被称为创建子图。

1. 创建单个子图

可以使用 matplotlib.pyplot 模块中的 subplot() 函数来创建单个子图。该函数可在画布上规划子图的区域和位置，并切换到指定区域进行绘图。subplot() 函数的语法格式如下：

```
plt.subplot(nrows, ncols, index, projection=None, polar=False, sharex=False, sharey=False, label=None, **kwargs)
```

subplot() 函数的常用参数及说明见表 6-2。

表 6-2 subplot()函数的常用参数及说明

名称	说明
nrows	规划子图网格的行数，默认为 1
ncols	规划子图网格的列数，默认为 1
index	子图的位置编号，从左到右、从上到下，编号从 1 开始
projection	子图的投影类型，默认为'rectilinear'，支持如'polar'、自定义投影类型等
polar	是否使用极坐标投影，默认为 False，若为 True，等同于 projection='polar'
sharex, sharey	是否共享 x 轴或 y 轴，设置为 True 后，子图间的轴属性（刻度、比例等）将保持一致
label	子图标签，可选参数

注意：nrows、ncols 和 index 可以单独传参，也可以用 3 位整数的形式表示，例如 subplot(235)与 subplot(2, 3, 5)是等价的，但只有在子图数量不超过 9 个时可以使用 3 位整数的简写形式。

此外，Figure 对象也可以通过 add_subplot()方法来创建单个子图，该方法与 subplot()函数的功能相同。

例 6-4

【例 6-4】 在一个画布上创建 3 个子图，并在每个子图中绘制不同的图形。

```
import matplotlib.pyplot as plt
import numpy as np
# 准备数据
x = np.arange(1, 100)    # x 轴数据
y = [2.5,3,2.5,0,5,2.5,2.7,2.6]    # 默认子图中的 y 轴数据，从第 0 个到第 7 个
y1 = x    # 第 1 个子图中的 y 轴数据
y2 = -x    # 第 2 个子图中的 y 轴数据
y3 = np.log(x)    # 第 3 个子图中的 y 轴数据
# 创建画布
plt.figure(figsize=(8, 6))    # 隐式默认创建一个子图 subplot(1,1,1)
# 在默认子图中画一条红色线，这个轴及其图贯穿整个画布
plt.plot(y, marker='o', linestyle='-', color='red')    # 绘制红色实线
plt.xticks(np.arange(0, 9, step=1), color='red')    # 设置 x 轴的刻度 0～8
plt.yticks(np.arange(0, 6, step=1), color='red')    # 设置 y 轴的刻度 0～5
plt.grid(True, color='m')    # 显示洋红色的网格线
# 子图 1：2×2 网格的第 1 个子图，即第 1 行的左图
plt.subplot(2,2,1)
plt.plot(x, y1, 'b-.')    # 蓝色点划线
# 子图 2：2×3 网格的第 6 个子图，即右下角图
plt.subplot(2, 3, 6)
plt.plot(x, y2, color='green', linewidth=2)    # 绿色粗实线
plt.grid(True)    # 显示网格线
# 子图 3：3×3 网格的第 5 个子图，即中部的图
plt.subplot(3,3,5)
plt.plot(x, y3, 'c--', label='$log$')    # label 曲线的名字，会在图例中显示
plt.legend()    # 显示图例
plt.show()    # 显示图表
```

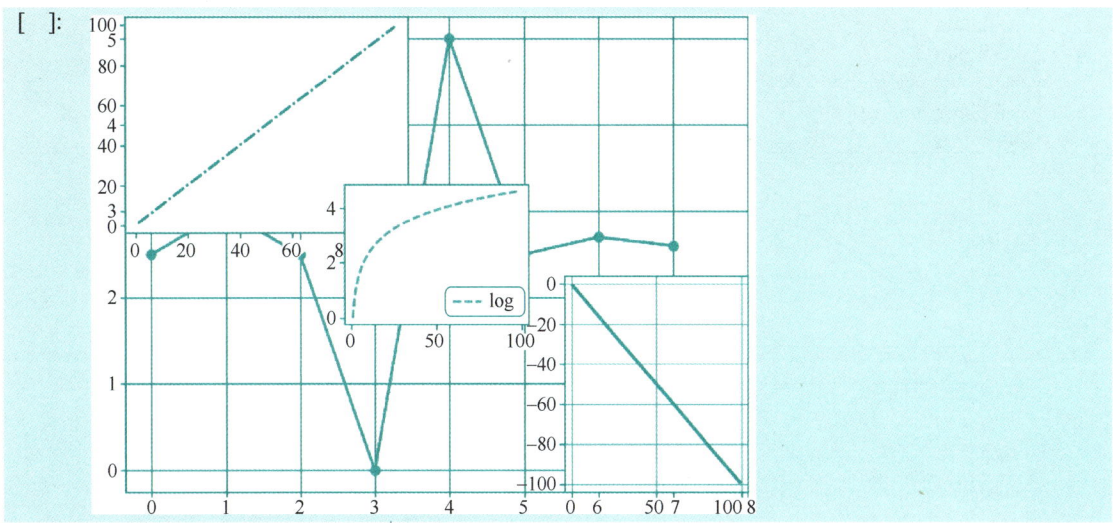

说明：在上述代码中，每次调用 subplot()函数时，都会重新规划子图区域，如果新子图位置与先前子图重叠，则会覆盖之前的图形。

2．创建多个子图

可以使用 subplots()函数在规划区域中一次性创建多个子图。该函数会返回一个 Figure 对象和一个包含子图的 Axes 对象数组。subplots()函数的语法格式如下：

plt.subplots(nrows=1, ncols=1, sharex=False, sharey=False, squeeze=True, **kwargs)

subplots()函数的常用参数及说明见表 6-3。

表 6-3 subplots()函数的常用参数及说明

名称	说明
nrows, ncols	子图网格的行数和列数，默认为 1
sharex, sharey	控制子图间是否共享 x 轴或 y 轴，True 表示共享轴属性
squeeze	如果为 True，返回的 Axes 数组会被简化为最小维度
**kwargs	传递给 pyplot.figure()的额外参数

subplots()返回一个包含两个元素的元组：第 1 个为 Figure 对象；第 2 个为 Axes 对象数组。例如：

```
fig, axs = plt.subplots(2, 2)
axs[0, 0].plot(x, x)    # 第 1 个子图
axs[0, 1].plot(x, -x)   # 第 2 个子图
axs[1, 0].plot(x, x**2) # 第 3 个子图
axs[1, 1].plot(x, np.log(x))   # 第 4 个子图
plt.show()
```

【例 6-5】将画布规划成 2×2 的矩阵区域，在第 2、3 个区域中绘制子图。

```
x = np.arange(1, 100)
fig, axs=plt.subplots(2, 2)  #划分子图，将画布划分为 2×2 的等分区域
ax1=axs[0, 0]    # 获取 axs 数组第 0 行第 0 列的元素，即第 1 个区域
ax2=axs[0, 1]
ax3=axs[1, 0]
ax4=axs[1, 1]
ax1.plot(x, x)   # 在 ax1 区域作图
```

```
ax2.plot(x, -x)
ax3.plot(x, x ** 2)
ax3.grid(color='r', linestyle='--', linewidth=1, alpha=0.3)
ax4.plot(x, np.log(x))
plt.show()
```

[ ]:

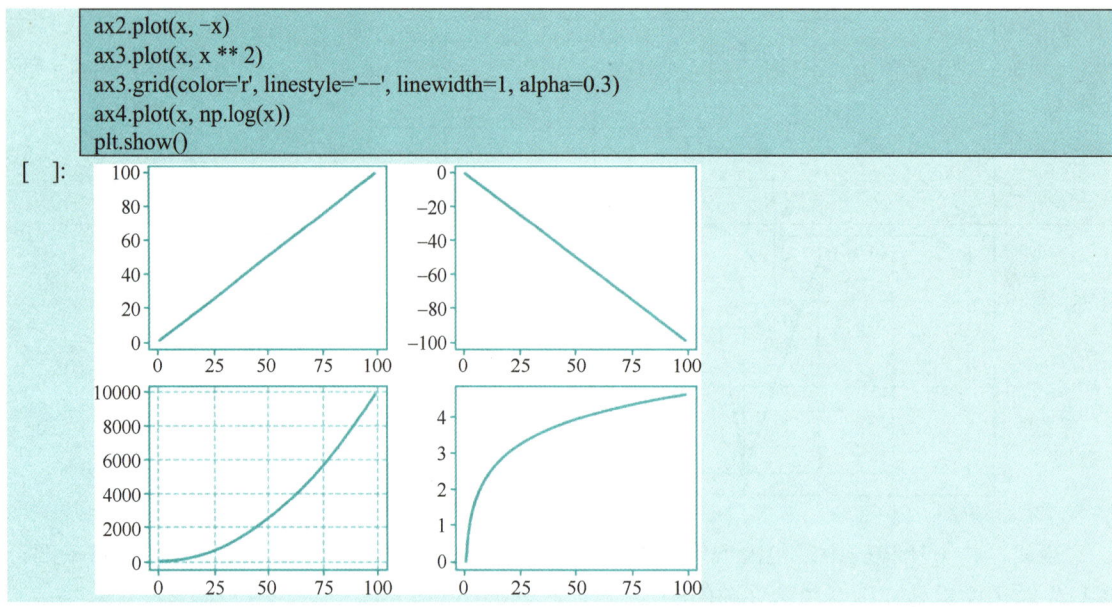

6.2 绘制常用图表

使用 Matplotlib 库可以绘制多种常见图表，包括直方图、散点图、柱状图、折线图、饼图、面积图、热力图、箱形图、雷达图、3D 图表等。此外，还可以绘制多个子图以及将图表保存为文件。

6.2.1 绘制折线图

折线图（Line Chart）是一种将数据点按照顺序连接起来的图形，通常用于观察因变量 y 随着自变量 x 的变化趋势。折线图适合用来展示随时间变化的连续数据，例如气温变化、日访问量统计等。在折线图中，类别数据沿水平轴均匀分布，而所有值的数据沿垂直轴均匀分布。在 Matplotlib 中，绘制折线图使用 plot()函数。语法格式如下：

plt.plot([x], y, [fmt], label=None, alpha=1, **kwargs)

或

plt.plot([x], y, [fmt], [x2], y2, [fmt2], …, **kwargs)

plt 是 matplotlib.pyplot 的别名。plot()函数的常用参数及说明见表 6-4。

表 6-4 plot()函数的常用参数及说明

名称	说明
x、y	图形中各数据点的横坐标和纵坐标。x 值是可选的，默认为 range(len(y))，通常为一维数组
fmt	格式字符串，用于指定线条的颜色、标记样式、线条样式的简写形式，例如，'ro-'表示红色圆点实线
label	曲线名称，可在图例（legend）中显示。使用"$…$"可渲染数学公式
alpha	控制线条的透明度，取值范围为[0, 1]，默认为 1（完全不透明）
**kwargs	通过关键字参数对属性赋值，如 color（线条颜色）、linewidth（线条宽度）、marker（标记样式）等

格式字符串 fmt 用于指定线条的格式，可以接受一些预设的字符串格式，是线条属性的简写，格式字符串 fmt 的结构为[color][marker][line]，表示颜色、标记样式和线条样式。各部分均可选，未提供部分将使用默认。

颜色字符、标记样式字符和线条样式字符及说明见表 6-5～表 6-7。所有这些属性和更多内容都可以通过关键字参数控制，建议使用关键字参数。

表 6-5 颜色（color）可以定义的字符及说明

颜色字符	说明	颜色字符	说明
'b'	蓝色（blue）。例如，color="blue"	'm'	洋红色（magenta）
'c'	青色（cyan）	'r'	红色（red）
'g'	绿色（green）	'w'	白色（white）
'k'	黑色（black）	'y'	黄色（yellow）

表 6-6 标记（marker）样式可以定义的字符及说明

标记样式字符	符号	说明	标记样式字符	符号	说明
"."	●	point 点标记。例如，marker="."	"p"	⬟	pentagon 五边形标记
","	·	pixel 像素标记（极小点）	"P"	✚	plus 加号（填充）标记
"o"	●	circle 实心圆标记	"*"	★	star 星形标记
"v"	▼	triangle_down 下三角标记	"h"	⬡	hexagon1 竖六边形标记
"^"	▲	triangle_up 上三角标记	"H"	⬢	hexagon2 横六边形标记
"<"	◀	triangle_left 左三角标记	"+"	✛	plus 加号标记
">"	▶	triangle_right 右三角标记	"x"	✕	multiple 乘号标记
"1"	Y	tri_down 下三叉标记	"X"	✖	multiple 乘号(填充)标记
"2"	⅄	tri_up 上三叉标记	"D"	◆	diamond 菱形标记
"3"	⊣	tri_left 左三叉标记	"d"	◆	thin_diamond 瘦菱形标记
"4"	⊢	tri_right 右三叉标记	"|"			vline 竖线标记
"8"	●	octagon 八角形标记	"_"	—	hline 横线标记
"s"	■	square 正方形标记			

表 6-7 线条（line）样式可以定义的字符及说明

线条样式	说明	线条样式	说明
'-'	减号，实线（solid line style）。例如，linestyle="-"	':'	冒号，点线（dotted line style）
'--'	两个减号，虚线（dashed line style）	"None" 或 "" 或 " "	无线条
'-.'	减号和小数点，点画线（dash-dot line style）		

例如'ro:'表示红色（r）、实心圆标记（o）、点线（:）。

若属性用的是全名，则不能用格式字符串，应该用关键字参数对单个属性赋值，常用的关键字参数有 color（线条颜色）、linestyle（线条样式）、linewidth（线条宽度）、marker（标记样式）、markersize（标记尺寸）、markeredgewidth（标记边框的宽度）、markeredgecolor（标记边框的颜色）、markerfacecolor（标记内部的颜色）等。

在使用关键字参数时，如果颜色字符不够用，还可以使用下面 3 种方式定义颜色值：
- HTML 十六进制字符串。例如 color="#123456"。
- HTML 颜色名字。例如 color="chartreuse"。
- RGB 值的元组，范围[0, 1]。例如 color=(0.3, 0.3, 0.4)）。

【例 6-6】 绘制折线图，使用格式字符串和关键字参数设置线条、标记的颜色、样式。

```
import matplotlib.pyplot as plt
import numpy as np
x = [-3,-2,-1,0,1,2,3]    # x 轴数据
y1 = np.array([5, 6, 6, 7, 6, 8,5])    # 第 1 个图的 y 轴数据
y2 = np.array([2, 1, 3, 0, 2, 1,3])    # 第 2 个图的 y 轴数据
# 绘制折线图
plt.plot(x, y1, color='blue', linestyle='-.', linewidth=3.5, marker='o', ms=20, mew=10, mec='g', mfc='yellow')
plt.plot(x, y2, 'r-s', linewidth=2, ms=15, mew=5, mec='m', mfc='c')
plt.show()
```

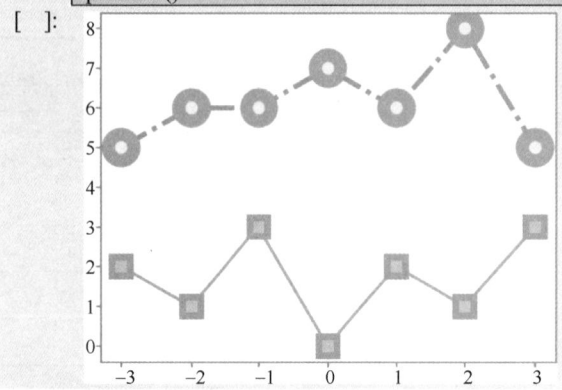

【例 6-7】 模拟生成 3 位职工 12 个月的收入数据，并绘制收入变化的折线图。

```
import matplotlib.pyplot as plt
import numpy as np
np.random.seed(0)    # 设置随机种子以保证结果的可重复性，如果种子不变则随机数不变
# 生成 3 位职工 12 个月的收入数据
months = np.arange(1, 13)    # 月份从 1 到 12
income_worker1 = np.random.randint(3000, 8000, size=12)
income_worker2 = np.random.randint(6000, 10000, size=12)
income_worker3 = np.random.randint(8000, 12000, size=12)
# 绘制折线图
plt.figure(figsize=(10, 6))
plt.plot(months, income_worker1, label='职工 1', color='red', marker='o')
plt.plot(months, income_worker2, label='职工 2', color='green', marker='s')
plt.plot(months, income_worker3, label='职工 3', color='blue', marker='^')
# 添加标题和标签
plt.title('3 位职工 12 个月收入变化', fontsize=16)
plt.xlabel('月份', fontsize=12)
plt.ylabel('收入（人民币）', fontsize=12)
plt.xticks(months)    # 设置 x 轴刻度为每个月
plt.legend()    # 添加图例
plt.grid(True)    # 显示网格
plt.show()
```

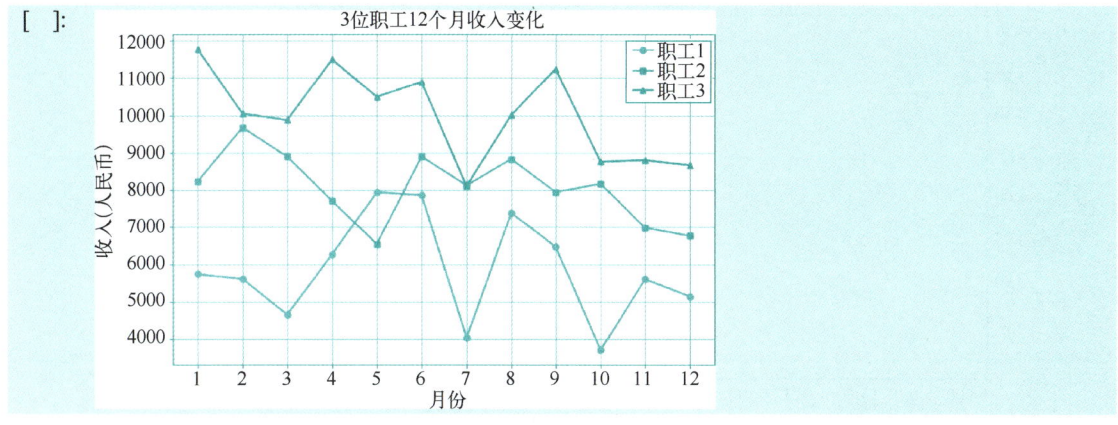

每条折线表示一位职工的收入变化。不同颜色和标记区分不同职工的收入变化趋势。

6.2.2 绘制散点图

散点图（Scatter Plot）又称散点分布图，是一种常用的二维图形。它在直角坐标系中，将一个特征作为横坐标，另一个特征作为纵坐标，通过两组数据构成多个坐标点（散点）。通过分析散点的分布及疏密程度，可以判断变量之间的相关性或趋势。在 Matplotlib 中，可以使用 plot() 或 scatter() 函数绘制散点图。其中，pyplot 模块的 scatter() 函数专门用于绘制散点图。语法格式如下：

> plt.scatter(x, y, s=None, c=None, marker=None, cmap=None, norm=None, vmin=None, vmax=None, alpha=None, linewidths=None, edgecolors=None, **kwargs)

scatter() 函数的属性有很多，常用参数及说明见表 6-8。

表 6-8 scatter() 函数的常用参数及说明

名称	说明
x、y	点的横纵坐标。支持 float 或数组类型，形状为(n,)
s	点的大小，以点的平方为单位（1 点=1/72 英寸），默认为 20。支持数组类型，表示每个点的大小不同
c	点的颜色，默认为蓝色。支持数组类型，每个点可设置不同的颜色
marker	点的形状，默认为'o'（实心圆）。支持特定标记的文本简写或 marker 实例
cmap	指定点颜色的渐变方式，从第一个点到最后一个点之间颜色逐渐变化
norm	归一化方法，用于将标量数据缩放到[0, 1]范围后映射到颜色
vmin, vmax	数据的最小值和最大值，定义颜色映射的范围。若提供 norm，则不能同时指定 vmin/vmax
alpha	点的透明度，取值范围为 [0, 1]，默认为 None，0 为完全透明，1 为完全不透明
linewidths	点的边框线宽度
edgecolors	点的边框颜色，支持多种颜色格式（如'red'、'#123456'或 RGB 元组）

【例 6-8】 绘制单个散点。

```
import matplotlib.pyplot as plt
plt.scatter(2, 4)      #在(2, 4)坐标点处绘制一个默认样式的蓝色实心圆点
plt.show()
```

[ ]:

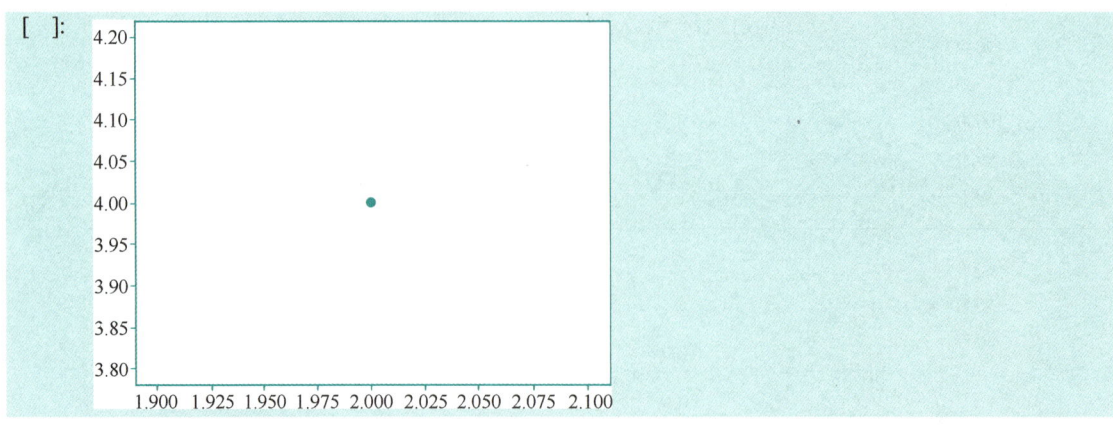

【例6-9】 学生学习时间与考试成绩的散点图。

[ ]:
```
import matplotlib.pyplot as plt
import numpy as np
# 使用正态分布生成数据
np.random.seed(0)    # 设置随机种子，确保结果可重复
study_time = np.random.normal(5, 2, 40)    # 学生学习时间，均值为5小时，标准差为2小时，共40名学生
exam_scores = study_time * 10 + np.random.normal(0, 10, 40)    # 考试成绩，假设与学习时间成正比，
                                                                # 并加入随机噪声
plt.scatter(study_time, exam_scores, color='green', marker='x')    # 绘制散点图，绿色叉号标记每个数据点
plt.title('Study Time vs. Exam Scores')    # 添加图表标题
plt.xlabel('Study Time (hours)')    # x 轴标签
plt.ylabel('Exam Score')    # y 轴标签
plt.grid(True)    # 显示网格
plt.show()
```

[ ]:

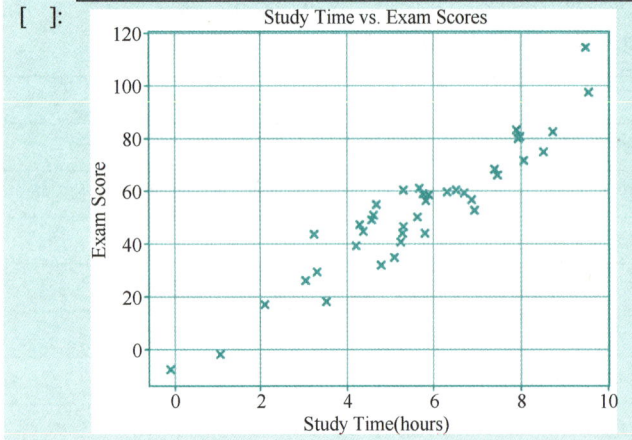

说明：使用 np.random.normal() 生成服从正态分布的随机数据。

横轴（x）为学生学习时间，纵轴（y）为考试成绩。每个点表示一名学生的学习时间与考试成绩对应的关系。绿色叉号用于标记散点，并通过分布趋势观察变量间的相关性。

6.2.3 绘制条形图

条形图（Bar Chart）又称柱形图，是一种通过长方形的长度或高度来表示变量的统计图表。条形图通常用于较少的数据类别，以纵向或横向的条状形式展示数据分布情况，用来直观

比较数据之间的差异。在 Matplotlib 中，可以使用 bar()函数绘制条形图。语法格式如下：

plt.bar(x, height, width=0.8, bottom=None, align='center', data=None, **kwargs)

bar()函数具有多种参数，可以绘制多种类型的柱形图，例如基本条形图、多条形图、堆叠条形图等。通过调整 bar()函数的参数，可以实现不同的效果，常用参数及说明见表 6-9。

表 6-9　bar()函数的常用参数及说明

名称	说明
x	表示 x 轴上的数据，一般为类别标签，通常通过 range()函数生成序列
height	表示条形的高度，即 y 轴上的数据，是需要展示的值
width	表示条形的宽度，默认为 0.8，可指定固定值
align	对齐方式，可选值为'center'（居中）和'edge'（边缘），默认为'center'
data:	data 关键字参数，如果指定了数据参数，所有位置和关键字参数将被替换
**kwargs	关键字参数，用于设置条形的其他属性，例如 color（填充颜色）、edgecolor（边框颜色）、alpha（透明度）等

【例 6-10】绘制基本条形图，展示 5 个班级的学生人数对比。

```
import matplotlib.pyplot as plt
# 数据准备
classes = ['Class 1', 'Class 2', 'Class 3', 'Class 4', 'Class 5']  # 班级名称，作为 x 轴数据
student_counts = [30, 45, 26, 33, 39]  # 每个班级的学生人数，作为 y 轴数据
# 创建条形图
bars = plt.bar(classes, student_counts, color='skyblue')  # 使用浅蓝色填充柱体
# 在每个柱体上方添加文字标签
for bar in bars:
    height = bar.get_height()  # 获取柱体高度
    plt.text(bar.get_x() + bar.get_width() / 2, height, str(height), ha='center', va='bottom')  # 显示学生人数，
                                                                                                # 居中对齐

# 添加标题和标签
plt.title('Number of Students in Each Class')  # 图表标题
plt.xlabel('Class')  # x 轴标签
plt.ylabel('Number of Students')  # y 轴标签
plt.grid(axis='y', linestyle='--', alpha=0.7)  # 显示 y 轴虚线网格
plt.show()
```

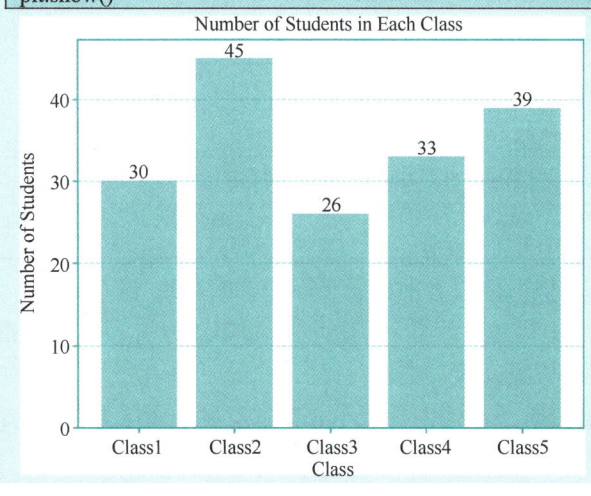

说明：条形图可以绘制为水平排列，只需使用 barh()方法，并将垂直条形图的 height 替换为 width 参数。

6.2.4 绘制直方图

直方图（Histogram）是由一系列高度不等的纵向条纹或线段组成的图表。横轴表示数据区间（类型），纵轴表示分布情况（频数或频率）。直方图常用于精确表示数值数据的分布，是连续变量概率分布的估计工具。通过将数据分成多个区间并显示每个区间的数据频率或数量，可以直观分析数据的分布情况。在 Matplotlib 中，绘制直方图可以使用 plt.hist()函数。语法格式如下：

plt.hist(x, bins=None, range=None, density=False, weights=None, cumulative=False, bottom=None, histtype='bar', align='mid', orientation='vertical', rwidth=None, log=False, color=None, label=None, stacked=False, **kwargs)

hist()函数的参数有很多，常用参数及说明见表 6-10。

表 6-10　hist()函数的常用参数及说明

名称	说明
x	输入值，可以是单个数组或序列，最终对数据集进行统计生成直方图
bins	区间的个数，表示将数据划分为多少个分段，默认为 10
range	区间范围，元组类型，指定(最小值, 最大值)。若未指定，默认为(x.min(), x.max())
density	是否显示频率统计结果。True 表示显示频率而非数量，False 表示显示数量（默认）
weights	权重数组，x 中每个值的权重，权重值会影响直方图的频数统计
cumulative	是否计算累积频数。如果为 True，则直方图显示当前区间频数加上更小区间的频数之和
bottom	每个条形的底部位置，可以是标量（所有条形相同偏移量）或数组（每个条形独立偏移），默认为 0
histtype	直方图的类型，可选值包括：'bar'（传统条形直方图）、'barstacked'（堆叠直方图）、'step'（未填充线图）、'stepfilled'（填充线图）
align	横向对齐方式，可选值包括 'left'（左对齐）、'mid'（居中，默认）、'right'（右对齐）
orientation	直方图的方向，可选值包括 'vertical'（垂直，默认）、'horizontal'（水平）
rwidth	条的相对宽度，相对于区间宽度的比例，默认为自动计算
log	是否使用对数刻度，布尔值，默认为 False
color	条形的颜色，支持单个颜色值或颜色序列
label	设置图例标签，可通过 legend()展示
stacked	是否将多个数据堆叠显示，可选值包括 True 为堆叠，False 为并排显示（默认）
**kwargs	关键字参数，其他可选参数，如 color（柱形图填充的颜色）、edgecolor（条形边框的颜色）、alpha（透明度）、label（每个柱子显示的标签）、linewidth（条形的边缘线条的宽度，单位是像素）等

尽管直方图与条形图在外观上较为相似，但二者的概念和用途有明显差异：

1）描述的数据类型不同：直方图用于描述分组的连续数据（如年龄分布、分数分布）。条形图用于描述离散型数据或计数数据（如班级人数、类别对比）。

2）表示数据的方式不同：直方图通过长条形的面积表示频数，宽度表示区间范围，高度等于频数除以区间宽度。条形图通过长条形的长度或高度直接表示数据数量。

3）坐标轴标尺的意义不同：直方图横轴表示连续变量的区间（如 0～10，10～20）。条形图横轴为分类变量（如班级、类别）。

4）图形形状不同：直方图条形相邻且无间隔。条形图条形之间通常有间隔。

【例 6-11】 用直方图展示 200 名学生的分数分布。

```
[ ]: import matplotlib.pyplot as plt
import numpy as np
# 生成模拟数据
np.random.seed(0)   # 设置随机种子以确保结果可复现
grades = np.random.normal(loc=75, scale=15, size=200)   # 平均分 75，标准差 15，生成 200 名学生的成绩
grades = np.clip(grades, 0, 100)   # 将成绩限制在 0～100 分之间
# 绘制直方图
plt.hist(grades, bins=10, color='#ff9999', edgecolor='red')   # 分成 10 个区间，设置颜色和边框
plt.title('学生成绩的分布')   # 图表标题
plt.xlabel('成绩范围')   # x 轴标签
plt.ylabel('学生人数')   # y 轴标签
plt.grid(True, which='both', linestyle='--', linewidth=0.5)   # 显示网格线
plt.show()
```

[ ]:
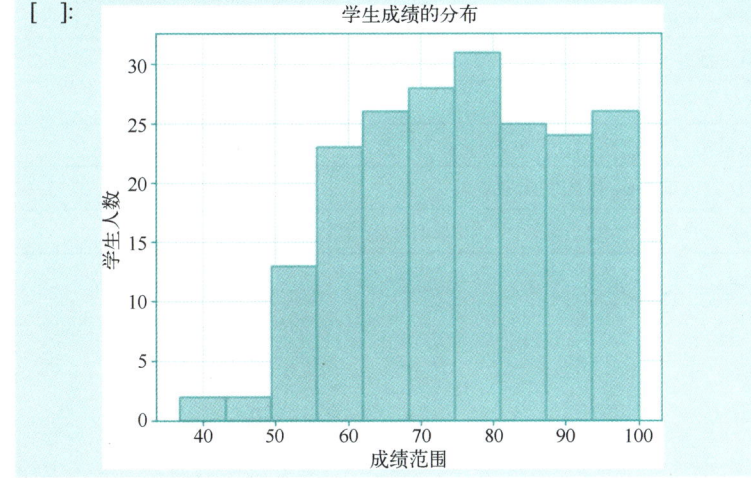

说明：横轴（x）表示成绩的范围。纵轴（y）表示每个分数区间内的学生人数（频数）。图形直观展示了学生成绩的分布情况，例如，大部分学生的成绩集中在 60～90 分之间。

6.2.5 绘制饼形图

饼形图（Pie Chart）是一种通过将一个圆分割成多个扇形区域来表示数据比例关系的图表。每个扇形的大小对应数据的比例，整体的圆代表总数据量。饼形图特别适合用来展示分类数据在整体中的占比，以及部分与整体之间的关系。在 Matplotlib 中，使用 pie() 函数可以绘制饼形图。语法格式如下：

plt.pie(x, labels=None, explode=None, colors=None, autopct=None, pctdistance=0.6, shadow=False, labeldistance=1.1, startangle=0, radius=1, counterclock=True, wedgeprops=None, textprops=None, center=(0, 0), frame=False, rotatelabels=False, normalize=True, hatch=None)

pie() 函数的参数有很多，常用参数及说明见表 6-11。

表 6-11 pie()函数的常用参数及说明

名称	说明
x	数据，用于指定每个扇区的比例，可以是数组或列表。若 sum(x)≤1，则表示部分饼图；若 sum(x)>1，则会自动归一化为 1
labels	每个扇区的标签，显示在扇区外侧。为列表类型，默认为 None
explode	指定每个扇区偏离中心的距离，为数组类型。长度与 x 相同，默认为 None（不偏离）
colors	设置扇区颜色，为颜色值或颜色数组，默认为 None（使用默认颜色循环）
autopct	设置扇区内的百分比显示格式，例如，'%1.1f%%'（一位小数百分比）、'%0.2f%%'（两位小数百分比）
pctdistance	扇区内百分比文本距圆心的距离，默认为 0.6，值越大距离越远
shadow	是否为饼形图添加阴影效果，布尔值，默认为 False
labeldistance	标签文本距圆心的距离，相对半径值，默认为 1.1
startangle	起始绘制角度，默认为 0，即从正 x 轴方向开始逆时针画起。例如，90 表示从正 y 轴方向画起
radius	饼图半径，浮点数，默认为 1
counterclock	是否逆时针绘制，布尔值，默认为 True
wedgeprops	扇区属性字典，用于设置扇区的边框宽度、填充模式等。例如，{'linewidth': 2}表示边框宽度为 2
textprops	设置文本属性的字典，例如，字体大小和颜色等，默认为 None
center	图表中心位置，默认为(0, 0)
frame	是否绘制带框的轴，布尔值，默认为 False
rotatelabels	是否旋转标签以匹配扇区角度，布尔值，默认为 False
normalize	是否对数据进行归一化，布尔值，默认为 True
hatch	设置扇区的阴影图案，可以为单一模式或多个模式组成的列表，默认为 None

【例 6-12】 成绩等级和对应学生人数如下：

成绩等级	学生人数
A	10
B	15
C	7
D	5
E	3

绘制饼形图来显示不同成绩等级的学生比例，同时突出显示成绩为 D 和 E 的学生比例。

```
import matplotlib.pyplot as plt
# 数据准备
counts = [10, 15, 7, 5, 3]  # 每个等级的学生人数
grades = ['A', 'B', 'C', 'D', 'E']  # 成绩等级
explode = (0, 0, 0, 0.1, 0.15)  # 突出显示 D 和 E 的扇区
colors = ['green', 'lightblue', 'lightcoral', 'pink', 'red']  # 设置扇区颜色
plt.figure(figsize=(8, 6))  # 设置画布大小
# 绘制饼形图
plt.pie(counts, labels=grades, autopct='%1.1f%%', startangle=90, explode=explode, colors=colors, shadow=True)
plt.title('学生成绩分布')  # 添加标题
plt.axis('equal')  # 保持饼形图为正圆形
plt.legend(title='成绩等级', loc='upper right')  # 添加图例，并指定位置为右上角
plt.show()
```

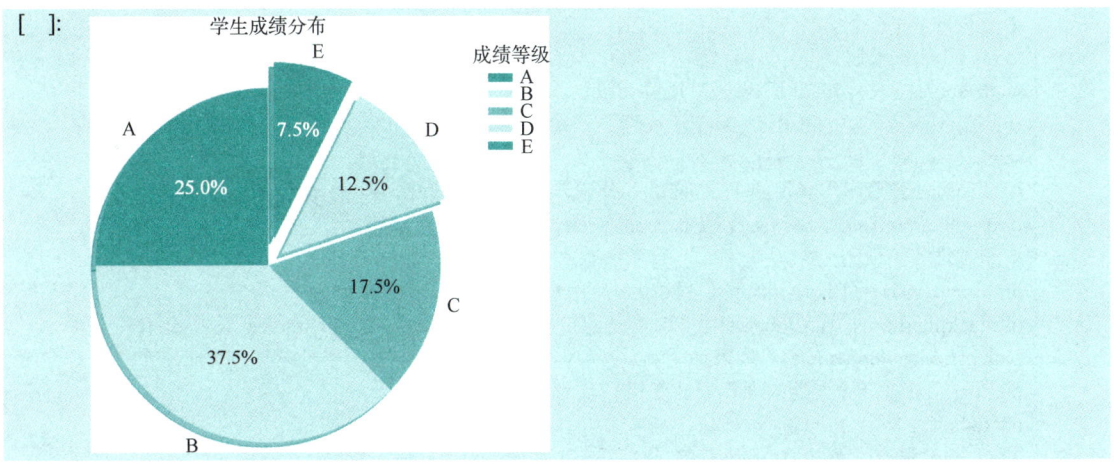

6.2.6 绘制面积图

面积图（Area Chart）是一种通过填充数据点下方区域来表示数量随时间变化趋势的图表。它主要用于强调数量与时间的关系，并直观地展示数据的量级和变化趋势。面积图还可以堆叠显示多组数据，从而比较数据间的相对比例。在 Matplotlib 中，绘制面积图使用 stackplot()函数。语法格式如下：

plt.stackplot(x, y, labels=(), colors=None, baseline='zero', **kwargs)

stackplot()函数的参数有很多，其常用参数及说明见表 6-12。

表 6-12　stackplot()函数的常用参数及说明

名称	说明
x	一维数组，表示横轴数据。必备参数
y	多组一维数组或二维数组，表示纵轴数据。支持两种形式： stackplot(x, y)：y 是形状为(M, N)的二维数组； stackplot(x, y1, y2, …)：y1, y2, …是多组一维数组，长度均为 N
baseline	用于计算基线的方法，可选值有：'zero'（以 0 为基线，适合简单的堆积面积图，默认）、'sym'（基线上下对称，适合绘制主题河流图（ThemeRiver））、'wiggle'（通过最小化所有序列的斜率平方和，减少面积图的波动）、'weighted_wiggle'（类似'wiggle'，但增加各层的大小作为权重，通常用于绘制流图（Streamgraph））
labels	为每组数据指定标签，用于图例显示。为字符串列表，长度与数据组数一致
colors	每组数据对应的颜色，可为颜色列表或元组。如果提供的颜色数量少于数据组数，则循环使用颜色
**kwargs	其他关键字参数，例如，alpha（透明度）、edgecolor（边框颜色）等

面积图主要有 3 种类型：

1）堆叠面积图：以 0 为基线，将数据层叠展示，适用于展示数据的累积变化趋势。

2）流图（Streamgraph）：通过调整基线（如'wiggle'或'weighted_wiggle'），减少面积图波动，适用于多组数据的动态趋势展示。

3）主题河流图（ThemeRiver）：以基线上下对称的方式显示各层数据的变化。

【例 6-13】绘制成绩变化的堆叠面积图。一个班级在 3 个学期中 3 门课程的成绩变化趋势。

```
import matplotlib.pyplot as plt
import numpy as np
```

```
# 数据准备：3 个学期和 3 门课程的成绩
terms = ['第一学期', '第二学期', '第三学期']  # 学期列表，作为 x 轴数据
math_scores = [68, 75, 89]  # 数学成绩
english_scores = [72, 68, 81]  # 英语成绩
science_scores = [75, 80, 93]  # 科学成绩
# 转换为二维数组形式，便于 stackplot 使用，3 个成绩列表作为 y 轴数据
data = np.array([math_scores, english_scores, science_scores])
# 绘制堆叠面积图
plt.figure(figsize=(10, 6))  # 设置画布大小
plt.stackplot(terms, data, labels=['数学', '英语', '科学'], colors=['skyblue', 'lightgreen', 'salmon'])
plt.legend(loc='upper left')  # 添加图例
plt.title('班级在 3 个学期的课程成绩变化')  # 添加标题
plt.xlabel('学期')  # 设置 x 轴标签
plt.ylabel('成绩')  # 设置 y 轴标签
plt.show()
```

[ ]:

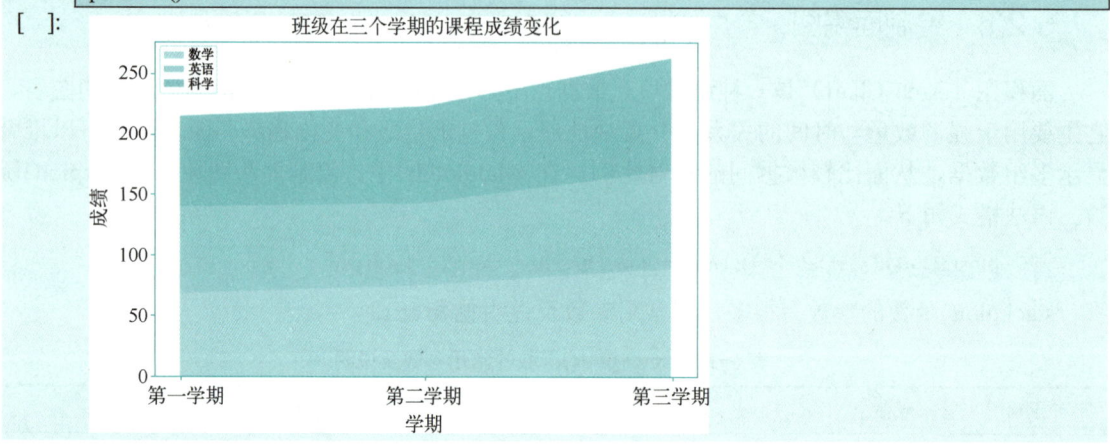

说明：堆叠面积图直观展示了 3 门课程在 3 个学期中的成绩变化趋势，并显示了它们的相对比例。

6.2.7 绘制热力图

热力图（Heatmap），也称密度图，是一种通过颜色差异来直观展示数据分布和密度的图表。热力图利用色彩的明暗变化表示数据值的大小，亮色通常代表较高的值（如频率、密度），暗色则表示较低的值。它能够直观地显示大量数据集中的区域和变化趋势，帮助用户快速发现数据中的模式和规律。在 Matplotlib 中，imshow()函数可以将矩阵数据渲染为二维灰度图像或彩色图像，常用于绘制矩阵、热力图和地图等。imshow()函数的语法格式为：

　　　　plt.imshow(X, cmap=None, norm=None, aspect=None, alpha=None, origin=None, extent=None, vmin=None, vmax=None, interpolation=None, ···)

imshow()函数的参数有很多，其常用参数及说明见表 6-13。

表 6-13　imshow()函数的常用参数及说明

名称	说明
X	图像数据，支持的形状包括： ● (M, N)：标量数据矩阵，通过归一化和颜色映射到颜色值； ● (M, N, 3)：RGB 值图像（浮点数 01 或整数 0255）； ● (M, N, 4)：RGBA 值图像（包含透明度）。矩阵的前两维(M, N)定义图像的行和列

(续)

名称	说明
cmap	设置颜色映射，用于控制数据值到颜色的映射关系。常用的值有'viridis' 'gray' 'hot'等。可通过 plt.colormaps()查看所有可用颜色映射方案
norm	数据归一化方式，将标量数据缩放到[0, 1]范围，用于映射到颜色。常用方法包括 Normalize 和 LogNorm 等。默认线性归一化
aspect	设置图像的纵横比，常用值包括 'auto'（自动调整宽高比）、'equal'（保持纵横比相等，图像为正方形）
alpha	设置透明度，取值范围为0（完全透明）到1（完全不透明）
origin	设置图像坐标的原点位置：'lower'（左下角为原点）、'upper'（右上角为原点）
extent	图像在坐标轴上的显示范围，以[xmin, xmax, ymin, ymax]表示，可选
vmin、vmax	设置标量数据的最小值和最大值，用于调整颜色映射范围。例如，较低的 vmin 和较高的 vmax 会使图像更亮，反之更暗
interpolation	图像插值方法，常用值包括'nearest'（最近邻插值，保留像素细节）、'bilinear'（双线性插值，平滑但计算开销较大）、'bicubic'（双三次插值，更平滑）

【例6-14】用5位学生的4门课程绘制成绩热力图。成绩值显示在热力图中的适当位置，并根据成绩范围选择字体颜色（白色或黑色）以确保可读性。

学生	数学	英语	物理	化学
学生1	85	90	78	92
学生2	76	88	95	80
学生3	90	85	85	89
学生4	70	75	80	65
学生5	88	92	91	87

```python
import numpy as np
import matplotlib.pyplot as plt
# 数据准备
students = ['学生 1', '学生 2', '学生 3', '学生 4', '学生 5']  # 学生名称
courses = ['数学', '英语', '物理', '化学']  # 课程名称
grades = np.array([
    [85, 90, 78, 92],
    [76, 88, 95, 80],
    [90, 85, 85, 89],
    [70, 75, 80, 65],
    [88, 92, 91, 87]
])  # 成绩矩阵
# 绘制热力图
plt.figure(figsize=(8, 6))  # 设置画布大小
heatmap = plt.imshow(grades, cmap='hot', interpolation='nearest')  # 设置热力图颜色为 'hot'
# 设置坐标轴刻度及标签
plt.xticks(np.arange(len(courses)), courses)  # 设置 x 轴刻度及标签
plt.yticks(np.arange(len(students)), students, rotation=45)  # 设置 y 轴刻度及标签，并旋转45度以便阅读
# 在热力图上标注成绩值
for i in range(len(students)):
    for j in range(len(courses)):
        value = grades[i, j]
        color = 'white' if value < 85 else 'black'  # 根据成绩选择字体颜色
        plt.text(j, i, value, ha='center', va='center', color=color)

# 添加标题和坐标轴标签
plt.title('学生课程成绩热力图')  # 图表标题
plt.xlabel('课程')  # x 轴标签
plt.ylabel('学生')  # y 轴标签
plt.colorbar(label='成绩')  # 添加颜色条，表示成绩与颜色的对应关系
plt.show()
```

[ ]:
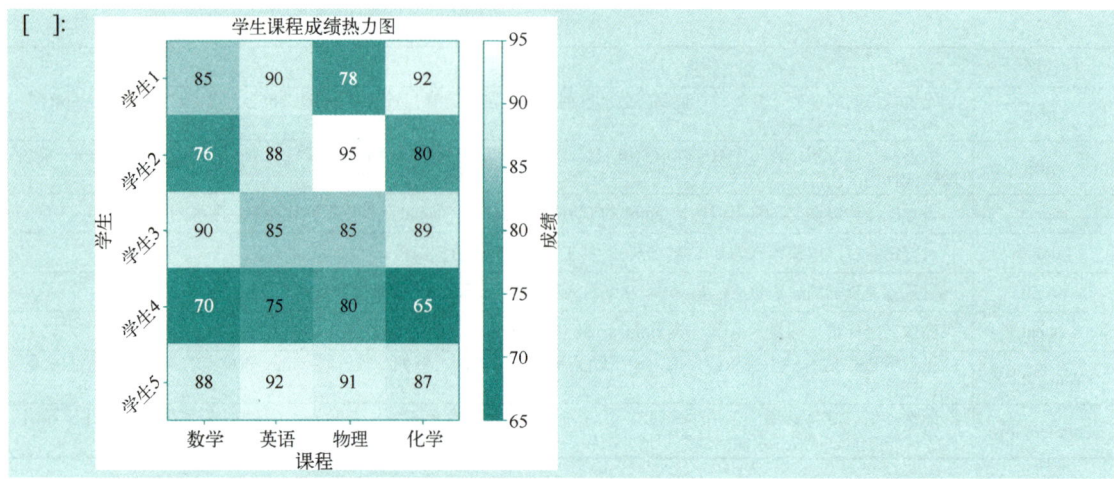

说明：成绩标注中，使用双重循环遍历 grades 数组的每个元素。函数 plt.text()的参数 j 和 i 指定文本标签的位置（列和行），grades[i, j]是要显示的文本内容，而 ha='center'和 va='center'确保文本在各自单元格中水平和垂直居中。color = 'white' if value < 85 else 'black'根据成绩范围选择字体颜色（白色或黑色）以确保可读性。

6.2.8 绘制雷达图

雷达图（Radar Chart），也称为网络图、星图、蜘蛛网图或极坐标图，是一种使用极坐标展示数据的图表。它通过径向排列的数据点，直观地比较多个变量的相对值。雷达图常用于表示数据的多维特性，比如评估某人或某事物在多个方面的表现。

在 Matplotlib 中，使用 polar()函数可以绘制雷达图。语法格式如下：

plt.polar(theta, r, **kwargs)

polar()函数的参数有很多，其常用参数及说明见表 6-14。

表 6-14　polar()函数的常用参数及说明

名称	说明
theta	每个数据点对应的角度，通常为弧度制，若使用角度制需通过 np.radians()转换为弧度制。数组类型，长度与 r 相等
r	每个数据点到原点的距离，表示数据的值。数组类型，长度与 theta 相等
**kwargs	其他关键字参数，如 marker（标记类型）、markersize（标记大小）、color（颜色）、linewidth（线宽）等

polar()函数绘图规则如下：

1）角度范围：角度范围为 0°～360°，超过 360°则重新从 0 开始。
2）极坐标系：极坐标系的 0°位置在水平向右，角度逆时针递增。
3）数据点：绘制的点由角度和半径共同决定，角度确定点的位置方向，半径确定点的距离。

【例 6-15】　绘制某学生在 6 门课程中的成绩雷达图，数据如下：

课程	课程1	课程2	课程3	课程4	课程5	课程6
成绩	82	95	78	85	35	88

[ ]:
```
import matplotlib.pyplot as plt
import numpy as np
# 数据准备
```

```
courses = ['课程 1', '课程 2', '课程 3', '课程 4', '课程 5', '课程 6']   # 课程名称
scores = [82, 95, 78, 85, 35, 88]   # 对应课程的成绩
data_length = len(scores)   # 数据点数量
# 生成角度数据,并闭合雷达图
angles = np.linspace(0, 2 * np.pi, data_length, endpoint=False).tolist()   # 等分圆周
scores += scores[:1]   # 闭合雷达图
angles += angles[:1]   # 闭合角度
# 绘制雷达图
plt.figure(figsize=(6, 6))   # 设置图形大小
plt.polar(angles, scores, marker='o', linestyle='-', linewidth=2)   # 绘制雷达图线条和点标记
plt.fill(angles, scores, color='r', alpha=0.2)   # 填充雷达图内部区域,设置透明度为 0.2
# 设置角度网格标签
plt.thetagrids(np.degrees(angles[:-1]), courses, fontsize=12)   # 使用 np.degrees() 将弧度转换为角度
plt.title('某学生的课程成绩雷达图', fontsize=14)   # 添加标题
plt.show()
```

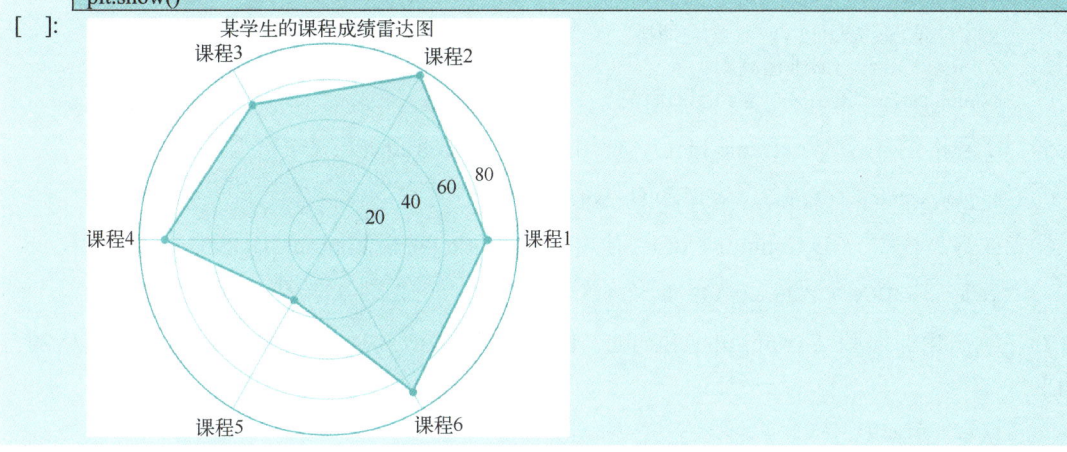

说明:雷达图展示了某学生在 6 门课程中的成绩表现,填充区域表示该学生的整体表现范围。

6.2.9 绘制 3D 图形

在 Matplotlib 中,可以使用 mpl_toolkits.mplot3d 模块来绘制各种 3D 图形,如折线图、散点图、曲面图和等高线图等。可以根据需求自定义图形样式、坐标轴范围、标签和标题。以下介绍绘制 3D 图形的基本步骤和常用方法。

1. 导入必要模块

在绘制 3D 图形之前,需要导入以下模块:

```
from mpl_toolkits.mplot3d import Axes3D   # 导入用于创建三维坐标轴的类
import matplotlib.pyplot as plt   # 导入 Matplotlib 库,用于绘制图形
import numpy as np   # 导入 NumPy 库,用于数值计算
```

2. 创建 3D 图形

绘制 3D 图形的基本步骤如下:

1)创建图形对象。使用 plt.figure()创建一个新的图形对象。

```
fig = plt.figure()   # 创建一个图形对象
```

2)添加 3D 坐标轴。使用 projection='3d'参数创建三维坐标轴。

```
ax = fig.add_subplot(111, projection='3d')   # 添加 3D 子图
```

3. 常用的 3D 绘图函数

以下是在 Matplotlib 中绘制 3D 图形的常用方法。

1）3D 折线图（3D Line Plot）。使用 ax.plot(x, y, z)绘制折线，将散点连接成线。

```
ax.plot(x, y, z)   # x, y, z 为点的坐标
```

2）3D 散点图（3D Scatter Plot）。使用 ax.scatter(x, y, z)绘制散点。

```
ax.scatter(x, y, z)   # x, y, z 为点的坐标
```

3）3D 条形图（3D Bar Plot）。使用 ax.bar()或 ax.bar3d()绘制条形图。

```
ax.bar3d(x, y, z, dx, dy, dz)   # 控制条形的尺寸和位置
```

4）3D 曲面图（3D Surface Plot）。使用 ax.plot_surface(X, Y, Z)绘制曲面。

```
X, Y = np.meshgrid(x, y)   # 创建网格
Z = f(X, Y)   # 计算曲面高度
ax.plot_surface(X, Y, Z)   # 绘制曲面图
```

5）3D 网格图（3D Wireframe Plot）。使用 ax.plot_wireframe(X, Y, Z)绘制三维网格。

```
ax.plot_wireframe(X, Y, Z)   # 创建网格状的三维图形
```

6）3D 等高线图（3D Contour Plot）。使用 ax.contour()或 ax.contour3D()绘制等高线图。

```
ax.contour3D(X, Y, Z, levels=10)   # 绘制等高线
```

7）3D 三角曲面图（Triangular Surface Plot）。使用 ax.plot_trisurf()绘制不规则网格的三角曲面。

```
ax.plot_trisurf(x, y, z)
```

8）在 3D 图中添加文本标签。使用 ax.text(x, y, z, 'Text')在指定位置添加文本。

```
ax.text(x, y, z, 'Label')   # 在 (x, y, z) 位置添加文本
```

9）设置坐标轴的标签和范围。

```
ax.set_xlabel('X Label')   # 设置 X 轴标签
ax.set_ylabel('Y Label')   # 设置 Y 轴标签
ax.set_zlabel('Z Label')   # 设置 Z 轴标签
ax.set_xlim([xmin, xmax])   # 设置 X 轴范围
ax.set_ylim([ymin, ymax])   # 设置 Y 轴范围
ax.set_zlim([zmin, zmax])   # 设置 Z 轴范围
```

10）添加标题和图例。

```
ax.set_title('3D 图的标题')   # 设置图标题
ax.legend()   # 添加图例
```

4. 示例

【例 6-16】 绘制简单的 3D 折线图。

```
[ ]:  import matplotlib.pyplot as plt
      from mpl_toolkits.mplot3d import Axes3D
      # 创建图形对象和 3D 坐标轴
      fig = plt.figure()   # 创建一个新的图形
      ax = fig.add_subplot(111, projection='3d')   # 添加一个 3D 子图
```

```
# 数据点
x = [7, 7, 3]   # X 坐标
y = [9, 5, 6]   # Y 坐标
z = [9, 8, 9]   # Z 坐标
# 绘制折线
ax.plot(x, y, z, marker='o', color='b', linestyle='-')   # 添加点标记和线条样式
# 设置坐标轴标签
ax.set_xlabel('X Label')   # 设置 X 轴标签
ax.set_ylabel('Y Label')   # 设置 Y 轴标签
ax.set_zlabel('Z Label')   # 设置 Z 轴标签
plt.show()   # 显示图形
```

[ ]:

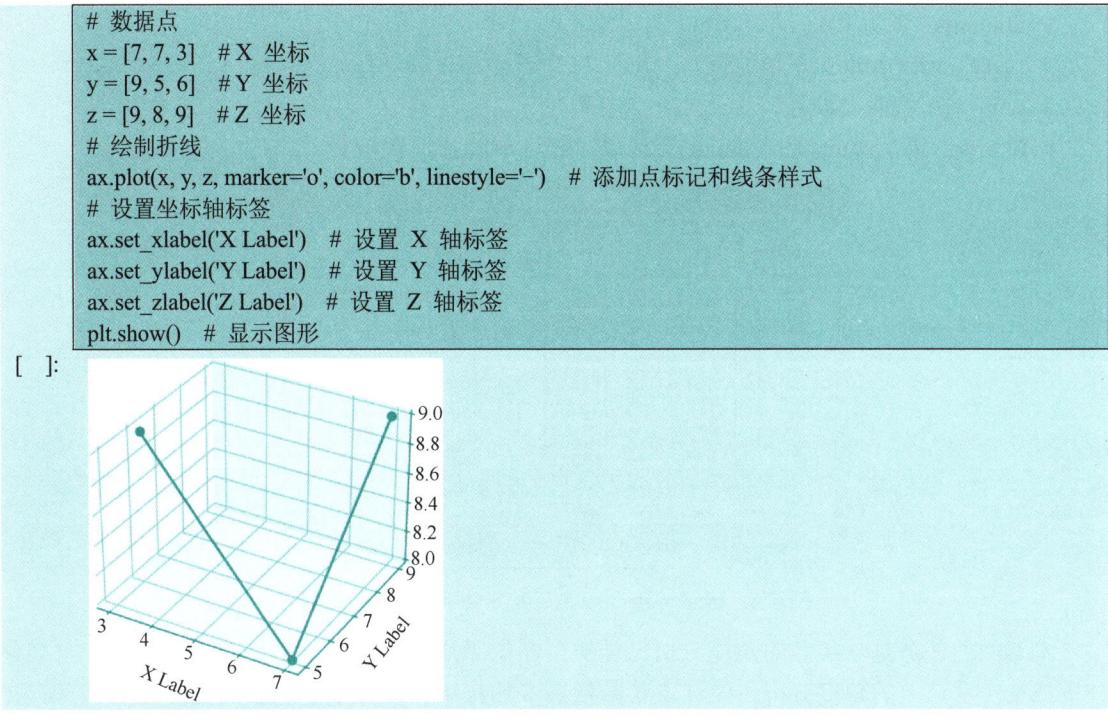

说明：简单的 3D 折线图展示了数据点在三维空间中的分布和连接。

6.3 案例：餐厅订单数据分析与可视化

本节以某餐馆的订单数据为例，展示对餐厅订单数据的分析过程。本节的重点包括从菜品角度和订单角度分析相关数据，并结合可视化工具进行展示。

6.3.1 案例简介

餐厅订单数据保存在文件 meal_order_detail.xlsx 中，如图 6-4 所示。该文件包含 3 个工作表，分别为 meal_order_detail1（8 月前 10 天的数据）、meal_order_detail2（8 月中 10 天的数据）和 meal_order_detail3（8 月后 10 天的数据）。

图 6-4　meal_order_detail.xlsx 文件

每个工作表包含的主要数据列如下（如图 6-5 所示）：
- detail_id：每条记录的唯一标识符。
- order_id：订单编号，同一订单可能包含多个菜品。
- dishes_name：菜品名称。
- counts：菜品点单数量。

- amounts：菜品单价。
- place_order_time：下单时间。
- emp_id：营业员编号。

通过 order_id、counts 和 amounts，可以计算订单的总消费金额。

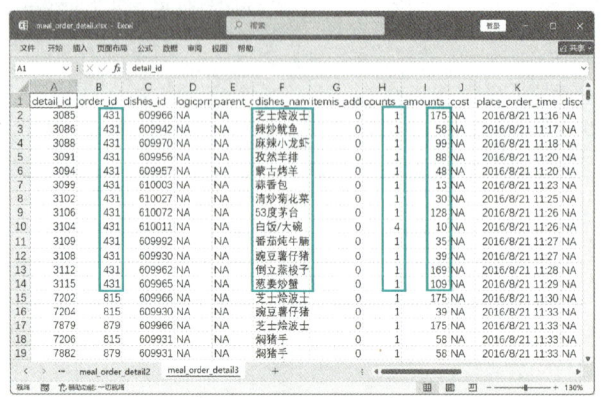

图 6-5　meal_order_detail.xlsx 文件中的主要数据列

本案例的任务是从菜品的角度分析，计算菜品的平均价格、统计最受欢迎的菜品、可视化分析结果；从订单的角度分析，统计点菜数量最多的订单、统计消费金额最高的订单、可视化分析结果。

6.3.2　案例实现

通过加载、清理和处理餐厅订单数据，为后续的分析做好准备。

1. 创建 Jupyter Notebook

打开 JupyterLab，新建一个 cooking.ipynb 文件。

2. 加载数据

从 meal_order_detail.xlsx 文件中读取数据，该文件包含 3 个工作表，分别记录了 8 月份不同时间段的订单数据。具体操作如下：

```
# 导入所需模块
import numpy as np
import pandas as pd
import matplotlib.pyplot as plt
plt.rcParams['font.sans-serif'] = 'SimHei'    # 设置中文字体以便显示图表
# 读取 3 个工作表的数据
data1 = pd.read_excel('meal_order_detail.xlsx', sheet_name='meal_order_detail1')
data2 = pd.read_excel('meal_order_detail.xlsx', sheet_name='meal_order_detail2')
data3 = pd.read_excel('meal_order_detail.xlsx', sheet_name='meal_order_detail3')
```

说明：使用 pd.read_excel()方法分别读取 3 个工作表 meal_order_detail1、meal_order_detail2 和 meal_order_detail3。每个工作表中的数据存储在变量 data1、data2 和 data3 中。

3. 合并数据

（1）按行合并数据

将 3 个工作表的数据按行合并为一个完整的数据集，并存储在变量 data 中。采用追加方式，即行（axis=0）连接数据。

```
data = pd.concat([data1, data2, data3], axis=0)    # 按行合并数据
data.head(5)    # 查看合并后的前 5 行数据
```

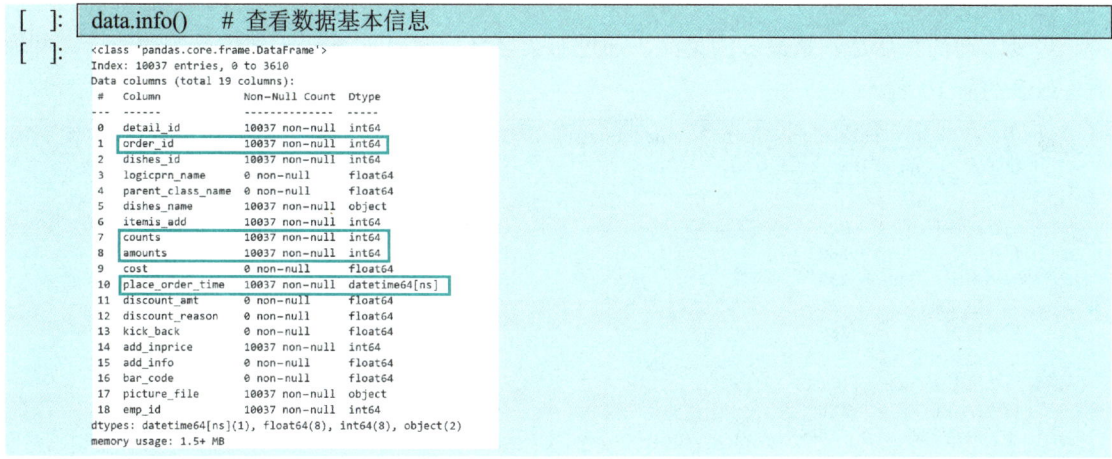

说明：使用 pd.concat() 方法将 data1、data2 和 data3 合并；参数 axis=0 表示按行拼接数据；合并后的数据存储在变量 data 中。

（2）检查数据基本信息

通过 data.info() 查看合并后的数据集的基本信息包括：数据集的总行数和列数；数据列的数据类型；每列的非空值数量；数据占用内存大小。

```
data.info()    # 查看数据基本信息
```

```
<class 'pandas.core.frame.DataFrame'>
Index: 10037 entries, 0 to 3610
Data columns (total 19 columns):
 #   Column            Non-Null Count  Dtype
---  ------            --------------  -----
 0   detail_id         10037 non-null  int64
 1   order_id          10037 non-null  int64
 2   dishes_id         10037 non-null  int64
 3   logicprn_name     0 non-null      float64
 4   parent_class_name 0 non-null      float64
 5   dishes_name       10037 non-null  object
 6   itemis_add        10037 non-null  int64
 7   counts            10037 non-null  int64
 8   amounts           10037 non-null  int64
 9   cost              0 non-null      float64
 10  place_order_time  10037 non-null  datetime64[ns]
 11  discount_amt      0 non-null      float64
 12  discount_reason   0 non-null      float64
 13  kick_back         0 non-null      float64
 14  add_inprice       10037 non-null  int64
 15  add_info          0 non-null      float64
 16  bar_code          0 non-null      float64
 17  picture_file      10037 non-null  object
 18  emp_id            10037 non-null  int64
dtypes: datetime64[ns](1), float64(8), int64(8), object(2)
memory usage: 1.5+ MB
```

分析：数据集中共有 10037 条记录和 19 列；部分列后显示 0，表示是空值，这些列无实际意义，可以将其删除。用到的关键列包括 order_id（订单编号）、counts（菜品数量）、amounts（菜品单价）和 place_order_time（下单时间）。

4．处理空值列

为了减少内存占用并提高计算效率，需要删除数据集中全为空值的列。可以使用 dropna() 方法实现。

```
data.dropna(axis=1, inplace=True)    # 删除全为空值的列，并修改源数据
data.info()    # 再次查看数据基本信息
```

```
<class 'pandas.core.frame.DataFrame'>
Index: 10037 entries, 0 to 3610
Data columns (total 11 columns):
 #   Column            Non-Null Count  Dtype
---  ------            --------------  -----
 0   detail_id         10037 non-null  int64
 1   order_id          10037 non-null  int64
 2   dishes_id         10037 non-null  int64
 3   dishes_name       10037 non-null  object
 4   itemis_add        10037 non-null  int64
 5   counts            10037 non-null  int64
 6   amounts           10037 non-null  int64
 7   place_order_time  10037 non-null  datetime64[ns]
 8   add_inprice       10037 non-null  int64
 9   picture_file      10037 non-null  object
 10  emp_id            10037 non-null  int64
dtypes: datetime64[ns](1), int64(8), object(2)
memory usage: 941.0+ KB
```

说明：参数 axis=1 表示按列删除；参数 inplace=True 表示直接修改原数据集 data。

分析：经过处理后，空列被成功删除，数据集剩余 11 列。列的数据类型主要是 int64、object，其中 place_order_time 的数据类型是 datetime64。

5. 从菜品角度分析与可视化

从菜品的角度分析餐厅订单数据，探讨哪些菜品最受欢迎，以及哪些价格区间的菜品销量较大。

（1）菜品的平均价格

amounts 列表示菜品单价，可以通过以下两种方法对该列的数据求平均值。实现代码如下：

```
#average_price = round(data['amounts'].mean(), 2)    # 方法一：使用 Pandas 自带函数
average_price = round(np.mean(data['amounts']), 2)   # 方法二：使用 NumPy 函数（适合大数据量时）
print(f"8 月份菜品平均价格：{average_price}")
8 月份菜品平均价格：44.82
```

（2）最受欢迎的菜品

最受欢迎的菜品是销量最多的菜品，通过对菜名名称 dishes_name 列进行频数统计，并取销量最多的前 10 名。

```
dishes_count = data['dishes_name'].value_counts()[:10]   # 按销量降序排列，取前 10 名
dishes_count
```

```
dishes_name
白饭/大碗            323
凉拌菠菜            269
谷稻小庄            239
麻辣小龙虾          216
辣炒鱿鱼            189
芝士焗波士顿龙虾      188
五色糯米饭(七色)      187
白饭/小碗            186
香酥两吃大虾          178
焖猪手              173
Name: count, dtype: int64
```

从销量最多的前 10 个菜品看到，销量最高的是大碗米饭，因为米饭是必点的基础菜品；销量第二的是凉拌菠菜，可能因为 8 月是夏季，顾客更倾向于清凉爽口的菜品。

（3）可视化销量前 10 的菜品

绘制柱状图表示销量最高的前 10 的菜品，菜名作为横轴，销量作为纵轴。

```
dishes_count.shape    # 查看该数据的维度，看到的是一维数组，可以直接绘图
(10,)
# 绘制柱状图
dishes_count.plot(kind='line',color=['r'])    # 绘制折线图
dishes_count.plot(kind='bar',fontsize=10)     # 绘制柱状图
for x,y in enumerate(dishes_count):           # 在柱状图上标注销量
    plt.text(x,y+2,y,ha='center',fontsize=10)  # 绘制的位置，x 是索引，y+2 是高度；绘制的文字是 y

plt.title('销量前 10 菜品', fontsize=14)
plt.xlabel('菜品名称', fontsize=12)
plt.ylabel('销量', fontsize=12)
plt.show()
```

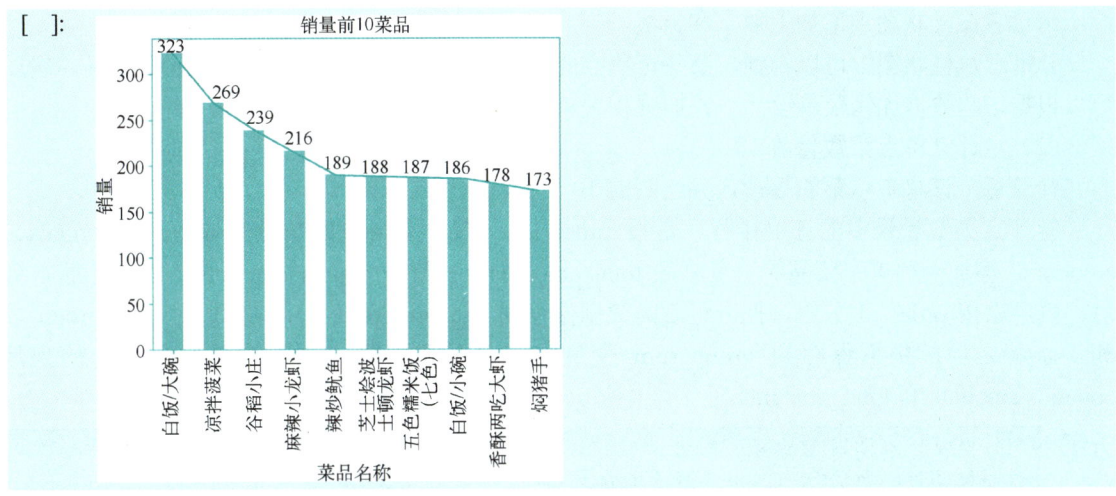

分析：柱状图清晰展示了销量前 10 的菜品及其销量分布，为餐厅菜单优化提供了重要参考。

6．从订单角度分析与可视化

从订单（客户）的角度，哪个订单 ID 点的菜最多，消费的钱最多，每次消费多少钱，平均每人点菜的数量均能进行可视化。

（1）统计订单点菜种类最多的前 10 种菜品

按订单 order_id 分组，统计每个订单中点的菜品种类数，并取前 10 名。

```python
data_group = data['order_id'].value_counts()[:10]  # 按订单 ID 分组，统计种类数量，显示前 10 行
data_group    # 前一列是 order_id，后一列是某次订单的数量
```

```
order_id
398     36
1295    29
1078    27
465     27
582     27
1311    26
1033    25
392     24
1318    24
672     24
Name: count, dtype: int64
```

```python
# 绘制柱状图，显示点菜种类柱状图
data_group.plot(kind='bar', color=['r', 'm', 'b', 'y', 'g'], fontsize=12)
plt.title('订单点菜种类 Top 10', fontsize=14)
plt.xlabel('订单 ID', fontsize=12)
plt.ylabel('点菜种类数', fontsize=12)
plt.show()
```

请读者在柱状图顶部加上数字和折线。

分析：从柱状图中可以看到，某些订单点的菜品种类最多，每单平均点菜 25 个菜品。餐厅可以根据这些数据优化菜单设计，并加强相关菜品的推销。

（2）统计订单点菜数量前 10

计算每个订单中点菜的数量，并绘制前 10 名的柱状图。

统计点菜数量最多的订单排行，是按 order_id 分组。用到的数据列有 order_id、counts、amounts，增加一列单个菜品的消费总额 total_amounts，其值是 counts*amounts。有了前面 4 列后，就可以按 order_id 分组，把分组后的数据保存到 data_group 变量中；然后对 data_group 求和，求和之后的数据保存到 group_sum 变量中。由于是按照 order_id 分组，求和的列是 counts、amounts 和 total_amounts。

```
[ ]: # 计算每个菜品的消费总额
     data['total_amounts'] = data['counts'] * data['amounts']   # 消费金额
     # 按订单 ID 分组，计算总数和总金额
     data_group = data[['order_id', 'counts', 'amounts', 'total_amounts']].groupby(by='order_id')
     group_sum = data_group.sum()   # 分组求和
```

根据订单 ID 统计点菜数量前 10 名，点菜数量已经保存在 group_sum 的 counts 中，然后按 counts 列排序。定义一个变量 sort_counts，用于保存排序后的数据。

```
[ ]: # 按点菜数量降序排列
     sort_counts = group_sum.sort_values(by='counts', ascending=False)   # 按 counts 列降序排序
     sort_counts
```

[ ]:

order_id	counts	amounts	total_amounts
398	36	980	980
1033	33	1028	1083
1051	33	730	835
1318	31	1027	1076
557	30	957	1023
...	...	...	...
1029	3	123	123
1035	2	95	95
703	2	127	127
1064	1	48	48
1320	1	78	78

942 rows × 3 columns

对 counts 列可视化。在 sort_counts 中取出 counts 列数据，然后取前 10，对其绘制柱状图。订单点菜数量图与前面的点菜种类柱状图有所不同，多数人很少一种菜点多份。

```
[ ]: # 绘制柱状图
     sort_counts['counts'][:10].plot(kind='bar', color='b', fontsize=12)   # 取出 counts 列数据，取前 10 行
     plt.title('订单点菜数量 Top 10', fontsize=14)
     plt.xlabel('订单 ID', fontsize=12)
     plt.ylabel('点菜数量', fontsize=12)
     plt.show()
```

[ ]:

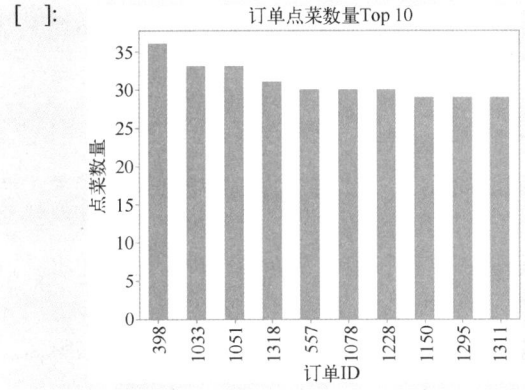

分析这幅图，前 10 名订单中，平均点菜数量为 30 份，其中包括重复点的菜品。

(3) 统计订单消费金额前 10

按照消费金额降序排列，取前 10 名并绘制柱状图。消费总额已经保存在 total_amounts 中，对其降序排列，取前 10 名，并绘制柱状图。

[ ]:
```
# 按消费金额 total_amounts 降序排列
sort_total_amounts = group_sum.sort_values(by='total_amounts', ascending=False)
sort_total_amounts    # 看到按照 order_id 列分组，total_amounts 列降序排列
```

[ ]:

	counts	amounts	total_amounts
order_id			
1166	24	1314	1314
1071	24	598	1282
1028	20	1112	1270
385	16	1125	1253
743	16	1214	1214
...	...	...	...
1256	6	77	84
1135	5	79	80
1320	1	78	78
874	6	70	76
1064	1	48	48

942 rows × 3 columns

[ ]:
```
# 绘制柱状图。取出 total_amounts 列数据，取前 10 行
sort_total_amounts['total_amounts'][:10].plot(kind='bar', color='g', fontsize=12)
plt.title('消费金额 Top 10', fontsize=14)
plt.xlabel('订单 ID', fontsize=12)
plt.ylabel('消费金额', fontsize=12)
plt.show()
```

[ ]:

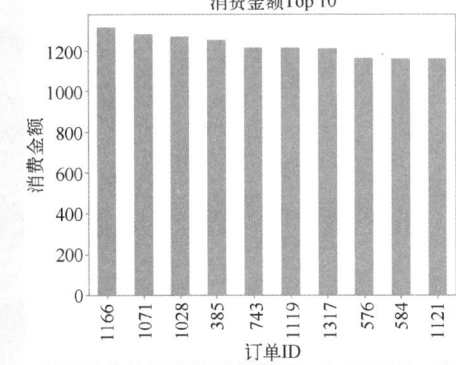

对柱状图显示的消费金额分析，前 10 名订单的平均消费金额在 1200 元左右。如果需要分析中等消费的食客，可对数据进行切片，观察中间部分的数据。

7. 总结

通过本案例的分析，从不同角度深入了解了餐厅订单数据：

1）菜品角度：统计了菜品的平均价格和最受欢迎的菜品，为餐厅优化菜单提供了参考；通过销量数据，还能够判断出哪些菜品的销量较好，并加强其营销。

2）订单角度：统计了每个订单的点菜种类、数量和消费金额，帮助餐厅优化服务和提升顾客体验；对于高消费的顾客，餐厅可以通过精确营销进一步提升其消费水平。

这些分析结果能够帮助餐厅做出更好的菜单设计、促销策略和服务优化，从而提高整体运营效率和顾客满意度。

习题

1. 假设有一组学生的期末考试成绩数据（分数范围 0～100），记录了 20 名学生的分数。请使用柱状图展示每个分数区间（0～10，11～20，…，91～100）内的学生人数。描述该柱状图的主要特征和发现的趋势。

2. 假设收集了某班学生在 4 次模拟考试中的成绩。请将这些成绩使用折线图进行可视化，并分析成绩变化的趋势。是否存在任何明显的上升或下降趋势。

3. 有一份数据集，包括学生的考试成绩和他们的学习时长（小时/周）。请绘制散点图并分析这两者之间的关系。分析学习时长和考试成绩之间是否存在相关性。

4. 在某次调查中，收集了学生对不同学科的兴趣程度（如数学、英语、科学、艺术等）。请使用饼图表示每个学科的学生比例，并简要分析哪一学科最受欢迎。

5. 假如收集到一组学生的数学成绩数据，并绘制了箱线图。请解释箱线图中的各个部分（如中位数、四分位数、异常值等），并讨论该班学生的数学成绩的分布情况，比如是否存在极端分数和集中趋势。

项目 7　时间序列数据的处理与分析

在数据分析中，时间是非常重要的维度，大量数据伴随时间产生、变化，并以时间顺序组织起来。这些按时间排列的数据即构成"时间序列"。本章将系统介绍时间序列数据的相关概念与处理方法，包括时间戳、时期、时间差、日期偏移量的创建与运算，时间序列数据的索引、类型转换、重采样、滑动窗口的应用，时间序列数据中的分组与聚合操作，餐厅订单数据分析与可视化（基于时间特征）项目的实现。

知识目标	素养目标
◇ 掌握时间戳及其相关对象的创建与计算 ◇ 掌握重采样、滑动窗口的相关操作 ◇ 掌握时间序列数据中的分组与聚合操作 ◇ 掌握餐厅订单数据分析项目（基于时间特征）的实现方法	◇ 增强批判性评估能力 ◇ 培养职业规划与自我提升能力 ◇ 增强技术问题诊断与解决能力 ◇ 培养积极心态与抗挫折能力 ◇ 增强团队目标共识与执行力

7.1　时间序列概述

在实际工作中，许多数据都带有明显的"时间属性"，即这些数据是按照时间顺序进行记录和呈现的。例如，学生课程成绩的学期记录、电商平台每日订单数量、气象站每小时的温度记录等。这类数据按照时间先后排列，统称为时间序列数据（Time Series Data）。

7.1.1　时间序列的定义

时间序列（Time Series）是指在固定时间间隔内，对同一变量进行连续观测或记录而形成的数据序列。每一个数据点都对应一个具体的时间点，反映了该时刻的状态或数值变化。常见的时间序列数据包括：每小时的气温记录；每天的商品销量；每月的收入支出统计等。时间单位可以根据应用场景不同而有所变化，包括年、季、月、日、小时、分钟，甚至秒。

时间序列通常具有两个核心特征：时间相关性（数据点之间具有一定的时间依赖性）和等间隔性（观测时间点的间隔是固定的，如每小时、每天等）。

时间序列典型应用场景包括：

金融市场：如股票市场的分钟级交易数据等。

工业物联网：如温度传感器每小时采集数据等。

商业分析：如零售企业日销售额、客户访问量等。

7.1.2　时间相关的四类核心对象

为了处理不同类型的时间信息，Pandas 提供了四类核心对象来表示和操作时间相关数据，见表 7-1。

表 7-1　Pandas 中常见的时间相关的四类核心对象

对象名称	标量类	数组类	数据类型	创建方法
时间戳	Timestamp	DatetimeIndex	datetime64[ns][tz]	to_datetime/date_range
时期	Period	PeriodIndex	period[freq]	Period/period_range
时间差	Timedelta	TimedeltaIndex	timedelta64[ns]	to_timedelta
日期偏移量	DateOffset	无	无	DateOffset

1．时间戳（Timestamp）

时间戳表示某一个精确的时间点，通常包括年、月、日、时、分、秒、毫秒甚至纳秒。它用于表示"某一时刻"的数据。例如：2025-03-13 09:30:58。

2．时期（Period）

时期表示一个固定的时间区间，如某一年、某个月或某一季度。它用于处理"某段时间内"的数据。例如：整个 2026 年、2026 年 3 月、2026 年第 3 季度。

3．时间差（Timedelta）

时间差表示两个时间点之间的持续时间或间隔。它用于计算两个时间点之间的差值，例如：5 天、3 小时 20 分钟、10 秒等，表示的是"时间长度"而非具体时刻。

4．日期偏移量（DateOffset）

日期偏移量用于表示基于日历逻辑规则的时间跨度，如"下一个月末""加 5 个工作日"等。它支持非等距的时间推移规则，适用于金融交易日等特殊场景。

7.1.3　时间序列数据的使用

在 Pandas 中，时间序列数据主要有两种使用方式。

1．时间作为索引

最常见且推荐的方式是将时间字段设为 Series 或 DataFrame 的索引。这样做可以方便地进行按时间切片、重采样、滑动窗口计算等操作。例如，表 7-2 展示了北京市区 2025 年 5 月 1 日至 7 日的最高/最低气温记录。

表 7-2　北京市区 2025 年 5 月 1 日至 7 日的气温情况

日期（索引）	最高温度（℃）	最低温度（℃）
2025-05-01	26.5	13.1
2025-05-02	19.05	13.8
2025-05-03	23.55	11.8
2025-05-04	24.8	13.35
2025-05-05	19.9	12.95
2025-05-06	21.9	11.4
2025-05-07	23.85	11.25

这种方式可以直接利用 Pandas 的时间索引，进行时间切片、移动平均、趋势检测等分析。

2．时间作为普通列

在某些场景中，也可以将时间作为 DataFrame 的普通列进行存储。这种方式适用于需要从时间字段中提取"年、月、日、周几"等时间特征时，也便于将时间作为分类变量进行建模分析。

7.2 时间戳与计算

时间戳（Timestamp）是最基础的时间序列数据类型，它将数值与特定时间点关联，在 Pandas 中表现为直接使用时间点。其基本操作包括创建时间戳对象、创建时间戳索引对象、创建以时间戳索引为索引的数据对象，以及获取时间序列的子集等。

7.2.1 创建时间戳对象

Timestamp 是 Pandas 中的一种日期时间类型（dtype），使用 Timestamp() 函数可以创建单个的日期时间对象。Timestamp() 函数可以接受多种输入格式，包括字符串、浮点数、整数、datetime 对象等，并返回一个 Timestamp 对象。它还支持时区（timezone-aware）操作，并且可以方便地转换到不同的时区。Timestamp() 函数的语法格式如下：

pd.Timestamp(ts_input, year=None, month=None, day=None, hour=None, minute=None, second=None, microsecond=None, nanosecond=None, tzinfo=None, tz=None, unit=None, fold=None, …)

pd 是 Pandas 模块的别名。Timestamp() 函数的常用参数及说明见表 7-3。

表 7-3 Timestamp() 函数的常用参数及说明

名称	说明
ts_input	时间数据，接受多种类型的输入，包括字符串、整数、浮点数、datetime 对象或其他可转换为时间戳的对象
year	指定时间戳的年部分，类型为 int，参数可选
month	指定时间戳的月部分，类型为 int，参数可选
day	指定时间戳的日部分，类型为 int，参数可选
hour	指定时间戳的小时部分，类型为 int，默认为 0，参数可选
minute	指定时间戳的分钟部分，类型为 int，默认为 0，参数可选
second	指定时间戳的秒部分，类型为 int，默认为 0，参数可选
microsecond	指定时间戳的微秒部分，类型为 int，默认为 0，参数可选
nanosecond	指定时间戳的纳秒部分，类型为 int，参数可选
tz	指定时间戳的时区，可选，类型可以是字符串或时区 tzinfo 对象
tzinfo	时区信息，可以是 pytz 库中的时区对象
unit	表示时间单位，类型为 str。如果 ts_input 是 int 或 float 类型，则本参数用于指定 ts_input 值的转换单位，有效值是'D'、'H'、'M'、's'、'ms'、'us'和'ns'。当 ts_input 是 float 类型时，结果将以纳秒存储，并且 unit 属性应设置为 'ns'
fold	用于处理夏令时转换期间可能出现的时间折叠问题。由于夏令时的原因，当从夏令时转换到冬令时，一个时钟的时间可能会出现两次。fold 描述 datetime 类似对象是对应于时钟上的第一次（0）还是第二次（1）模糊的时间。取值为{0, 1}，默认为 None

Timestamp() 函数基本上有 5 种调用约定，包含 3 种 Pandas 调用约定和两种 datetime 调用约定。参数可以通过位置或关键字传递。

1）传入表示日期的字符串，将其转换为类似 datetime 的对象。

例 7-1

【例 7-1】 将一个表示日期的字符串转换为时间戳。

```
[ ]: import pandas as pd
     ts = pd.Timestamp('2025-03-13 09:30:58')    # 创建一个 Timestamp 对象
```

```
ts
```
[ ]: Timestamp('2025-03-13 09:30:58')
[ ]: `print(ts)   # 观察 ts 与 print(ts)输出显示的差异`
[ ]: 2025-03-13 09:30:58

2）传入 Unix 纪元的浮点数。

说明：Unix 纪元是指 1970 年 1 月 1 日 00:00:00 UTC 这个时间点。

【例 7-2】 将一个表示 Unix 纪元的浮点数（单位为秒）转换为时间戳。

[ ]:
```
ts = pd.Timestamp(1741858258.0, unit='s')
print(ts)
```
[ ]: 2025-03-13 09:30:58

3）传入 Unix 纪元的整数，并指定时区。

【例 7-3】 将一个表示 Unix 纪元的整数（单位为秒），转换为时间戳，指定时区为北京时间。

[ ]:
```
ts = pd.Timestamp(1741858258, unit='s', tz='Asia/Shanghai')
print(ts)
```
2025-03-13 17:30:58+08:00
[ ]: `ts    # 其中"+0800"代表东八区，即北京时间`
[ ]: Timestamp('2025-03-13 17:30:58+0800', tz='Asia/Shanghai')

以下是一些常见的时区名称字符串：

- 'UTC'：协调世界时，国际原子时间的准确测量，其起点是 1972 年 1 月 1 日 00:00:00 UTC。
- 'US/Eastern'：美国东部时区，包括美国东部的部分地区。
- 'America/New_York'：纽约时间，代表美国东部时区的一个主要城市。
- 'Europe/London'：伦敦时间，代表英国的标准时间。
- 'Europe/Berlin'：柏林时间，代表中欧时区。
- 'Asia/Shanghai'：北京时间，代表中国的标准时间，UTC+8。
- 'Asia/Tokyo'：东京时间，代表日本的标准时间，UTC+9。
- 'Australia/Sydney'：悉尼时间，代表澳大利亚东部时区。

4）使用 datetime 形式的调用，按位置传递参数。

【例 7-4】 使用位置参数传入日期值，将其转换为时间戳。

[ ]: `pd.Timestamp(2025, 3, 13, 9, 30, 58)`
[ ]: Timestamp('2025-03-13 09:30:58')

5）使用 datetime 形式的调用，使用关键字传递参数。

【例 7-5】 使用关键字传递参数，将日期值转换为时间戳。

[ ]: `pd.Timestamp(year=2025, month=3, day=13, hour=9, minute=30, second=58)`
[ ]: Timestamp('2025-03-13 09:30:58')

7.2.2 创建时间戳索引对象

使用 DatetimeIndex()函数可以创建一个 DatetimeIndex 类的对象（即时间戳索引对象），该对象包含一组时间戳。DatetimeIndex 对象可以作为 Series 或 DataFrame 类对象的索引。语法格式如下：

pd.DatetimeIndex(data=None, freq=None, tz=None, dayfirst=False, yearfirst=False, dtype=None, copy=False, name=None)

DatetimeIndex()函数的常用参数及说明见表 7-4。

表 7-4 **DatetimeIndex()**函数的常用参数及说明

名称	说明
data	用于构建索引的类似日期时间的数据，可以是数组、列表、索引、序列等
freq	用于指定时间序列的频率，频率是时间序列中时间点之间的固定间隔。可以为字符串（例如，'D'表示日频率，'M'表示月频率等），也可以为 Pandas 的偏移量对象。当设置为'infer'时，将推断频率
tz	设置数据的时区，指定时间戳的时区。可选，类型可以是字符串或时区 tzinfo 对象
dayfirst	布尔值，默认为 False。如果参数是字符串或类似列表，则指定日期解析顺序。如果为 True，则优先考虑天，例如，"10/11/12"将被解析为 2012-11-10。此选项不是强制的，但将在解析时首先优先考虑日
yearfirst	布尔值，默认为 False。如果参数是字符串或类似列表，则指定日期解析顺序。如果为 True，则优先考虑年份，例如，"10/11/12"将被解析为 2010-11-12。此选项不是强制的，但将在解析时首先优先考虑年
dtype	numpy.dtype 或 DatetimeTZDtype 或字符串，默认为 None。注意，唯一允许的 NumPy 数据类型是 datetime64[ns]
copy	布尔值，默认为 False。表示是否复制输入的 ndarray
name	存储在索引中的名称。标签，默认为 None

【例 7-6】 通过 DatetimeIndex()函数将日期字符串列表转换为 DatetimeIndex 对象。

```
import pandas as pd
dates = ['2026-01-01', '2026-01-03', '2026-01-05']   # 日期字符串列表
idx = pd.DatetimeIndex(dates)   # 使用日期字符串列表创建 DatetimeIndex 对象
idx
```
```
DatetimeIndex(['2026-01-01', '2026-01-03', '2026-01-05'], dtype='datetime64[ns]', freq=None)
```
```
idx[0]    # 取出第一个时间戳
```
```
Timestamp('2026-01-01 00:00:00')
```

通过运行结果看到，DatetimeIndex()函数将日期字符串列表成功转换为 DatetimeIndex 对象。DatetimeIndex 对象表示由一组时间戳构成的索引，其中每个元素（如 2026-01-01）都是一个 Timestamp 对象；dtype='datetime64[ns]'表示值的类型为 datetime64[ns]；而 freq=None 则表示没有固定的频率。

```
pd.DatetimeIndex(dates, freq="infer")    # 频率推断模式
```
```
DatetimeIndex(['2026-01-01', '2026-01-03', '2026-01-05'], dtype='datetime64[ns]', freq='2D')
```

说明：freq="infer"依据日期的规律推断出频率为两天，故显示 freq='2D'。

7.2.3 创建以时间戳索引为索引的数据对象

以 DatetimeIndex 对象为索引的 Series 和 DataFrame 数据集对象是指这些数据集中元素的索引不再是传统的 0，1，2，…等序号，而是 DatetimeIndex 对象。在使用时，把 Series 系列和 DataFrame 数据集对象的 index 属性传入 DatetimeIndex 对象即可实现。

【例 7-7】 使用 DatetimeIndex 对象 idx 作为索引，分别创建基于时间序列的 Series 和 DataFrame 对象。

```
# 使用 DatetimeIndex 对象 idx 作为索引创建 Series
ser = pd.Series([66, 77, 88], index=idx)   #创建一个 Series 对象，其索引用[例 7-6]中的时间戳索引 idx
ser
```

```
[ ]:  2025-01-01    66
      2025-01-03    77
      2025-01-05    88
      dtype: int64
```

```
[ ]:  df_list = [[1,2,3], [4,5,6], [7,8,9]]      # 二维列表
      df = pd.DataFrame(df_list, index=idx) #创建一个 DataFrame 对象，其索引用[例 7-6]中的时间戳索引 idx
      df
```

```
[ ]:              0  1  2
      2026-01-01  1  2  3
      2026-01-03  4  5  6
      2026-01-05  7  8  9
```

通过运行结果看到，Series 和 DataFrame 对象的索引变成了"年-月-日"格式的日期。此处的索引是 DatetimeIndex 对象，包含多个日期，每个日期对应相应的数据，这就是基于时间戳的时间序列。

7.2.4 获取时间序列子集

DatetimeIndex 的主要作用之一是用作 Pandas 对象的索引。使用其作为索引，除了拥有普通索引对象的所有基本功能外，还提供了一些专门针对时间序列数据操作的高级用法，例如，根据日期的年份或月份获取数据。

1. 通过位置选择数据集中的子集

要获取数据集中的子集，最简单的方式是通过位置访问。语法格式如下：

> Series 或 DataFrame 对象.iloc[位置]

.iloc[]主要基于整数位置（0～length-1 的轴），也可以与布尔数组一起使用。"位置"主要包括：一个整数，例如 5；整数列表或数组，例如[4, 3, 0]；带有整数的切片对象，例如 1:7；布尔数组；行和列索引的元组，元组元素由上述输入之一组成，例如(0, 1)。

如果"位置"的索引超出范围，除了切片索引器允许超出范围的索引外，.iloc 将引发 IndexError。

【例 7-8】 使用【例 7-7】创建的对象，通过位置索引获取 Series 和 DataFrame 对象的子集。

```
[ ]:  ser     # 访问 Series 对象的全部元素
      2026-01-01    66
      2026-01-03    77
      2026-01-05    88
      dtype: int64
```

```
[ ]:  ser.iloc[0:2]     # 通过切片访问第 0、1 位置的元素
      2026-01-01    66
      2026-01-03    77
      dtype: int64
```

```
[ ]:  ser.iloc[[0,2]]    # 通过[0,2]列表访问第 0、2 位置的元素
      2026-01-01    66
      2026-01-05    88
      dtype: int64
```

```
[ ]:  df.iloc[0]    # 访问 DataFrame 对象的元素
      0    1
      1    2
      2    3
      Name: 2026-01-01 00:00:00, dtype: int64
```

```
[ ]:  df.iloc[0:2]    # 通过切片获取 DataFrame 的前两行
```

```
[ ]:            0  1  2
      2026-01-01  1  2  3
      2026-01-03  4  5  6
```

2．通过标签选择数据集中的子集

通过索引标签选择数据集中的子集。语法格式如下：

Series 或 DataFrame 对象.loc[标签]

.loc[]主要基于标签，但也可以使用布尔数组。"标签"主要包括：单个标签，例如 5 或'a'（注意，5 被解释为索引的标签，而不是索引的位置）；标签列表或数组，例如['a', 'b', 'c']；带有标签的切片对象，例如'a':'f'。注意，Series 或 DataFrame 对象与通常的 Python 切片不同，开始元素和结束元素都被包括在内。

【例 7-9】 使用【例 7-8】创建的对象，通过标签索引获取 Series 和 DataFrame 对象的子集。

```
[ ]:  ser.loc['2026-01-03']   # 查找索引为 2026-01-03 的值，基于时间索引的精确查找
[ ]:  77
[ ]:  df.loc['2026-01']   # 查找索引时间在 2026-01 内的所有记录，基于时间索引的范围查找
[ ]:            0  1  2
      2026-01-01  1  2  3
      2026-01-03  4  5  6
      2026-01-05  7  8  9
```

3．通过 truncate()方法选择数据集中的子集

通过 truncate()方法可以更加灵活地访问具有 DatetimeIndex 索引的 Series 或 DataFrame 对象的子集。语法格式如下：

Series 或 DataFrame 对象.truncate(before=None, after=None, axis=None, copy=True)

truncate()方法的常用参数及说明见表 7-5。

表 7-5　truncate()方法的常用参数及说明

名称	说明
before	指定索引值（日期、字符串或整数），截断此索引值前面的所有行或元素，返回截断后剩余的行或元素。如果 before 为 None，则不对上限进行限制
after	指定索引值（日期、字符串或整数），截断此索引值后面的所有行或元素，返回截断后剩余的行或元素。如果 after 为 None，则不对下限进行限制
axis	指定要索引的轴，可选值：0 或'index'（行索引方向，默认）、1 或'columns'
copy	返回索引得到的部分副本，可选，布尔值，默认为 True

truncate()方法不会修改原始 Series 或 DataFrame 对象，而是返回一个新的 Series 或 DataFrame 对象。因此，一般是将结果赋值给一个新变量或者覆盖原变量。

使用 truncate()方法之前，必须确保 DataFrame 或 Series 的索引是按照升序或降序排列的。如果索引未排序，将显示错误 ValueError: truncate requires a sorted index。

在调用 truncate()方法时，需要确保传递的日期字符串格式与 Series 或 DataFrame 对象中的日期格式一致。如果索引只包含日期的 DatetimeIndex，可以将 before 和 after 指定为字符串，它们将在截断前被转换为时间戳。

【例 7-10】 获取指定日期的数据。

```
[ ]: ser = ser.sort_index()    # 按索引排序
     ser    # 显示排序后的全部元素
[ ]: 2026-01-01    66
     2026-01-03    77
     2026-01-05    88
     dtype: int64
[ ]: ser.truncate(before=pd.Timestamp('2026-01-03'))    # 返回 2026-01-03 时间戳日期和之后的元素
[ ]: 2026-01-03    77
     2026-01-05    88
     dtype: int64
[ ]: ser.truncate(before='2026-01-01', after='2026-01-03')    # 返回 2026-01-01 与 2026-01-03 之间的元素
[ ]: 2026-01-01    66
     2026-01-03    77
     dtype: int64
[ ]: ser.loc['2026-01-03':'2026-01-05']    # 通过索引标签获取一组行，该对象必须是按索引排序的
[ ]: 2026-01-03    77
     2026-01-05    88
     dtype: int64
```

虽然 Pandas 不要求对日期索引排序，但如果日期未排序，使用方法时可能会出现意外或错误的行为。

7.2.5 创建固定频率的时间戳索引对象

在 7.2.4 节中创建的 DatetimeIndex 对象中的时间戳是无规律的。然而，在实际工作中，我们通常需要处理具有固定时间规律的数据，例如，每小时记录一次温度、每周一开例会等。这种时间序列具有固定的时间频率，可以是按年、季度、月、日、小时或其他时间单位。

如果需要创建固定频率的时间序列，首先需要生成一组固定频率的时间戳，并将这些时间戳用作 Series 或 DataFrame 的索引。在 Pandas 中，可以使用 date_range()函数生成一组固定频率的时间戳，并返回一个固定频率的 DatetimeIndex 对象。date_range()函数的语法格式如下：

```
pd.date_range(start=None, end=None, periods=None, freq=None, tz=None, normalize=False, name=None, inclusive='both', unit=None)
```

date_range()函数的常用参数及说明见表 7-6。

表 7-6　date_range()函数的常用参数及说明

名称	说明
start	表示日期范围的起始日期（左边界）。支持字符串或 Timestamp 对象，可选，默认为 None
end	表示日期范围的结束日期（右边界）。支持字符串或 Timestamp 对象，可选，默认为 None
periods	表示生成时间戳的个数（周期数）。取值为整数，可选。如果指定了 periods 参数，则 start 和 end 中的一个参数必须指定
freq	表示日期间隔的频率，支持字符串或 DateOffset 对象，例如，'D'表示按天、'M'表示按月。默认为'D'，支持倍数表示（如 5D 表示 5 天）
tz	指定时区，支持字符串或 pytz 库中的时区对象，例如，'Asia/Shanghai'。默认生成的 DatetimeIndex 是无时区的
normalize	表示是否将起始和结束日期规范化为当天的午夜（00:00:00）。布尔值，默认为 False
name	为生成的 DatetimeIndex 对象命名。支持字符串，默认为 None
inclusive	设置起止日期是否包含在范围内，可选值: 'both'（包含两端，默认）、'neither'（都不包含）、'left'（左包含右不包含）、'right'（右包含左不包含）
unit	指定结果的时间分辨率，默认为 None

1）默认按天频率生成时间序列。如果仅指定了 start 和 end 参数，且未指定 freq 参数，则默认生成的时间戳以天为单位（即 freq='D'）。当 start、end 和 freq 中有一个未指定时，可以通过 periods 参数确定生成的时间戳个数。

【例 7-11】 生成默认按天的时间序列。

```
[ ]: import pandas as pd
     pd.date_range(start='2025/11/1', end='2025/11/8')   # 指定开始和结束日期，默认按天生成
     #pd.date_range(start='2025/11/1', periods=8)         # 指定 start 和 periods
     #pd.date_range(end='2025/11/8', periods=8)           # 指定 end 和 periods
[ ]: DatetimeIndex(['2025-11-01', '2025-11-02', '2025-11-03', '2025-11-04',
                    '2025-11-05', '2025-11-06', '2025-11-07', '2025-11-08'],
                   dtype='datetime64[ns]', freq='D')
```

2）使用 periods 指定时间戳个数。

【例 7-12】 指定 start 和 periods。

```
[ ]: pd.date_range(start='2025/11/1', periods=8)     # 指定开始日期和生成周期数
[ ]: DatetimeIndex(['2025-11-01', '2025-11-02', '2025-11-03', '2025-11-04',
                    '2025-11-05', '2025-11-06', '2025-11-07', '2025-11-08'],
                   dtype='datetime64[ns]', freq='D')
```

【例 7-13】 指定 end 和 periods。

```
[ ]: pd.date_range(end='2025/11/8', periods=8)      # 指定结束日期和生成周期数
[ ]: DatetimeIndex(['2025-11-01', '2025-11-02', '2025-11-03', '2025-11-04',
                    '2025-11-05', '2025-11-06', '2025-11-07', '2025-11-08'],
                   dtype='datetime64[ns]', freq='D')
```

3）指定 start、end 和 periods。当同时指定 start、end 和 periods 参数时，时间戳将按照线性间隔生成。

【例 7-14】 线性间隔生成时间戳。

```
[ ]: pd.date_range(start='2025-11-1', end='2025-11-8', periods=3)
[ ]: DatetimeIndex(['2025-11-01 00:00:00', '2025-11-04 12:00:00',
                    '2025-11-08 00:00:00'],
                   dtype='datetime64[ns]', freq=None)
```

4）指定自定义频率。可以通过 freq 参数设置自定义频率，例如，按月、季度、年、小时等。

【例 7-15】生成以 3 个月为周期的时间序列。

```
[ ]: pd.date_range(start='2025/1/1', periods=5, freq='3M')   # 每隔 3 个月生成一个月末日期
[ ]: DatetimeIndex(['2025-01-31', '2025-04-30', '2025-07-31', '2025-10-31',
                    '2026-01-31'],
                   dtype='datetime64[ns]', freq='3M')
```

5）保留或规范时间信息。如果 start 或 end 日期中包含时间（如 11:30），生成的时间戳会保留原始时间信息。若需要将时间规范为当天午夜（00:00:00），则可将 normalize 参数设为 True。

【例 7-16】保留时间信息。

```
[ ]: pd.date_range(start='2026/5/18 11:30:25', periods=3, tz='Asia/Shanghai')
[ ]: DatetimeIndex(['2026-05-18 11:30:25+08:00', '2026-05-19 11:30:25+08:00',
                    '2026-05-20 11:30:25+08:00'],
```

```
            dtype='datetime64[ns, Asia/Shanghai]', freq='D')
```

【例 7-17】 规范为午夜时间。

```
[ ]: pd.date_range(start='2026/5/18 11:30:25', periods=3, normalize=True, tz='Asia/Shanghai')
[ ]: DatetimeIndex(['2026-05-18 00:00:00+08:00', '2026-05-19 00:00:00+08:00',
            '2026-05-20 00:00:00+08:00'],
            dtype='datetime64[ns, Asia/Shanghai]', freq='D')
```

说明：【例 7-16】保留了时间信息 11:30:25，而【例 7-17】将时间规范化为当天的午夜 00:00:00。

7.2.6 时间戳对象常用的属性和方法

Pandas 的时间戳对象（Timestamp）提供了丰富的属性和方法，用于方便地处理和分析时间数据。以下通过代码实例介绍几个常用的属性和方法。

1. 时间戳对象常用的属性

时间戳对象的属性可以直接访问，与日期时间相关的各种信息一目了然。

（1）weekofyear 属性

获取时间戳在年份的第几周。

```
[ ]: import pandas as pd
     ts = pd.Timestamp('2024-1-13', tz='Asia/Shanghai')   # 创建一个带有时区的时间戳对象
     ts.weekofyear   # 获取该时间戳在当年的第几周
[ ]: 2
```

（2）dayofyear 属性

获取时间戳是一年的第几天。

```
[ ]: ts = pd.Timestamp('2024-1-13', tz='Asia/Shanghai')   # 创建时间戳对象
     ts.dayofyear   # 获取时间戳是一年的第几天
[ ]: 13
```

（3）is_year_end 属性

判断时间戳是否为一年的最后一天。

```
[ ]: ts = pd.Timestamp('2024-1-13', tz='Asia/Shanghai')   # 创建时间戳对象
     ts.is_year_end   # 判断是否为一年的最后一天
[ ]: False
```

2. 时间戳对象常用的方法

除了丰富的属性，时间戳对象还提供了一些常用的方法，便于对时间数据进行操作和查询。

（1）now()方法

获取当前日期和时间。

```
[ ]: pd.Timestamp.now(tz='Asia/Shanghai')   # 获取当前日期和时间，带时区信息
[ ]: Timestamp('2024-10-18 21:09:51.634166')
```

注意：now()是一个类方法，返回的时间戳是当前系统时间。

（2）day_name()方法

获取时间戳对应的星期几的英文名称。

```
[ ]:   ts = pd.Timestamp('2024-1-13', tz='Asia/Shanghai')    # 创建时间戳对象
       ts.day_name()    # 获取星期几的英文名称
[ ]:   'Saturday'
```

（3）isocalendar()方法

返回一个命名元组（IsoCalendarDate），元组包含 3 个值：年份（year）、当前年份中的第几周（week）、当前周的第几天（weekday，1 表示周一，7 表示周日）。

```
[ ]:   ts = pd.Timestamp('2024-1-13', tz='Asia/Shanghai')    # 创建时间戳对象
       ts.isocalendar()    # 获取时间戳对应的 ISO 日历日期
[ ]:   datetime.IsoCalendarDate(year=2024, week=2, weekday=6)
```

7.2.7 时间序列的频率参数

在时间序列处理中，Pandas 为常用的时间序列频率定义了一系列频率字符串别名，这些别名统称为周期频率别名。周期频率别名可用于 DatetimeIndex、date_range()、TimedeltaIndex 和 PeriodIndex 等函数，用于指定时间序列的时间间隔（freq 参数）。表 7-7 列出了时间序列中常用的周期频率别名及其说明。

表 7-7 周期频率别名及其说明

周期频率别名	说明
'B'	工作日（Business day）频率，仅包含周一到周五，不含周六和周日
'D'	日历日（calendar Day）频率
'W'	周（Weekly）频率，默认从周日开始
'ME'	月末（Month End）频率。注意，旧版 Pandas 使用'M'表示月末频率（Month End）。从 Pandas 2.2 起，freq='M'已被弃用，建议使用 freq='ME'（表示 month-end）以避免警告
'QE'	季度末（Quarter End）频率。新版使用'QE'（Quarter End）替代'Q'
'YE'	年末（Year End）频率。新版使用'YE'（Year End）替代'Y'
'h'	小时（Hourly）频率
'min'	分钟（Minutely）频率
's'	秒（Secondly）频率
'ms'	毫秒（Milliseconds）
'us'	微秒（Microseconds）
'ns'	纳秒（Nanoseconds）

【例 7-18】 使用"B"工作日别名。

```
[ ]:   import pandas as pd
       pd.date_range("2026-01-01", periods=5, freq="B")
[ ]:   DatetimeIndex(['2026-01-01', '2026-01-02', '2026-01-05', '2026-01-06',
              '2026-01-07'],
             dtype='datetime64[ns]', freq='B')
```

说明："2026-01-01"指定起始日期为 2026 年 1 月 1 日，periods=5 指定生成 5 个日期，freq='B'表示使用"工作日频率"，仅包含周一到周五，不含周末。2026 年 1 月 1 日是周四，所以输出工作日的日期为 2026 年 1 月 1 日、2 日、5 日、6 日、7 日。工作日规则自动跳过了周六（1 月 3 日）和周日（1 月 4 日）。

Pandas 支持基础频率与倍数的组合，例如"7D"表示每 7 天。

【例 7-19】 生成每隔 7 天的时间序列。生成从 2026 年 5 月 18 日到 2026 年 6 月 18 日，每隔 7 天的日期序列。

```
import pandas as pd
pd.date_range(start='2026/5/18', end='2026/6/18', freq='7D')   # 生成每隔 7 天的日期
```
```
DatetimeIndex(['2026-05-18', '2026-05-25', '2026-06-01', '2026-06-08',
               '2026-06-15'],
              dtype='datetime64[ns]', freq='7D')
```

【例 7-20】 生成每周六的时间序列。生成从 2025 年 9 月 1 日起，连续 8 个周六的时间序列。

```
pd.date_range('2025-9-1', periods=8, freq='W-SAT')   # 每周六的时间序列
```
```
DatetimeIndex(['2025-09-06', '2025-09-13', '2025-09-20', '2025-09-27',
               '2025-10-04', '2025-10-11', '2025-10-18', '2025-10-25'],
              dtype='datetime64[ns]', freq='W-SAT')
```

上面代码由于希望 DatetimeIndex 中的时间戳都是每周星期六，则将 freq 设为 "W-SAT"。DatetimeIndex 对象列表中生成的 8 个日期字符串都是星期六，每个字符串代表的都是连续的周六。

【例 7-21】 生成复杂的时间间隔。创建以 2026 年 11 月 1 日为开始时间，间隔为 1 天 2 小时 3 分钟 10 微秒的时间索引，连续生成 10 条记录。

```
pd.date_range("2026-11-1", periods=10, freq='1D2H3min10U')   # 复杂的时间间隔
```
```
DatetimeIndex([      '2026-11-01 00:00:00', '2026-11-02 02:03:00.000010',
               '2026-11-03 04:06:00.000020', '2026-11-04 06:09:00.000030',
               '2026-11-05 08:12:00.000040', '2026-11-06 10:15:00.000050',
               '2026-11-07 12:18:00.000060', '2026-11-08 14:21:00.000070',
               '2026-11-09 16:24:00.000080', '2026-11-10 18:27:00.000090'],
              dtype='datetime64[ns]', freq='93780000010U')
```

【例 7-22】 将时间索引用于 Series 对象，生成以每周六为时间索引的数据序列。

```
dates_index = pd.date_range('2022/06/18', periods=5, freq='W-SAT')   # 创建时间索引
ser_price_data = [168, 165, 160, 155, 168]   # 创建 Series 数据
data_date_index = pd.Series(ser_price_data, index=dates_index)
print(data_date_index)   # 显示结果
```
```
2022-06-18    168
2022-06-25    165
2022-07-02    160
2022-07-09    155
2022-07-16    168
Freq: W-SAT, dtype: int64
```

7.2.8 时间序列的移动

移动（shifting）是指沿着时间轴方向将数据整体前移或后移。Pandas 的 shift() 方法可以实现数据的移动，但索引保持不变。shift() 方法的语法格式如下：

> Series 或 DataFrame 对象.shift(periods=1, freq=None, axis=0, fill_value=None)

shift() 方法的常用参数及说明见表 7-8。

表 7-8　shift()方法的常用参数及说明

名称	说明
periods	表示移动的周期数，取值为整数。正数表示数据整体向后移动，负数表示数据整体向前移动，默认为 1，代表数据整体向后移动一次。注意：移动的只是数据，而索引不移动。移动后没有对应值的索引，其值将被赋值为 NaN
freq	表示移动的频率，可选参数，取值为 None（默认）、DateOffset、Timedelta 或字符串。如果指定了 freq，则 periods 参数将被忽略
axis	表示移动数据的轴，可取轴编号或轴名称，0 表示行（默认），1 表示列
fill_value	指定填充移动后产生的缺失值的值，默认为 None。如果为 None，则使用 NaN 填充

以下以一个 Series 对象为例，结合图示描述数据的前移和后移操作的变化，如图 7-1 所示。时间序列数据在移动操作后，数据发生变化，但时间戳索引不变。

- 向前移动：位于最前面的数据被丢弃；原数据向前移动后，最后一行的数据变为 NaN。
- 向后移动：位于末尾的数据被丢弃；原数据向后移动后，第一行的数据变为 NaN。

图 7-1　数据移动示意图

【例 7-23】生成一个 DatetimeIndex 对象，并创建一个以 DatetimeIndex 为索引的 Series 对象。随后对该时间序列数据进行向前或向后移动操作。

例 7-23

1）生成一个时间序列对象。

```
import pandas as pd
import numpy as np
idx = pd.date_range('2026/5/1', periods=5)    # 生成一个 DatetimeIndex 对象
idx
```

```
DatetimeIndex(['2026-05-01', '2026-05-02', '2026-05-03', '2026-05-04',
               '2026-05-05'],
              dtype='datetime64[ns]', freq='D')
```

2）创建以时间戳为索引的 Series 对象。

```
ts = pd.Series(np.arange(5) + 11, index=idx)    # 创建一个以 DatetimeIndex 作为索引的 Series 对象
ts
```

```
2026-05-01    11
2026-05-02    12
2026-05-03    13
2026-05-04    14
2026-05-05    15
Freq: D, dtype: int32
```

3）数据向后移动。

```
ts_shifted_back = ts.shift(1)    # 正数 1 表示数据沿时间轴方向向后移动一次
ts_shifted_back
```

```
[ ]:    2026-05-01    NaN
        2026-05-02    11.0
        2026-05-03    12.0
        2026-05-04    13.0
        2026-05-05    14.0
        Freq: D, dtype: float64
```

说明：第一行数据变为 NaN，其余数据整体向后移动了一行。

4）数据向前移动。

```
[ ]:    ts_shifted_forward = ts.shift(-1)    # 负数 -1 表示数据沿时间轴方向向前移动一次
        ts_shifted_forward
```

```
[ ]:    2026-05-01    12.0
        2026-05-02    13.0
        2026-05-03    14.0
        2026-05-04    15.0
        2026-05-05    NaN
        Freq: D, dtype: float64
```

说明：最后一行数据变为 NaN，其余数据整体向前移动了一行。

5）shift()方法接收 freq 参数，该参数可以是 DateOffset 类、其他类似 timedelta 的对象或偏移别名。当指定 freq 参数时，shift()方法会改变索引中的所有日期，而不是改变数据与索引的对齐方式。

```
[ ]:    ts.shift(3, freq="D")    # "D"代表天，原来的日期+3 天
[ ]:    2026-05-04    11
        2026-05-05    12
        2026-05-06    13
        2026-05-07    14
        2026-05-08    15
        Freq: D, dtype: int32
```

```
[ ]:    ts.shift(3, freq="ME")    # "ME"代表月末，原来的月末+3 个月
[ ]:    2026-07-31    11
        2026-07-31    12
        2026-07-31    13
        2026-07-31    14
        2026-07-31    15
        dtype: int32
```

说明：当指定 freq 参数时，由于数据不再重新对齐，首项不再显示为 NaN。

7.3 时期与计算

时期（Period）表示一个具有明确起点和终点的时间区间，由具体的时间点与指定的频率共同定义。例如，2026-07 表示整个 2026 年 7 月的时间段。在 Pandas 中，使用 Period 类来表示单个时期（即一个标量对象），而使用 PeriodIndex 类来表示由多个时期组成的序列（即数组对象），也称为时期索引。时期对象的数据类型为 period[freq]，其中 freq 表示时间频率，如日（D）、月（M）、年（A）等。常用的创建时期对象的方法包括 Period()函数、PeriodIndex()函数，以及 period_range()函数等。

7.3.1 创建时期对象

Period 类用于表示一个时间段（时期）。在 Pandas 中，使用 Period()函数创建时期对象，其语法格式如下：

pd.Period(value=None, freq=None, ordinal=None, year=None, month=None, quarter=None, day=None, hour=None, minute=None, second=None)

Period()函数的常用参数及说明见表 7-9。

表 7-9 Period()函数的常用参数及说明

名称	说明
value	所代表的时间段，指整个周期本身，而非周期的开始时间或结束时间。可选值为 None（默认）、Period、str、datetime、date 或 pandas.Timestamp
freq	表示周期的频率，取值为字符串或 DateOffset 对象，默认为'D'（天）。常见频率包括'M'（月）、'Q'（季度）、'A'（年）等。如果 value 是 datetime，则 freq 是必需的
ordinal	从公历起始年（格里高利历元年）开始的周期偏移量，整数类型，默认为 None
year	周期的年份值，整数类型，默认为 None
month	周期的月份值，整数类型，默认为 1
quarter	周期的季度值，整数类型，默认为 None
day	周期的日期值，整数类型，默认为 1
hour	周期的小时值，整数类型，默认为 0
minute	周期的分钟值，整数类型，默认为 0
second	周期的秒值，整数类型，默认为 0

【例 7-24】 创建时期对象。

1）创建一个年度周期对象。

```
[ ]: import pandas as pd
     pd.Period('2025')    # 默认创建一个年度周期对象，表示整个 2025 年
[ ]: Period('2025', 'A-DEC')
```

说明：A-DEC 表示该时间段为基于年底（12 月）的年度周期；周期范围为：2025 年 1 月 1 日至 2025 年 12 月 31 日。

2）推断频率创建周期对象。

```
[ ]: pd.Period('2025-11-22 8:25')    # 根据给定的日期时间字符串，推断出频率
[ ]: Period('2025-11-22 08:25', 'T')
```

说明：'T'表示分钟级别的时间频率；此周期表示从 2025 年 11 月 22 日 08:25 开始的一分钟时间段。

3）指定频率创建复杂周期对象。

```
[ ]: pd.Period('2025-11-22', freq='7D')    # 指定频率为 7 天，创建周期对象
[ ]: Period('2025-11-22', '7D')
```

说明：周期为从 2025 年 11 月 22 日至 2025 年 11 月 28 日的 7 天时间段。

4）基于时间戳创建周期对象。

```
[ ]: pd.Period(pd.Timestamp('2025-12-22 8:25:38'), freq='M')    # 基于 datetime 创建月度周期对象
[ ]: Period('2025-12', 'M')
```

说明：'M'表示月份频率；周期范围为：2025 年 12 月 1 日至 2025 年 12 月 31 日。

7.3.2 创建时期索引

使用 PeriodIndex()函数创建一个时期索引对象 PeriodIndex，用于表示一组具有相同频率的时间段，其语法格式如下：

> pd.PeriodIndex(data=None, ordinal=None, freq=None, dtype=None, copy=False, name=None, year=None, month=None, quarter=None, day=None, hour=None, minute=None, second=None)

PeriodIndex()函数的常用参数及说明见表 7-10。

表 7-10　PeriodIndex()函数的常用参数及说明

名称	说明
data	用于构建索引的周期性时间序列数据，可以是字符串、整数、数组、列表、索引、Series 或其他一维数组，可选
ordinal	周期的序数，通常用于创建周期性索引。整数数组
freq	表示周期的频率，取值为字符串或 DateOffset 对象，例如，'D'表示天，'M'表示月，'Q'表示季度等。如果 data 中的元素是 Period 对象，则其频率将被用于创建 PeriodIndex
dtype	指定数据类型，取值为字符串或 PeriodDtype，默认为 None
copy	布尔值，若为 True，则复制数据
name	生成的 PeriodIndex 的名称，字符串类型，默认为 None
year、month、quarter、day、hour、minute、second	周期的年份、月份、季度、日、小时、分钟、秒值。可以是整数、数组或 Series，默认为 None

PeriodIndex()函数返回 PeriodIndex 对象，PeriodIndex 对象中的元素是 Period 对象。

【例 7-25】 创建一个季度级别的 PeriodIndex 对象。

[ ]: idx = pd.PeriodIndex(year=[2022, 2025, 2026], quarter=[1, 3, 2])   # 创建 PeriodIndex 对象
idx

[ ]: PeriodIndex(['2022Q1', '2025Q3', '2026Q2'], dtype='period[Q-DEC]')

说明：

year=[2022, 2025, 2026]：指定 3 个时间周期的年份。

quarter=[1, 3, 2]：指定 3 个时间周期的季度，分别为第一季度（Q1）、第三季度（Q3）和第二季度（Q2）。

period[Q-DEC]：指定索引的频率类型为"季度"，以 12 月为季度末。

例如：

'2022Q1'表示 2022 年第一季度（从 2022 年 1 月 1 日至 2022 年 3 月 31 日）。

'2025Q3'表示 2025 年第三季度（从 2025 年 7 月 1 日至 2025 年 9 月 30 日）。

'2026Q2'表示 2026 年第二季度（从 2026 年 4 月 1 日至 2026 年 6 月 30 日）。

7.3.3 创建固定频率的时期索引

Pandas 提供的 period_range()函数可用于生成一个 PeriodIndex 对象，表示一个连续的时间段序列。该函数用于创建规则的、固定频率的时间范围。period_range()函数的语法格式如下：

> pd.period_range(start=None, end=None, periods=None, freq=None, name=None)

period_range()函数的常用参数及说明见表 7-11。

表 7-11 period_range()函数的常用参数及说明

名称	说明
start	表示序列的起始周期，生成周期的左界。支持类型：str、datetime、date、Timestamp、Period 对象，默认为 None
end	表示序列的结束周期，生成周期的右界。支持类型：str、datetime、date、Timestamp、Period 对象，默认为 None
periods	表示要生成的周期数量，整数类型，默认为 None。如果同时指定了 start 和 end，则可以忽略 periods
freq	表示周期的频率，可选参数。支持类型为字符串或 DateOffset 对象，常见频率包括'M'（月）、'Q'（季度）、'A'（年）等。如果 start 或 end 是 Period 对象，则默认使用其频率。若未指定，默认频率为'D'（每日）。适用于 Period 或 PeriodIndex（与 date_range 的 freq='ME'不同，后者生成月末时间点）
name	给生成的 PeriodIndex 设置名称，字符串类型，默认为 None

说明：start、end 和 periods 参数中，至少需要提供其中两个，以便计算生成的周期范围。

（1）通过开始和结束时间生成月度周期索引

【例 7-26】 生成一个从 2026 年 2 月 18 日至 2026 年 5 月 17 日的月度周期索引。

[ ]: import pandas as pd
    pd.period_range(start='2026-02-18', end='2026-05-17', freq='M')   # 创建 PeriodIndex 对象
[ ]: PeriodIndex(['2026-02', '2026-03', '2026-04', '2026-05'], dtype='period[M]')

参数说明：

1）start='2026-02-18'：虽然是具体日期，但因频率为'M'，会被自动转换为 2026 年 2 月整月（2026 年 2 月 1 日～2 月 28 日）。

2）end='2026-05-17'：同理，自动转为 2026 年 5 月整月（2026 年 5 月 1 日～5 月 31 日）。

3）freq='M'：按月生成完整周期。即使输入具体日期（如'2026-02-18'）不是月份首日，也会自动将其扩展为完整月份（即从当月 1 日至最后一日）。

结果说明：生成了从 2026 年 2 月至 2026 年 5 月，共 4 个完整月份的周期；每个元素均为 Period 类型，代表从该月第一天到最后一天的完整时间段。

（2）使用 Period 对象作为锚点，创建不同比率周期的索引

如果 start 或 end 是 Period 对象，则它们会作为周期锚点，生成与指定频率相匹配的 PeriodIndex。

【例 7-27】 创建一个从 2026Q2（第二季度）到 2026Q3（第三季度）的月度周期索引。

[ ]: pd.period_range(start=pd.Period('2026Q2', freq='Q'), end=pd.Period('2026Q3', freq='Q'), freq='M')
[ ]: PeriodIndex(['2026-06', '2026-07', '2026-08', '2026-09'], dtype='period[M]')

参数说明：

1）start=pd.Period('2026Q2', freq='Q')：表示 2026 年第二季度（4 月 1 日至 6 月 30 日）。

2）end=pd.Period('2026Q3', freq='Q')：表示 2026 年第三季度（7 月 1 日至 9 月 30 日）。

3）freq='M'：以"月"为周期生成时间序列。

结果说明：即使输入的是季度周期，Pandas 会将其自动对齐为最接近的月度边界；2026Q2 的最后一个月是 6 月，作为起始点；2026Q3 的最后一个月是 9 月，作为结束点；最终结果为 6 月至 9 月的月度周期索引，确保输出周期不超出原始范围。

7.3.4 创建以时期索引为索引的数据对象

以 PeriodIndex 对象为索引的 Series 和 DataFrame 数据对象，是指这些数据对象的索引由 PeriodIndex 构成。在这种情况下，每个索引元素表示一个时间段，而不是具体的时间点。

【例 7-28】 使用 PeriodIndex 对象作为索引创建数据对象。分别创建基于时期序列的 Series 和 DataFrame 对象。

1）首先创建一个 PeriodIndex 对象。

```
import pandas as pd
idx = pd.period_range(start='2026-02-18', end='2026-05-17', freq='M')   # 创建一个 PeriodIndex 对象
idx
```

```
PeriodIndex(['2026-02', '2026-03', '2026-04', '2026-05'], dtype='period[M]')
```

说明：idx 是一个 PeriodIndex 对象，包含了 4 个时期元素：'2026-02'、'2026-03'、'2026-04' 和'2026-05'。每个元素是一个 Period 对象，其数据类型为 period[M]（即按月计算的时期）。

2）创建基于时期索引的 Series 对象。

```
ser = pd.Series([55, 66, 77, 88], index=idx)   # 创建一个 Series 对象，其索引为时期索引 idx
ser
```

```
2026-02    55
2026-03    66
2026-04    77
2026-05    88
Freq: M, dtype: int64
```

说明：ser 是使用 idx 作为索引创建的基于时期索引的 Series 对象；每个索引元素是 PeriodIndex 中的时期（如 2026-02 表示 2026 年 2 月）；每个索引对应的数据值分别为 55、66、77 和 88。

3）创建基于时期索引的 DataFrame 对象。

```
df_list = [[1, 2, 3], [4, 5, 6], [7, 8, 9], [10, 11, 12]]   # 创建一个二维列表作为 DataFrame 数据
df = pd.DataFrame(df_list, index=idx)   # 创建一个 DataFrame 对象，其索引为时期索引 idx
df
```

	0	1	2
2026-02	1	2	3
2026-03	4	5	6
2026-04	7	8	9
2026-05	10	11	12

说明：df 是使用 idx 作为索引创建的基于时期索引的 DataFrame 对象；索引由 PeriodIndex 构成，每个索引元素表示一个时间段（如 2026-02 表示 2026 年 2 月）；数据部分是一个二维列表，分别对应索引的每个时期。

注意：使用 DatetimeIndex 和 PeriodIndex 作为索引创建的数据对象，在输出显示上没有区别，但表达的含义不同：

- DatetimeIndex：用于表示一系列具体的时间点（如某年某月某日的具体时间）。
- PeriodIndex：用于表示一系列时间段（如某年的整个月份或某季度的时间段）。

这种区别在处理时间序列数据时非常重要，因为它决定了索引对象在计算或操作上的语义和行为。例如，DatetimeIndex：可用于精确匹配某个时间点的数据；PeriodIndex：更适合用于按时间段（如季度、月份）聚合或分析数据。

7.4 时间差与计算

时间差（Timedelta）表示两个时间点之间的时间间隔，它精确记录了两个时间点之间的差

值。与时间戳不同,时间差描述的是相对的时间长度,可以用天、小时、分钟、秒等单位表示,支持正负值。在 Pandas 中,表示单个时间间隔的标量类为 Timedelta,表示一组时间差的序列(索引)则使用 TimedeltaIndex 类,称为时间差索引。时间差的数据类型为 timedelta64[ns],即以纳秒(ns)为单位的时间间隔。常见的创建时间差对象的方法有 Timedelta()、TimedeltaIndex()、to_timedelta()。

7.4.1 创建时间差对象

Pandas 提供了 Timedelta()函数用于创建时间差对象。语法格式如下:

pd.Timedelta(value, unit=None, **kwargs)

Timedelta()函数的常用参数及说明见表 7-12。

表 7-12 Timedelta()函数的常用参数及说明

名称	说明
value	要转换为时长的值,可以为字符串、数值等类型。例如,3 表示 3 个单位时长
unit	输入值的单位(str),默认为'ns'(纳秒)。可以取值为 ns(纳秒)、μs(微秒)、ms(毫秒)、s(秒)、m(分钟)、h(小时)、D(天)、W(周)等
**kwargs	可选关键字参数,包括{days, seconds, microseconds, milliseconds, minutes, hours, weeks},用于直接指定时长的具体组成部分

Timedelta()构造函数可以接受 value 和 unit 的值,或者如上所述的 kwargs。初始化期间必须使用其中之一。

【例 7-29】 使用 value 和 unit 创建 Timedelta 对象。

```
[ ]: import pandas as pd
     td1 = pd.Timedelta(3, unit='h')    # 创建表示 3 小时的 Timedelta 对象
     td1
[ ]: Timedelta('0 days 03:00:00')
[ ]: td2 = pd.Timedelta(3, unit='D')    # 创建表示 3 天的 Timedelta 对象
     td2
[ ]: Timedelta('3 days 00:00:00')
```

说明:当 unit='h'(小时)时,value=3 表示 3 小时;当 unit='D'(天)时,value=3 表示 3 天。

【例 7-30】 通过关键字参数创建 Timedelta 对象

```
[ ]: td = pd.Timedelta(days=2, hours=5, minutes=30)    # 创建表示 2 天 5 小时 30 分钟的 Timedelta 对象
     td
[ ]: Timedelta('2 days 05:30:00')
```

说明:days=2 表示 2 天;hours=5 表示 5 小时;minutes=30 表示 30 分钟。

【例 7-31】 通过时间戳相减得到 Timedelta 对象。除了使用 Timedelta()函数,还可以通过两个时间戳相减得到时长对象。

```
[ ]: # 创建两个时间戳
     ts1 = pd.Timestamp("2026-12-23 12:30")
     ts2 = pd.Timestamp("2026-12-20 10:10")
     delta = ts1 - ts2    # 计算两个时间戳之间的差
```

	delta
[ ]:	Timedelta('3 days 02:20:00')

说明：ts1-ts2 返回的是 Timedelta 对象，表示两个时间戳之间的时间差。在本例中，3 days 02:20:00 表示 3 天 2 小时 20 分钟的时长。

7.4.2 时间差索引

Timedelta 数据类型的索引结构称为 TimedeltaIndex。可以通过 TimedeltaIndex() 或 timedelta_range() 函数生成时间差索引的 TimedeltaIndex 对象。

1. 使用 TimedeltaIndex() 函数生成时间差索引

TimedeltaIndex() 函数用于创建一系列时间差，并返回一个 TimedeltaIndex 对象，其中包含按照指定时间差构成的序列。TimedeltaIndex() 函数的语法格式如下：

pd.TimedeltaIndex(data=None, unit=None, freq=None, dtype=None, copy=False, name=None)

TimedeltaIndex() 函数的常用参数及说明见表 7-13。

表 7-13 TimedeltaIndex() 函数的常用参数及说明

名称	说明
data	构建索引的数据，可以是列表、数组、Series 等，包含时间增量数据。这些数据可以是 Timedelta 对象、数字（如天数、秒数等）或字符串（如'1 days'、'2 hours'）
unit	指定 data 中数字的时间单位，例如，'D'（天）、'H'（小时）、'm'（分钟）、's'（秒）等，默认为 None
freq	指定时间增量索引的频率，例如，'D'（天）、'H'（小时）等。如果设置为'infer'，Pandas 将尝试从数据中推断频率
dtype	返回索引的数据类型，例如，timedelta64[ns]、timedelta64[us]等
copy	是否复制数据，布尔值，默认为 False
name	索引名称，字符串类型，默认为 None

【例 7-32】 使用数字和单位创建 TimedeltaIndex 对象。

[ ]:	import pandas as pd td_index = pd.TimedeltaIndex([1, 3, 5], unit='D') # 创建表示 1 天、3 天和 5 天的时长索引 td_index
[ ]:	TimedeltaIndex(['1 days', '3 days', '5 days'], dtype='timedelta64[ns]', freq=None)

说明：列表[1, 3, 5]中的元素被解释为天数；unit='D'指定单位为天；freq=None 表示索引没有固定的频率；dtype='timedelta64[ns]'表示时间间隔以纳秒为单位。

【例 7-33】 使用 Timedelta 对象创建 TimedeltaIndex 对象。

[ ]:	# 使用 Timedelta 对象创建 TimedeltaIndex
	td_index = pd.TimedeltaIndex([
	    pd.Timedelta(days=1),
	    pd.Timedelta(hours=2),
	    pd.Timedelta(weeks=1)
	])
	td_index

[ ]:	TimedeltaIndex(['1 days 00:00:00', '0 days 02:00:00', '7 days 00:00:00'], dtype='timedelta64[ns]', freq=None)

说明：将多个 Timedelta 对象组合成列表传递给 TimedeltaIndex()；创建的索引表示 1 天、2 小时和 1 周的时间增量。

【例 7-34】 使用字符串创建 TimedeltaIndex 对象。

项目 7　时间序列数据的处理与分析

```
[ ]:  # 使用字符串创建 TimedeltaIndex
      td_index = pd.TimedeltaIndex(['1 days', '2 hours', '180 minutes'])
      td_index
[ ]:  TimedeltaIndex(['1 days 00:00:00', '0 days 02:00:00', '0 days 03:00:00'], dtype='timedelta64[ns]', freq=None)
```

说明：TimedeltaIndex()会自动解析字符串'X unit' 的格式；例如，'1 days'表示 1 天，'2 hours' 表示 2 小时。

【例 7-35】 生成一个 TimedeltaIndex 对象，表示工作 6 小时的时间差。

```
[ ]:  pd.TimedeltaIndex([6], unit='H')    # [6]元素的列表，该数字将被解释为时间差，'H'代表数字单位
[ ]:  TimedeltaIndex(['0 days 06:00:00'], dtype='timedelta64[ns]', freq=None)
```

说明：将列表中的数字 6 转换成一个表示时间间隔长度的对象，该对象可以用来表示在工作日每天工作时长为 6 小时。

【例 7-36】 使用 NumPy 数组创建 TimedeltaIndex 对象。

```
[ ]:  import numpy as np
      # 使用 NumPy 数组创建 TimedeltaIndex
      td_index = pd.TimedeltaIndex(np.array([1, 2, 3], dtype='timedelta64[h]'))
      td_index
[ ]:  TimedeltaIndex(['0 days 01:00:00', '0 days 02:00:00', '0 days 03:00:00'], dtype='timedelta64[s]', freq=None)
```

说明：使用 NumPy 创建包含时间差的数组；数组中的数字分别表示 1 小时、2 小时和 3 小时。

2．使用 timedelta_range()函数生成时间差索引

timedelta_range()是一个用于生成固定频率的 TimedeltaIndex 对象的函数。语法格式如下：

　　pd.timedelta_range(start=None, end=None, periods=None, freq=None, name=None, closed=None, unit=None)

timedelta_range()函数的常用参数及说明见表 7-14。

表 7-14　timedelta_range()函数的常用参数及说明

名称	说明
start	时间差序列的起始点，可以是字符串或类似 timedelta 的对象，默认为 None
end	时间差序列的结束点，可以是字符串或类似 timedelta 的对象，默认为 None
periods	要生成的时间差的数量，默认为 None
freq	时间频率，默认为'D'（天）。可以使用倍数（如'5H'表示 5 小时的频率），但必须为固定频率（如'M'非固定频率将报错）
name	索引名称，默认为 None
closed	指定序列是否包含起点或终点，可以为'left'、'right'或 None（默认包含起点和终点）
unit	指定时间间隔的单位，例如'D'（天）、'h'（小时）、's'（秒）等，默认为 None

该函数有 start、end、periods、freq 4 个参数，在生成时间增量索引时，至少要指定 3 个参数。如果省略了 freq，则结果 TimedeltaIndex 对象将在 start 和 end 之间（两边都封闭）线性间隔的 periods 个元素。如果指定了 start、end 和 periods，则频率会自动生成（线性间隔）。如果指定了 freq 参数，则只能使用固定频率，非固定频率如'M'（月末）会引发错误。

【例 7-37】 生成固定频率的时间差序列。

```
[ ]:  td_range = pd.timedelta_range(start='1 day', periods=4)    # 生成每天递增的时间差序列
      td_range
[ ]:  TimedeltaIndex(['1 days', '2 days', '3 days', '4 days'], dtype='timedelta64[ns]', freq='D')
```

说明：start='1 day'指定起始时间为 1 天；periods=4 指定生成 4 个时间增量；自动推断频率为'D'（每天）。

【例 7-38】 生成以 6 小时为频率的时间差序列。

```
[ ]:  td_range = pd.timedelta_range(start='1 day', end='2 days', freq='6H')  # 生成以 6 小时为频率的时间差序列
      td_range
[ ]:  TimedeltaIndex(['1 days 00:00:00', '1 days 06:00:00', '1 days 12:00:00',
                     '1 days 18:00:00', '2 days 00:00:00'],
                     dtype='timedelta64[ns]', freq='6H')
```

说明：start='1 day'和 end='2 days'指定起始和结束时间；freq='6H'指定时间间隔为 6 小时。

7.4.3 创建以时间差索引为索引的数据对象

TimedeltaIndex 对象可以应用于多种场景，例如，表示时间序列分析中的时间差，或者作为 Series 或 DataFrame 的索引，用于构建基于时间差的数据结构。

【例 7-39】 创建 TimedeltaIndex 对象，将其作为索引创建 DataFrame 对象。

1）创建 TimedeltaIndex 对象 idx。

```
[ ]:  import pandas as pd
      idx = pd.TimedeltaIndex(['1 days', '1 days 12:05:23', '02:30:18'])   # 定义包含 3 个时间差的索引
      idx
[ ]:  TimedeltaIndex(['1 days 00:00:00', '1 days 12:05:23', '0 days 02:30:18'], dtype='timedelta64[ns]', freq=None)
```

2）将 idx 作为索引创建 DataFrame 对象。

```
[ ]:  value_list = [['a1', 'b1'], ['a2', 'b2'], ['a3', 'b3']]   # 定义数据
      # 将时间差索引应用到 DataFrame 数据结构中
      df = pd.DataFrame(value_list, index=idx, columns=['Column1', 'Column2'])
      df
```

[ ]:

	Column1	Column2
1 days 00:00:00	a1	b1
1 days 12:05:23	a2	b2
0 days 02:30:18	a3	b3

说明：TimedeltaIndex 对象 idx 定义了 3 个时间差；数据由列表 value_list 构成；TimedeltaIndex 被用作 DataFrame 的行索引。

【例 7-40】 使用固定频率的 TimedeltaIndex 创建 DataFrame。

```
[ ]:  # 定义以 8 小时为间隔的时间差索引
      idx = pd.timedelta_range(start='00:00:00', end='18:00:00', freq='8H')
      # 创建包含时间差索引的 DataFrame
      df = pd.DataFrame(value_list, index=idx, columns=['Column1', 'Column2'])
      df
```

[ ]:

	Column1	Column2
0 days 00:00:00	a1	b1
0 days 08:00:00	a2	b2
0 days 16:00:00	a3	b3

说明：pd.timedelta_range()生成了一个以 8 小时为间隔的时间差索引；索引范围从'00:00:00'到'18:00:00'，共包含 3 个时间差。

7.5 日期偏移量与计算

在 Pandas 中，日期偏移量（Date Offsets）是进行日历敏感型时间计算的核心工具。它不同于 Timedelta 所表示的固定时间长度，日期偏移量遵循日历规则，能够智能地处理工作日、节假日、月末对齐等情况。例如，用户可以指定偏移"一个月的月底"或跳转到"下一个工作日"。Pandas 提供了丰富的日期偏移量类型，见表 7-15。

表 7-15 日期偏移量类型

类型	说明	典型应用场景
基础偏移量	固定时间单位	精确计算小时、分钟、秒等时间段
工作日偏移量	排除非工作日	金融或商务场景下的交易日计算
月末/季末偏移量	对齐日历规则	财务报表、统计周期计算
自定义偏移量	用户自定义规则	节假日排除、特殊营业周期等

在 Pandas 中，日期偏移量的类为 DateOffset，它是一个标量对象，通常存储为 object 类型，不能直接作为数组使用。

7.5.1 日期偏移量别名

多数 DateOffset 对象都有对应的频率字符串别名（Frequency Aliases），可用于 freq 参数中，如在 date_range()、resample() 等函数内使用。表 7-16 列出了常见日期偏移量的类名、频率别名、说明及特殊行为。

表 7-16 常见日期偏移量的类名、频率别名、说明及特殊行为

类名	频率别名	说明	特殊行为
通用偏移量			
DateOffset	无	基础偏移类，按年/月/日等日历单位	可通过 years、months 等参数定制偏移周期
工作日偏移			
BDay 或 BusinessDay	'B'	每个工作日（周一至周五）	自动跳过周末
CDay 或 CustomBusinessDay	'C'	自定义工作日与节假日规则	可指定节假日日历和工作日模板
BusinessHour	'bh'	工作日内的小时段（默认 09:00-17:00）	仅在有效工作小时内偏移
CustomBusinessHour	'cbh'	自定义工作小时时间段	可自定义工作时间区间
月或季度偏移			
MonthEnd	'ME'	每月最后一个日历日	自动跳转到当月最后一天
MonthBegin	'MS'	每月第一个日历日	自动跳转到当月第一天
BMonthEnd 或 BusinessMonthEnd	'BME'	每月最后一个工作日	跳过周末与节假日
BMonthBegin 或 BusinessMonthBegin	'BMS'	每月第一个工作日	跳过周末与节假日
CBMonthEnd 或 CustomBusinessMonthEnd	'CBME'	自定义工作月末	可结合节假日日历设定工作月末

（续）

类名	频率别名	说明	特殊行为
月或季度偏移			
CBMonthBegin 或 CustomBusinessMonthBegin	'CBMS'	自定义工作月初	可结合节假日日历设定工作月初
SemiMonthEnd	'SME'	每月 15 日和日历月末	若当前日期为 15 日前，跳至 15 日；否则跳至月末
SemiMonthBegin	'SMS'	每月 1 日和 15 日	若当前日期为 15 日前，跳至 1 日；否则跳至 15 日
QuarterEnd	'QE'	每季度的最后一个日历日（3、6、9、12 月）	自动对齐季度末
QuarterBegin	'QS'	每季度的第一个日历日（1、4、7、10 月）	自动对齐季度初
BQuarterEnd	'BQE'	每季度最后一个工作日	对齐季度末的最后一个工作日
BQuarterBegin	'BQS'	每季度第一个工作日	对齐季度初的第一个工作日
年偏移			
YearEnd	'YE'	每年最后一天（12 月 31 日）	自动对齐至年末日历日
YearBegin	'YS'	每年第一天（1 月 1 日）	自动对齐至年初日历日
BYearEnd 或 BusinessYearEnd	'BYE'	每年最后一个工作日	考虑节假日跳至最后有效工作日
ByearBegin 或 BusinessYearBegin	'BYS'	每年第一个工作日	考虑节假日跳至第一个有效工作日
周偏移			
Week	'W'	每周固定偏移 7 天，可指定周几为起始	例如，'W-MON'表示以周一为起点
WeekOfMonth	'WOM'	每月第 y 周的第 x 个星期	灵活生成特定周的日期，例如，WOM-2FRI，每月第二个周五
LastWeekOfMonth	'LWOM'	每月最后一周中的某个星期	自动定位到该星期，例如，'LWOM-FRI'
特殊规则偏移			
FY5253	'RE'	零售业 52-53 周制年度偏移	用于零售业特殊财务周期
FY5253Quarter	'REQ'	零售业季度偏移（如 13 周）	一年按 13 周×4 或 12+13+13+13 划分
Easter	无	每年复活节的日期	—
固定时间单位偏移			
Day	'D'	固定 1 天（24 小时）	—
Hour	'h'	小时	—
Minute	'min'	分钟	—
Second	's'	秒	—
Milli	'ms'	毫秒（1/1000 秒）	—
Micro	'us'	微秒（1/1,000,000 秒）	—
Nano	'ns'	纳秒（1/1,000,000,000 秒）	—

使用说明：

1）别名与类等效。例如 freq='B'等价于 freq=pd.offsets.BusinessDay()，二者效果相同。

2）频率字符串对大小写敏感。大写用于锚定（如'ME'表示月末），小写用于固定单位（如'h'表示小时）。

3）复合偏移量支持"+"运算。例如每月最后一天+2 小时：

offset = pd.offsets.BMonthEnd() + pd.offsets.Hour(2)

4）特殊频率格式。例如'WOM-3MON'表示"每月第三个星期一";'QE-JAN'表示"以 1 月结束的季度"（常用于财务年）。

5）注意周期与偏移的区别。例如偏移量别名'ME'表示"跳转至月底"（偏移点）；周期别名'M'表示"以月为周期的时间序列"（时间间隔）。在某些函数中，二者可以互换使用，但含义略有不同。

【例 7-41】 使用工作日偏移量。

```
import pandas as pd
start = "2026-01-01"
pd.date_range(start, periods=5, freq="B")
```
```
DatetimeIndex(['2026-01-01', '2026-01-02', '2026-01-05', '2026-01-06', '2026-01-07'],
              dtype='datetime64[ns]', freq='B')
```

与之等价的方式是使用偏移对象。

```
pd.date_range(start, periods=5, freq=pd.offsets.BDay())
```
```
DatetimeIndex(['2026-01-01', '2026-01-02', '2026-01-05', '2026-01-06', '2026-01-07'],
              dtype='datetime64[ns]', freq='B')
```

说明：'B'是 BusinessDay（工作日）的别名，自动排除周六、周日。pd.offsets.BDay()是一个偏移对象，与字符串形式'B'等价。

6）自动对齐说明。若 start 或 end 日期不符合偏移频率规则，date_range()将自动对齐到下一个或上一个有效时间点。

【例 7-42】 使用月初频率。

```
# 如果起始日期不是每月第一天，自动跳至下月 1 号。若结束日期非 1 号，回退至结束月 1 号
pd.date_range("2026-01-06", "2026-04-03", freq="MS")
```
```
DatetimeIndex(['2026-02-01', '2026-03-01', '2026-04-01'], dtype='datetime64[ns]', freq='MS')
```
```
# 如果起始日期为 1 号，则正常生成各月 1 号
pd.date_range("2026-01-01", "2026-04-01", freq="MS")
```
```
DatetimeIndex(['2026-01-01', '2026-02-01', '2026-03-01', '2026-04-01'], dtype='datetime64[ns]',
              freq='MS')
```

7.5.2 锚定偏移量

锚定偏移量（Anchored Offsets）是在常规偏移频率基础上添加"锚点"（anchor），以指定时间周期的起点或终点，例如'W-WED'以周三为一周开始，'QE-JUN'以 6 月为季度末等。表 7-17 列出了常用的锚定别名。

表 7-17 常用的锚定别名

别名	说明
周频率锚点别名	
'W-SUN'	以周日为锚点（周日为周起始日，默认）。等价于'W'
'W-MON'	以周一为锚点（周一为周起始日）
'W-TUE'	以周二为锚点（周二为周起始日）
'W-WED'	以周三为锚点（周三为周起始日）
'W-THU'	以周四为锚点（周四为周起始日）
'W-FRI'	以周五为锚点（周五为周起始日）
'W-SAT'	以周六为锚点（周六为周起始日）

(续)

别名	说明
季度频率锚点别名	
(B)Q(E)(S)-DEC	以 12 月末为锚点（年结束于 12 月末，默认）。等价于'QE'
(B)Q(E)(S)-JAN	以 1 月末为锚点（年结束于 1 月末）
(B)Q(E)(S)-FEB	以 2 月末为锚点（年结束于 2 月末）
⋮	⋮
(B)Q(E)(S)-NOV	以 11 月末为锚点（年结束于 11 月末）
年频率锚点别名	
(B)Y(E)(S)-DEC	以 12 月末为锚点（默认）。与'YE'相同
'(B)Y(E)(S)-JAN'	以 1 月末为锚点
'(B)Y(E)(S)-FEB'	以 2 月末为锚点
⋮	⋮
'(B)Y(E)(S)-NOV'	以 11 月末为锚点

注意：前缀符号含义：B 表示工作日（Business），E 表示周期结束（End），S 表示周期开始（Start）。括号表示可选参数，例如'BQ-DEC'与'QE-DEC'均为有效格式。

这些锚定偏移量可用于：date_range()函数、DatetimeIndex 构造函数、Pandas 库中其他时间序列相关函数。

【例 7-43】 使用锚定频率生成日期序列。

```
[ ]: pd.date_range("2026-01-01", periods=4, freq="W-FRI")    # 'W-FRI'表示每周五
[ ]: DatetimeIndex(['2026-01-02', '2026-01-09', '2026-01-16', '2026-01-23'], dtype='datetime64[ns]', freq='W-FRI')
[ ]: pd.date_range("2026-01-01", periods=2, freq="QE-JUN")    # 'QE-JUN'表示以 6 月为季度结束
[ ]: DatetimeIndex(['2026-03-31', '2026-06-30'], dtype='datetime64[ns]', freq='QE-JUN')
```

7.5.3 创建自定义 DateOffset 对象

除了使用字符串频率别名，Pandas 还允许通过 pd.offsets.DateOffset()创建灵活的偏移对象，适用于复合单位组合的自定义偏移。

【例 7-44】 创建一个 12 天 10 小时的偏移对象。

```
[ ]: offset = pd.offsets.DateOffset(days=12, hours=10)
     offset
[ ]: <DateOffset: days=12, hours=10>
```

可以将这个对象加到时间戳上进行偏移运算。

```
[ ]: pd.Timestamp("2026-06-10") + offset
[ ]: Timestamp('2026-06-22 10:00:00')
```

说明：DateOffset 更适用于处理按"自然时间单位"理解的日期，如"季度末后两天"，而非精确秒数运算。

7.5.4 日期偏移量的 rollforward()和 rollback()方法

DateOffset 类还提供了 rollforward()和 rollback()方法，用于将日期分别向前或向后移动到相对于偏移量的有效偏移日期。例如，工作日偏移量会将落在周末（周六和周日）的日期向前滚

动到周一,因为工作日偏移量仅在工作日(周一至周五)上操作。

【例 7-45】 使用 BusinessHour 类进行工作日的偏移。

```
[ ]: ts = pd.Timestamp("2025-08-09 00:00:00")
     ts.day_name()
[ ]: 'Saturday'
[ ]: offset = pd.offsets.BusinessHour(start="09:00")   # BusinessHour 的有效偏移日期是周一至周五
     offset.rollforward(ts)    # 将日期移动到最近的偏移日期(周一)
[ ]: Timestamp('2025-08-11 09:00:00')
[ ]: ts + offset    # 日期先被移动到最近的偏移日期,然后加上小时
[ ]: Timestamp('2025-08-11 10:00:00')
```

【例 7-46】 使用 BMonthEnd 类进行工作月末的偏移。

```
[ ]: d = pd.Timestamp('2025-08-12 15:50:01')    # 创建时间戳
     offset = pd.offsets.BMonthEnd()    # 创建工作月末的偏移对象
     next_month_end = offset.rollforward(d)    # 向前移动到下一个工作月末
     print('向前移动到下一个工作月末:', next_month_end)
     prev_month_end = offset.rollback(d)    # 向后移动到上一个工作月末
     print('向后移动到上一个工作月末:', prev_month_end)
[ ]: 向前移动到下一个工作月末: 2025-08-29 15:50:01
     向后移动到上一个工作月末: 2025-07-31 15:50:01
```

说明:工作月末:如果月份的最后一天是周末,则调整到前一个工作日。例如,2025 年 8 月 30 日和 31 日是周末,因此工作月末为 8 月 29 日。

7.5.5 在 Series 或 DatetimeIndex 中使用日期偏移量

DateOffset 是一个用于表示持续时间的工具,可以作用于 Series、Timestamp 或 DatetimeIndex 对象,从而对每个元素应用相同的偏移计算。

1. 基本用法示例

DateOffset 可以对 Series、Timestamp 或 DatetimeIndex 对象进行加、减运算,向前或向后移动时间,实现灵活的时间调整。

【例 7-47】 DatetimeIndex 对象与偏移对象的运算。

```
[ ]: rng = pd.date_range("2026-01-01", "2026-01-03")    # 创建日期范围
     rng
[ ]: DatetimeIndex(['2026-01-01', '2026-01-02', '2026-01-03'], dtype='datetime64[ns]', freq='D')
[ ]: s = pd.Series(rng)    # 转换为 Series
     s
[ ]: 0   2026-01-01
     1   2026-01-02
     2   2026-01-03
     dtype: datetime64[ns]
[ ]: # 对整个 DatetimeIndex 应用偏移(增加 2 个月)
     rng + pd.DateOffset(months=2)
[ ]: DatetimeIndex(['2026-03-01', '2026-03-02', '2026-03-03'], dtype='datetime64[ns]', freq=None)
[ ]: # 对 Series 应用偏移(增加 2 个月)
     s + pd.DateOffset(months=2)
[ ]: 0   2026-03-01
     1   2026-03-02
     2   2026-03-03
```

```
dtype: datetime64[ns]
# 对 Series 应用偏移（减少 2 个月）
s - pd.DateOffset(months=2)
0    2025-11-01
1    2025-11-02
2    2025-11-03
dtype: datetime64[ns]
```

2．类似 Timedelta 的日期偏移量

若偏移类直接对应时间差单位（如 Day、Hour、Minute、Second 等），则可以像 Timedelta 一样进行相同的运算。

【例 7-48】 接着上面例题，偏移类直接对应时间差单位。

```
[ ]: s - pd.offsets.Day(2)    # 减少 2 天
[ ]: 0    2025-12-30
     1    2025-12-31
     2    2026-01-01
     dtype: datetime64[ns]
[ ]: # 计算日期差（结果为 Timedelta 类型）
     td = s - pd.Series(pd.date_range("2025-12-29", "2025-12-31"))
     td
[ ]: 0    3 days
     1    3 days
     2    3 days
     dtype: timedelta64[ns]
[ ]: td + pd.offsets.Minute(15)    # 对 Timedelta 增加 15 分钟
[ ]: 0    3 days 00:15:00
     1    3 days 00:15:00
     2    3 days 00:15:00
     dtype: timedelta64[ns]
```

7.6 时间序列类型转换

Pandas 提供了 4 个常用函数用于时间序列类型的转换。
- to_datetime()：将数据转换为时间戳类型（Timestamp 或 DatetimeIndex）。
- to_period()：将数据转换为时期类型（Period 或 PeriodIndex）。
- to_timestamp()：将时期类型转换为时间戳类型。
- to_timedelta()：将数值或字符串转换为时间差类型。

7.6.1 日期时间转为时间戳 to_datetime()函数

to_datetime()函数可以将单个数据转换为 Timestamp 对象，当输入为 Series 时返回带相同索引的 Series；当输入列表类型数据时则返回 DatetimeIndex 对象。to_datetime()函数的语法格式如下：

```
pd.to_datetime(arg, errors='raise', dayfirst=False, yearfirst=False, utc=None, format=None, exact=True, unit=None, infer_datetime_format=False, origin='unix', cache=False)
```

to_datetime()函数的常用参数及说明见表 7-18。

表 7-18   to_datetime()函数的常用参数及说明

名称	说明
arg	要转换为时间戳的数据,可以是日期或时间的字符串、数字、datetime 对象、Timestamp 对象或包含日期时间信息的列表、数组、Series 等
errors	指定无效解析时的错误处理方式,取值为'raise'(抛出异常,默认)、'coerce'(将无法转换的值设置为 NaT,Not a Time)、'ignore'(忽略错误并保留原始数据)
dayfirst	如果 arg 是字符串或类列表,则指定日期解析顺序。为 True 时将日作为优先解析字段,例如,"10/11/12"被解析为 2012-11-10。默认为 False
yearfirst	指定年份解析优先顺序。为 True 时优先解析年份字段,例如,"10/11/12"被解析为 2010-11-12。默认为 False
utc	控制与时区相关的解析,本地化和转换:如果为 True,返回的时间戳为 UTC;如果为 False,保持原始时区。默认为 False
format	指定日期时间字符串的格式,例如,"%d/%m/%Y"。默认为 None
exact	布尔值,默认为 True。如果为 True,要求日期时间字符串与 format 格式完全匹配;如果为 False,允许部分匹配
unit	用于指定 arg 中数字的时间单位,例如,D(天)、s(秒)、ms(毫秒)、us(微秒)和 ns(纳秒)。默认为'ns'
infer_datetime_format	是否尝试推断输入数据的日期时间格式。为 True 时,如果未提供 format 参数,将自动推断并切换到更快的解析方法。默认为 False
origin	指定时间戳的起始参考点,默认为'unix'(1970 年 1 月 1 日)。可以是字符串或 Timestamp 对象
cache	是否使用缓存来提高性能。为 True 时,对于重复日期字符串的解析会显著加速。默认为 True

【例 7-49】 将日期字符串、Series 或字符串列表转换为 Timestamp 或 DatetimeIndex 对象。

1)传入单个日期字符串。

```
import pandas as pd
pd.to_datetime('2026-05-17')   # 将一个日期字符串转换为 Timestamp 对象
```
```
Timestamp('2026-05-17 00:00:00')
```

说明:如果传入一个日期字符串,返回的结果是 Timestamp 对象;默认时间为当天的开始时间 00:00:00。

2)传入 Series 数据。

```
pd.to_datetime(pd.Series(["2025-07-31", "2026-01-10", None]))   # Series 转换(保留 None 为空值 NaT)
```
```
0     2025-07-31
1     2026-01-10
2            NaT
dtype: datetime64[ns]
```

说明:当输入为 Series 时返回带相同索引的 Series。Pandas 使用 NaT(Not a Time)表示时间类型的空值,其行为类似浮点数中的 np.nan。

3)传入字符串列表。

```
idx = pd.to_datetime(['20261018', '20261120', '20261203'])   # 将字符串列表转换为 DatetimeIndex 对象
idx
```
```
DatetimeIndex(['2026-10-18', '2026-11-20', '2026-12-03'], dtype='datetime64[ns]', freq=None)
```
```
idx[0]   # 取出第一个时间戳
```
```
Timestamp('2026-10-18 00:00:00')
```

说明:如果传入多个日期格式的字符串列表,则将其转换为 DatetimeIndex 对象,表示由一组时间戳构成的索引。DatetimeIndex 的每个标量值(如'2026-10-18')都是一个 Timestamp 对象。

7.6.2   时间戳转为时期 to_period()方法

to_period()方法用于将时间戳(Timestamp 对象)转换为指定频率的时期(Period 对象)。由于时

间戳表示的是特定的时间点，而时期表示的是时间区间，因此在转换时需要指定目标的频率。to_period()方法返回一个 Period 对象，表示与原始 Timestamp 对象相对应的时间段。语法格式如下：

> Timestamp 对象.to_period(freq='D', axis=0, copy=None)

to_period()方法的常用参数及说明见表 7-19。

表 7-19　to_period()方法的常用参数及说明

名称	说明
freq	指定转换后的 Period 对象的频率。字符串或 DateOffset 对象（必选参数）。常见值包括'M'（月频率）、'Q'（季度频率）、'Y'（年频率）
axis	指定转换的轴。整数或字符串，可选参数。0 或'index'（按行转换，默认）、1 或'columns'（按列转换）
copy	是否返回一个新的对象。布尔值，可选参数，默认为 None。False 不复制数据；True 返回一个新的对象

【例 7-50】　单个 Timestamp 对象转换为不同频率的 Period 对象。

```
import pandas as pd
ts = pd.Timestamp('2026-03-13T15:32:52.192548651')  # 创建一个 Timestamp 对象
# 将 Timestamp 转换为年频率的 Period 对象
ts.to_period(freq='Y')    # 年频率，表示 2026 年
```
```
Period('2026', 'A-DEC')
```
```
# 将 Timestamp 转换为月频率的 Period 对象
ts.to_period(freq='M')    # 月频率，表示 2026 年 3 月
```
```
Period('2026-03', 'M')
```
```
# 将 Timestamp 转换为周频率的 Period 对象
ts.to_period(freq='W')    # 周频率，表示 2026 年 3 月 9 日到 3 月 15 日的那一周
```
```
Period('2026-03-09/2026-03-15', 'W-SUN')
```
```
# 将 Timestamp 转换为季度频率的 Period 对象
ts.to_period(freq='Q')    # 季度频率，表示 2026 年第 1 季度
```
```
Period('2026Q1', 'Q-DEC')
```
```
# 将 Timestamp 转换为小时频率的 Period 对象
ts.to_period(freq='H')    # 小时频率，表示 2026 年 3 月 13 日的 15 点
```
```
Period('2026-03-13 15:00', 'H')
```

说明：

- 通过指定 freq 参数，可以将 Timestamp 对象转换为不同频率的 Period 对象：freq='Y'（转换为年频率），freq='M'（转换为月频率），freq='W'（转换为周频率），freq='Q'（转换为季度频率），freq='H'（转换为小时频率）。
- 每个 Period 对象都表示一个时间段，该时间段包含了原始 Timestamp 的时间点。

【例 7-51】　将 DatetimeIndex 转换为 PeriodIndex。

```
# 创建数据字典
data = {'Date': pd.date_range('2026-11-01', periods=6, freq='D'),
        'Value': [10, 20, 30, 40, 50, 60]}
df = pd.DataFrame(data)    # 使用字典创建一个 DataFrame
df
```

	Date	Value
0	2026-11-01	10
1	2026-11-02	20
2	2026-11-03	30
3	2026-11-04	40
4	2026-11-05	50
5	2026-11-06	60

```
[ ]: df.set_index('Date', inplace=True)   # 将'Date'列设置为索引
     df
```

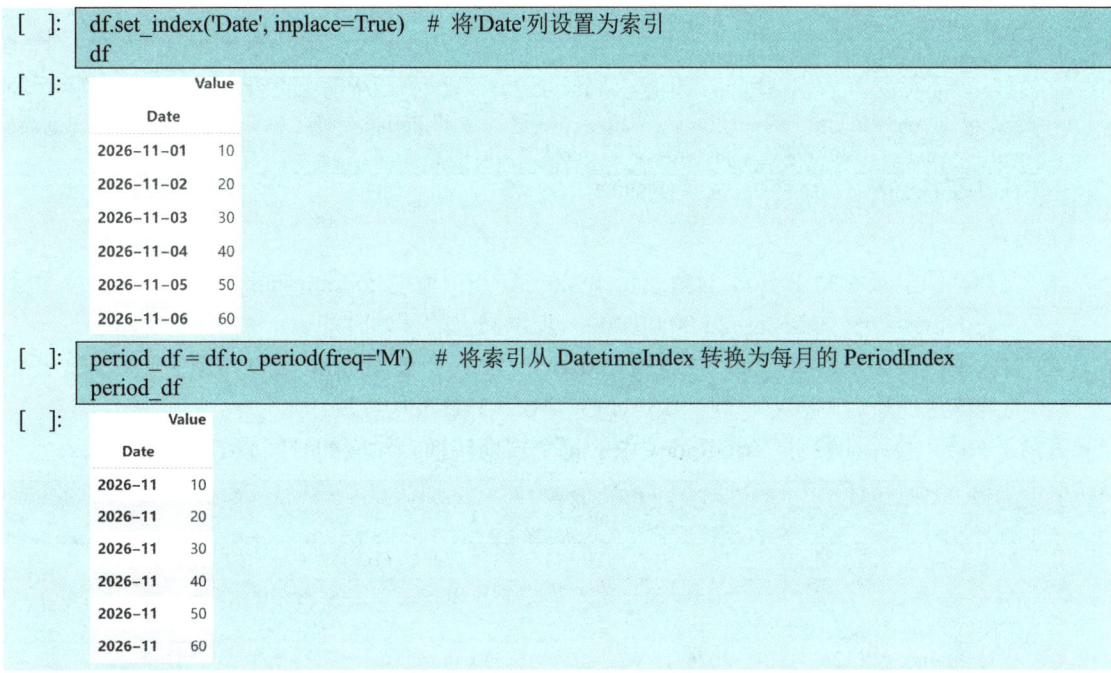

```
[ ]: period_df = df.to_period(freq='M')   # 将索引从 DatetimeIndex 转换为每月的 PeriodIndex
     period_df
```

说明：
- 数据创建：使用 pd.date_range()创建日期范围，并构建包含日期和值的 DataFrame。
- 索引设置：使用 set_index()方法将'Date'列设置为索引，索引类型为 DatetimeIndex。
- 索引转换：使用 to_period(freq='M')将索引从 DatetimeIndex 转换为 PeriodIndex；转换后的索引频率为每月（freq='M'），显示格式为 2026-11。

7.6.3 时期转为时间戳 to_timestamp()方法

to_timestamp()方法用于将时期（Period 对象）转换为时间戳（Timestamp 对象），或将时期索引（PeriodIndex 对象）转换为时间戳索引（DatetimeIndex 对象）。此方法在时间序列分析中非常实用，尤其是需要从时间段数据还原为具体时间点数据时。语法格式如下：

Period 对象.to_timestamp(freq='D', how='Start')

to_timestamp()方法的常用参数及说明见表 7-20。

表 7-20 to_timestamp()方法的常用参数及说明

名称	说明
freq	指定目标频率，字符串或 DateOffset 对象，可选参数。如果原始频率是周（'W'）或更长（如月'M'、季度'Q'、年'Y'），默认为日（'D'）；如果原始频率短于周（如小时'H'、分钟'min'、秒'S'），则默认为秒（'S'）
how	指定转换时使用时间段的开始或结束。取值为'start'或's'（表示时间段的开始，默认）、'end'或'e'（表示时间段的结束）

【例 7-52】将单个 Period 对象转换为 Timestamp 对象。

```
[ ]: period = pd.Period('2026-11-23 10:55', freq='D')   # 创建一个日频率的 Period 对象
     period   # # 日频率 Period 对象
[ ]: Period('2026-11-23', 'D')
[ ]: timestamp = period.to_timestamp()   # 将 Period 转换为 Timestamp
```

```
timestamp    #  # 转换后的时间戳表示当天的开始时间
```
```
[ ]: Timestamp('2026-11-23 00:00:00')
```
```
[ ]: period_monthly = pd.Period('2026-11', freq='M')    # 创建一个月频率的 Period 对象
     end_of_month = period_monthly.to_timestamp(how='E')    # 将 Period 转换为该月最后一天的 Timestamp
     end_of_month    ## 转换后的时间戳表示该月的最后时间点
     Timestamp('2026-11-30 23:59:59.999999999')
```

说明：

- 日频率：日频率的 Period 对象表示 2026-11-23；使用 to_timestamp()方法转换后，得到的是 Timestamp('2026-11-23 00:00:00')，表示当天的开始时间。
- 月频率：月频率的 Period 对象表示 2026 年 11 月；使用 how='E'（结束）参数时，返回的是该月的最后时间点，即 2026-11-30 23:59:59.999999999。

【例 7-53】 将周期索引 PeriodIndex 中的每个周期转换为对应的时间戳 DatetimeIndex。

```
[ ]: period_index = pd.PeriodIndex(['2026-11-01', '2026-11-02', '2026-11-03'], freq='D')    # 创建一个 PeriodIndex
     period_index
[ ]: PeriodIndex(['2026-11-01', '2026-11-02', '2026-11-03'], dtype='period[D]', freq='D')
[ ]: datetime_index = period_index.to_timestamp()    # 将 PeriodIndex 转换为 DatetimeIndex
     datetime_index
[ ]: DatetimeIndex(['2026-11-01', '2026-11-02', '2026-11-03'], dtype='datetime64[ns]', freq='D')
```

说明：

- 输入数据：创建的 PeriodIndex 包含 3 个时间段，分别是'2026-11-01'、'2026-11-02'和'2026-11-03'。
- 转换结果：调用 to_timestamp()方法后，返回一个 DatetimeIndex；在默认情况下，转换的时间戳是每个时间段的开始时间。

7.6.4 转换为时间差的 pd.to_timedelta()函数

pd.to_timedelta()函数可将标量、数组、列表或 Series 从可识别的时间差格式转换为时间差类型（Timedelta 或 TimedeltaIndex）。当输入为 Series 时返回 Series，输入为标量时返回标量，其他情况返回 TimedeltaIndex。函数语法格式如下：

```
pd.to_timedelta(arg, unit=None, errors='raise')
```

pd.to_timedelta()函数的常用参数及说明见表 7-21。

表 7-21 pd.to_timedelta()函数的常用参数及说明

名称	说明
arg	要转换的数据，类型可以是时间差格式字符串（如"1 days"）、数值（需配合 unit 参数）、上述类型的列表/数组/Series 等。
unit	指定单位，仅当 arg 为数值类型时使用，单位可以是：'D'（天）、'h'（小时）、'm'（分钟）、's'（秒）、'ms'（毫秒）、'us'（微秒）、'ns'（纳秒）。当输入为字符串或字符串数组时，unit 参数会被忽略。未指定单位的字符串默认按纳秒解析。
errors	错误处理方式，'raise'（默认，遇到无效值抛出异常）、'coerce'（将无效值转换为 NaT）、'ignore'（保留原值不变。

【例 7-54】 将字符串、数值、列表、Series 转换为 Timedelta 类型。

1）单个字符串转换。

```
[ ]: import pandas as pd
```

```
pd.to_timedelta("2 days 6 hours 30 minutes")    # 把字符串转换 Timedelta 类型
```
```
Timedelta('2 days 06:30:00')
```

2）单个数值+unit 形式转换。

```
pd.to_timedelta(3, unit="D")    # 表示 3 天
```
```
Timedelta('3 days 00:00:00')
```

说明：当输入是数字时，必须搭配 unit 使用。这里表示"3 天"。

3）输入为列表、数组时返回 TimedeltaIndex。

```
pd.to_timedelta(["1 days", "6 hours", "30 min"])    # 字符串列表转换
```
```
TimedeltaIndex(['1 days 00:00:00', '0 days 06:00:00', '0 days 00:30:00'], dtype='timedelta64[ns]', freq=None)
```
```
pd.to_timedelta([10, 20, 30], unit="min")    # 处理数字序列并指定单位
```
```
TimedeltaIndex(['0 days 00:10:00', '0 days 00:20:00', '0 days 00:30:00'], dtype='timedelta64[ns]', freq=None)
```

说明：将 10、20、30 分钟的时间差转换为 TimedeltaIndex，常用于批量时间差数据分析。

4）Series 对象的转换。输入为 Series 时返回带相同索引的 Series。

```
pd.to_timedelta(pd.Series(["1 day", "2 days", "NaT"]))
```
```
0    1 days
1    2 days
2       NaT
dtype: timedelta64[ns]
```

说明：Series 中的字符串被逐个转换为 Timedelta，空缺值用 NaT 表示，类似于 np.nan。

【例 7-55】 使用 errors='coerce'忽略非法值。

```
pd.to_timedelta(["1 day", "wrong value", "2 days"], errors='coerce')
```
```
TimedeltaIndex(['1 days', NaT, '2 days'], dtype='timedelta64[ns]', freq=None)
```

说明：字符串"wrong value"无法解析，因此在 errors='coerce'模式下被自动转换为 NaT，避免程序报错。如果数据源来自用户输入或文件，建议设置 errors='coerce' 来避免程序中断。

7.7 重采样

Pandas 时间序列的重采样（读音 chóng）是指将时间序列从一个频率转换为另一个频率的操作。重采样可以理解为改变时间索引的数量，通过增大或减小相邻索引的时间间隔，达到减少或增加索引数量的目的。根据操作类型，重采样可以分为以下两种：

- 降采样（Down-sampling）：降低时间序列的频率（减少索引数量）。
- 升采样（Up-sampling）：提高时间序列的频率（增加索引数量）。

Pandas 提供的 resample()函数是实现重采样的主要工具。

7.7.1 重采样方法

Pandas 的 resample()方法是一种便捷工具，用于对常规时间序列数据进行重采样和频率转换，并返回一个重采样对象。需要注意的是，重采样操作的对象必须具有类似日期时间的索引（如 DatetimeIndex、PeriodIndex 或 TimedeltaIndex）。如果对象的索引不符合要求，则需要通过 on 或 level 参数传递一个类似日期时间的列或索引标签。resample()方法的

语法格式如下：

> Series 或 DataFrame 对象.resample(rule, axis=0, closed=None, label=None, convention='start', kind=None, on=None, origin='start_day', offset=None, group_keys=False)

resample()方法的常用参数及说明见表 7-22。

表 7-22 resample()方法的常用参数及说明

名称	说明
rule	表示重采样的频率。可以是时间频率字符串（如'D'、'H'、'M'、'Y'等）或 DateOffset 对象
axis	指定重采样的轴。整数或字符串，默认为 0。对于 DataFrame，0 表示沿行（索引）重采样，1 表示沿列重采样
closed	指定时间区间的闭合端点。可选值为'right'、'left'、None（由频率自动决定，默认）
label	指定标签的放置位置。可选值为'right'（标签放置在区间的右端点，默认）、'left'
convention	控制如何确定重采样边界。可选值为'start'（默认）或'end'
kind	指定生成新索引时的索引类型。可选值为{'timestamp', 'period'}，默认 None。若指定为'timestamp'，则索引类型为 DatetimeIndex；若指定为'period'，则索引类型为 PeriodIndex
on	指定 DataFrame 中用于重采样的列名。该列必须是类似日期时间的数据类型
origin	指定重采样的起始点。可以是 Timestamp 或字符串。字符串取值包括'epoch'（1970-01-01）、'start'（时间序列的第一个值）、'start_day'（第一个午夜值，默认）
offset	指定时间偏移量。可以是 Timedelta 或字符串，默认为 None
group_keys	是否在使用.apply()方法时将分组键包含在结果索引中。布尔值，默认为 False

重采样操作流程如下。

1）调用 resample()方法：返回一个 DatetimeIndexResampler 对象（重采样器），其中包含重采样操作所需的所有信息。

2）应用聚合函数：通过方法如.mean()、.sum()或自定义.apply()函数，获取最终的重采样数据。

【例 7-56】按周重采样，并计算每周总和。

```
[ ]: import pandas as pd
     import numpy as np
     # 创建一个以天为频率的时间序列数据
     idx = pd.date_range(start='2026.10.8', periods=13, freq='D')   # 按天创建时间索引
     data = pd.Series(np.arange(13), index=idx)    # 创建 Series，其值为 0～12
     re = data.resample('W-SUN')   # 按周日为周期的结束点重采样
     print(re)   # 显示重采样器对象
     DatetimeIndexResampler [freq=<Week: weekday=6>, axis=0, closed=right, label=right, convention=start, origin=start_day]
[ ]: result = re.sum()   # 计算每周的总和
     print(result)
        2026-10-11    6
        2026-10-18    49
        2026-10-25    23
        Freq: W-SUN, dtype: int32
```

说明：按周重采样，'W-SUN'表示以周日为周期的结束点；例如，2026-10-11 的值是 0+1+2+3=6。

【例 7-57】改变时间区间的闭合端点。

```
[ ]: # 按周重采样，设置闭合端点为左闭右开（closed='left'）
     result_left_closed = data.resample('W-SUN', closed='left').sum()
```

项目 7 时间序列数据的处理与分析

```
print(result_left_closed)
2026-10-11     3
2026-10-18    42
2026-10-25    33
Freq: W-SUN, dtype: int32
```

说明：使用 closed='left'参数时，时间区间为左闭右开，2026-10-11 的值为 0+1+2=3；周日的数据不计入当周统计。

【例 7-58】 按天重采样，计算每日平均温度。

```
# 创建温度记录的 DataFrame
data = {'temperature': [22, 25, 24, 21, 26, 23, 20, 27, 23]}
idx_dates = pd.to_datetime(['2026-10-01 08:00:00', '2026-10-01 12:00:00', '2026-10-01 17:00:00',
                            '2026-10-02 08:00:00', '2026-10-02 12:00:00', '2026-10-02 17:00:00',
                            '2026-10-03 08:00:00', '2026-10-03 12:00:00', '2026-10-03 17:00:00'])
df = pd.DataFrame(data, index=idx_dates)    # 创建 DataFrame，并将 idx_dates 设置为索引
resampled_df = df.resample('D').mean().round(0)   # 按天重采样，并计算每日平均温度
resampled_df
```

```
            temperature
2026-10-01     24.0
2026-10-02     23.0
2026-10-03     23.0
```

说明：原始数据包含每天多个时间点的温度记录；按天重采样后，计算每日的平均温度并保留到小数点后 0 位。

7.7.2 降采样

降采样是指将高频率数据聚合到低频率，即增大时间间隔，减少记录数量。例如，将按天统计的数据转换为按周或按月统计。降采样通常伴随着某种形式的聚合函数（如求和、平均值、最大值或最小值）来对每个时间区间的数据进行处理。

在时间序列降采样过程中，数据的总体数量会减少，时间颗粒度变大。

重采样可以理解为一种分组操作，它会根据时间索引将时间序列进行分组，然后对每个分组应用聚合函数，从而实现降采样的效果。

【例 7-59】 将日频率数据转换为月频率数据。

```
import pandas as pd
date_range = pd.date_range(start='11/1/2026', end='11/10/2026', freq='D')  # 创建一组日频率的日期范围
sample_data = [10, 20, 30, 40, 50, 60, 70, 80, 90, 100]   # 提供样本数据
df = pd.DataFrame({'data': sample_data}, index=date_range)   # 创建 DataFrame，将日频率数据作为索引
print("原始数据（按日统计）：")
print(df)
```

```
原始数据（按日统计）：
            data
2026-11-01    10
2026-11-02    20
2026-11-03    30
2026-11-04    40
2026-11-05    50
2026-11-06    60
2026-11-07    70
2026-11-08    80
2026-11-09    90
2026-11-10   100
```

```
monthly_sum = df.resample('M').sum()   # 按月重采样，并计算每个月的总和
print("\n 降采样结果（按月统计）: ")
print(monthly_sum)
```

```
降采样结果（按月统计）:
            data
2026-11-30   550
```

说明：

- 原始数据：数据按天记录，从 2026-11-01 到 2026-11-10 共 10 条记录。
- 降采样结果：使用 resample('M')将日频率数据降采样为月频率；默认为每月的最后一天作为该月的总结点（如 2026-11-30），并将该月的数据总和计算为 550。

【例 7-60】按年降采样，使用自定义函数处理数据。

```
import numpy as np
date_range = pd.date_range(start='2026-1-1', end='2026-12-31', freq='M')   # 创建一组月频率的日期范围
sample_data = np.random.randint(30, 100, size=len(date_range))   # 随机生成每月的样本数据
# 创建 DataFrame，将月频率数据作为索引
df = pd.DataFrame({'date': date_range, 'monthly_data': sample_data})
df.set_index('date', inplace=True)   # 将'date'列设置为索引
print("原始数据（按月统计）: ")
print(df)
```

```
原始数据（按月统计）:
            monthly_data
date
2026-01-31            44
2026-02-28            74
2026-03-31            75
2026-04-30            44
2026-05-31            63
2026-06-30            67
2026-07-31            85
2026-08-31            45
2026-09-30            45
2026-10-31            40
2026-11-30            93
2026-12-31            45
```

```
# 定义一个自定义函数，对每年的数据求和并加 5
def custom_resampler(array_like):
    return np.sum(array_like) + 5

# 按年降采样，并应用自定义聚合函数
year_sum = df.resample('A').apply(custom_resampler)
print("\n 降采样结果（按年统计）: ")
print(year_sum)
```

```
降采样结果（按年统计）:
            monthly_data
date
2026-12-31           725
```

说明：

- 原始数据：按月统计的 monthly_data 是随机生成的样本数据，从 2026-01-31 到 2026-12-31 共 12 条记录。
- 自定义函数：定义了一个函数 custom_resampler，对每年的数据求和并加 5。
- 降采样结果：使用 resample('A')表示按年（年末）降采样；对每年的数据应用自定义函数后，得到的结果为 785（随机数据的总和加上 5）。

7.7.3 升采样

升采样是指将低频率数据转换为高频率数据，例如，将按周统计的数据转换为按天统计。升采样后，时间颗粒度变小，数据量增加，通常需要在原有数据点之间插入新的数据点。这些新增的数据点可以通过以下方法填充：

- 前向填充（forward fill，ffill）：使用前一个数据点的值填充。可通过 ffill(limit)或 fillna('ffill')方法实现，其中 limit 参数用于限制连续填充的最大个数。
- 后向填充（backward fill，bfill）：使用后一个数据点的值填充。可通过 bfill(limit)或 fillna('bfill')方法实现，同样可使用 limit 参数控制填充的连续个数。
- 插值（interpolation）：根据插值算法估算缺失值。interpolate()方法可基于不同插值算法（如线性插值）对缺失数据进行补全。

【例 7-61】 按小时升采样并前向填充。

```
import pandas as pd
# 创建一个低频率的时间序列数据，例如，一周内每天的温度数据
index = pd.date_range('2026-05-01', periods=7, freq='D')
temperature = pd.Series([22, 25, 24, 21, 26, 23, 20], index=index)
# 打印原始数据
print("原始数据：")
print(temperature)
```

```
原始数据：
2026-05-01    22
2026-05-02    25
2026-05-03    24
2026-05-04    21
2026-05-05    26
2026-05-06    23
2026-05-07    20
Freq: D, dtype: int64
```

```
# 按小时升采样数据，并使用 asfreq() 方法，默认前向填充
upsampled_temperature = temperature.resample('H').asfreq()
# 打印升采样后的数据
print("\n 升采样后的数据（按小时）：")
print(upsampled_temperature)
```

```
升采样后的数据（按小时）：
2026-05-01 00:00:00    22.0
2026-05-01 01:00:00     NaN
2026-05-01 02:00:00     NaN
2026-05-01 03:00:00     NaN
2026-05-01 04:00:00     NaN
                       ...
2026-05-06 20:00:00     NaN
2026-05-06 21:00:00     NaN
2026-05-06 22:00:00     NaN
2026-05-06 23:00:00     NaN
2026-05-07 00:00:00    20.0
Freq: H, Length: 145, dtype: float64
```

说明：
- 升采样：使用 resample('H')方法将数据按小时升采样；在原始数据点之间插入空值（NaN）。
- 前向填充：默认使用 asfreq()方法，该方法不会自动填充 NaN，需要进一步处理。

【例 7-62】 使用不同方法填充缺失值。

```
# 使用后向填充（bfill）填充缺失值
```

```
upsampled_temperature_bfill = temperature.resample('H').bfill()
# 打印填充后的数据
print("\n 升采样后的数据（后向填充）: ")
print(upsampled_temperature_bfill)
```

```
升采样后的数据（后向填充）:
2026-05-01 00:00:00    22
2026-05-01 01:00:00    25
2026-05-01 02:00:00    25
2026-05-01 03:00:00    25
2026-05-01 04:00:00    25
                       ..
2026-05-06 20:00:00    20
2026-05-06 21:00:00    20
2026-05-06 22:00:00    20
2026-05-06 23:00:00    20
2026-05-07 00:00:00    20
Freq: H, Length: 145, dtype: int64
```

说明：后向填充使用 bfill()方法，用后一个有效数据点填充缺失值；填充的值直接跳到下一个有效数据点的值。

[ ]:
```
# 使用线性插值（linear）填充缺失值
upsampled_temperature_interp = temperature.resample('H').interpolate(method='linear')
print("\n 升采样后的数据（线性插值）: ")
print(upsampled_temperature_interp)
```

```
升采样后的数据（线性插值）:
2026-05-01 00:00:00    22.000
2026-05-01 01:00:00    22.125
2026-05-01 02:00:00    22.250
2026-05-01 03:00:00    22.375
2026-05-01 04:00:00    22.500
                        ...
2026-05-06 20:00:00    20.500
2026-05-06 21:00:00    20.375
2026-05-06 22:00:00    20.250
2026-05-06 23:00:00    20.125
2026-05-07 00:00:00    20.000
Freq: H, Length: 145, dtype: float64
```

说明：线性插值使用 interpolate(method='linear')方法，根据现有数据，对低频率数据进行细化分析。

并不是所有的重采样都会划分到降采样与升采样两大类中，例如，将采集数据的频率由每周一转换为每周日，类似于这样的转换，既不属于降采样，也不属于升采样。这种转换通常被称为"时间对齐（realignment）"或"时间偏移（time shifting）"，即在不改变数据频率的情况下，调整数据点的时间标记，使其对齐到新的时间点。例如，使用 shift()方法可以平移时间索引。

7.8 滑动窗口

滑动窗口是通过指定的窗口长度对时间序列数据进行框选，从而对框内的数据进行计算和分析。可以将滑动窗口理解为一个长度固定的"滑块"，在时间序列上滑动，每次移动一个单位长度，统计框内数据的相关指标。滑动窗口的统计结果通常更加平稳，因为它降低了数据的短期波动性，提供了更具趋势性的观察。Pandas 中的滑动窗口功能通过 rolling()方法实现。语法格式如下：

Series 或 DataFrame 对象.rolling(window, min_periods=None, center=False, win_type=None, on=None, axis=0, closed=None) rolling()方法的常用参数及说明见表 7-23。

表 7-23　rolling()方法的常用参数及说明

名称	说明
window	指定窗口的大小，值可以是 int 或 offset 类型：如果为 int 类型，窗口大小固定，包含相同数量的观测值；如果为 offset 类型，则窗口包含指定时间段的数据
min_periods	每个窗口中最少需要包含的观测值数量：若 window 为 int 类型，默认为 None；若 window 为 offset 类型，默认为 1
center	是否将窗口的标签设置为居中，默认为 False
win_type	窗口类型，默认为加权平均，还支持其他窗口函数类型（如高斯窗口、三角窗口等）
on	针对 DataFrame 对象，指定用于计算滚动窗口的列，值为列名
axis	指定滑动窗口操作的轴，默认为 0（对行操作）；若为 1，则对列操作
closed	指定创建时间间隔索引时的闭合端点：取值为'left'、'right'（右闭左开，默认）、'both'或'neither'

【例 7-63】　在时间窗口上计算平均值。

```
import numpy as np
import pandas as pd
# 生成 2026 年的随机数据
year_data = np.random.randint(low=50, high=100, size=(365,))
date_index = pd.date_range('2026-01-01', '2026-12-31', freq='D')
# 创建时间序列数据
ser = pd.Series(year_data, index=date_index)
print("原始数据：")
print(ser)
```

```
原始数据：
2026-01-01    84
2026-01-02    68
2026-01-03    82
2026-01-04    65
2026-01-05    77
              ..
2026-12-27    90
2026-12-28    52
2026-12-29    82
2026-12-30    93
2026-12-31    57
Freq: D, Length: 365, dtype: int32
```

调用 rolling()方法按指定的单位长度创建一个滑动窗口。

```
# 创建一个滑动窗口（窗口大小为 10）
roll_window = ser.rolling(window=10)
print("\n 滑动窗口对象：")
print(roll_window)
```

```
滑动窗口对象：
Rolling [window=10,center=False,axis=0,method=single]
```

说明：使用 rolling(window=10)创建一个滑动窗口对象，其中 window=10 表示窗口大小为 10 天。

在时间窗口中计算这一段数据的平均值。

```
rolling_mean = roll_window.mean()    # 计算滑动窗口的平均值
print("\n 滑动窗口平均值：")
print(rolling_mean)
```

```
滑动窗口平均值:
2026-01-01    NaN
2026-01-02    NaN
2026-01-03    NaN
2026-01-04    NaN
2026-01-05    NaN
              ...
2026-12-27   77.5
2026-12-28   72.8
2026-12-29   76.0
2026-12-30   77.1
2026-12-31   76.0
Freq: D, Length: 365, dtype: float64
```

说明：滑动窗口从时间序列的第一个值开始滑动；因为前 9 天的数据不足 10 个单位长度，因此返回 NaN；从第 10 天开始，计算每个窗口内的平均值。

【例 7-64】 原始数据与滑动窗口数据的对比。

```
import matplotlib.pyplot as plt
plt.rcParams['font.sans-serif'] = ['SimHei']    # 设置字体为黑体
plt.rcParams['axes.unicode_minus'] = False    # 解决负号显示为方块的问题
ser.plot(style='y-', label='原始数据')    # 绘制原始数据的折线图
ser_window = ser.rolling(window=10).mean()    # 计算滑动窗口的平均值并绘制折线图
ser_window.plot(style='b-', label='滑动窗口数据')
plt.legend()    # 添加图例
plt.show()
```

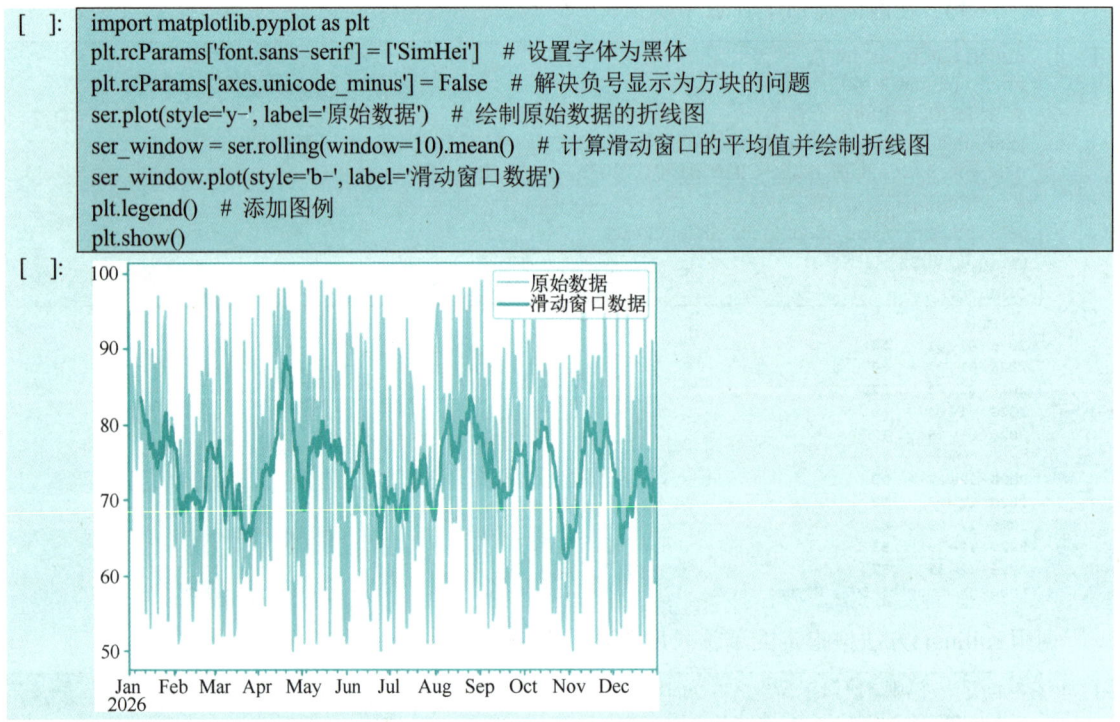

说明：黄色折线表示原始数据；蓝色折线表示滑动窗口数据（10 天平均值）。

从图中可以看出，原始数据由于随机数的特点，波动幅度较大；滑动窗口数据通过取平均值平滑了波动趋势，变化更加平稳。

7.9 时间序列数据中的分组与聚合操作

在时间序列数据分析中，分组与聚合操作可以用于从不同的时间维度提取信息、分析趋势、计算统计量等。通过合理使用 resample()、groupby()、rolling()等方法，能够按不同的时间频率（如年、季度、月、周等）进行分组聚合，分析数据中的变化趋势和周期性模式。此外，百分比变化和滚动聚合等技术也可以帮助分析数据中的波动与变化。

1. 按年、季度、月、周进行分组

时间序列数据通常包含时间戳列，可以基于不同的时间频率（如年、季度、月、周等）对数据进行分组，并计算所需的聚合统计量（如总和、均值、最大值等）。

【例 7-65】 按月分组并计算每月的总销售额。有一个销售数据集，包含时间戳和销售额信息。可以按月对数据进行分组，计算每月的销售总额。

```
[ ]: import pandas as pd
# 示例销售数据，包含 3 个季度的数据
data = {
    '时间': ['2026-01-15', '2026-02-20', '2026-03-05', '2026-04-10', '2026-05-15', '2026-06-20', '2026-07-05', '2026-08-10', '2026-09-15'],
    '销售额': [1000, 1500, 1200, 800, 950, 1600, 2000, 1800, 2200]
}
df = pd.DataFrame(data)
df['时间'] = pd.to_datetime(df['时间'])   # 将时间列转换为 datetime 类型
df.set_index('时间', inplace=True)   #将'时间'列设置为 DataFrame 的索引，直接在原 DataFrame 上修改
monthly_sales = df.resample('M').sum()   # 按月分组，计算每月的总销售额
print(monthly_sales)
```

```
            销售额
时间
2026-01-31  1000
2026-02-28  1500
2026-03-31  1200
2026-04-30   800
2026-05-31   950
2026-06-30  1600
2026-07-31  2000
2026-08-31  1800
2026-09-30  2200
```

说明：使用 resample('M')方法按月对数据进行分组。'M'表示按月分组，其他常用的频率包括'D'（按天）、'W'（按周）、'Q'（按季度）等。sum()聚合方法计算每月的销售总额。

2. 按季度进行分组并计算均值

按季度分组对时间序列数据进行分析时，可以计算每季度的平均值、最大值等。

【例 7-66】 按季度分组计算每季度的平均销售额。

```
[ ]: quarterly_sales = df.resample('Q').mean()   # 使用'Q'按季度分组，计算每季度的平均销售额
print(quarterly_sales)
```

```
                销售额
时间
2026-03-31  1233.333333
2026-06-30  1116.666667
2026-09-30  2000.000000
```

说明：使用 resample('Q')按季度对数据进行分组，其中'Q'表示季度分组。mean()聚合方法计算每个季度的平均销售额。

如果需要按其他时间段（如月、年）进行分组或进一步的计算，只需要调整 resample()的频率即可，例如，M 表示按月分组，Y 表示按年分组。

3. 按周分组并计算聚合统计量

对于时间序列数据，按周分组可以分析周度变化趋势，例如，计算每周的总销售额、平均销售量等。

【例 7-67】 按周分组计算每周的销售总额和平均销售额。

```
[ ]: # 按周分组，计算每周的总销售额和平均销售额
```

```
weekly_sales = df.resample('W').agg({'销售额': ['sum', 'mean']})
print(weekly_sales)
```

```
              销售额
              sum    mean
时间
2026-01-18    1000   1000.0
2026-01-25    0      NaN
2026-02-01    0      NaN
2026-02-08    0      NaN
2026-02-15    0      NaN
2026-02-22    1500   1500.0
...
```

4. 使用 groupby 按时间窗口进行分组

在一些业务场景中，可能需要使用 groupby()按自定义的时间窗口对数据进行分组。例如，可以按每周的第一天、每月的第一天进行分组。

【例 7-68】 按每月的第一天分组并计算每月的总销售额。

```
# 按每月的第一天分组，计算每月的总销售额
monthly_sales_by_first_day = df.groupby(df.index.to_period('M')).sum()
print(monthly_sales_by_first_day)
```

```
         销售额
时间
2026-01   1000
2026-02   1500
2026-03   1200
2026-04   800
2026-05   950
2026-06   1600
2026-07   2000
2026-08   1800
2026-09   2200
```

5. 滚动聚合操作

除了基于时间的分组，滚动窗口聚合操作也在时间序列分析中应用广泛。滚动窗口方法可以帮助我们计算滑动窗口内的统计量，例如，移动平均、移动总和等。

【例 7-69】 计算移动平均。

```
# 计算销售额的 3 天滚动平均
df['销售额_3 天移动平均'] = df['销售额'].rolling(window=3).mean()
print(df)
```

```
              销售额   销售额_3天移动平均
时间
2026-01-15    1000           NaN
2026-02-20    1500           NaN
2026-03-05    1200           1233.333333
2026-04-10    800            1166.666667
2026-05-15    950            983.333333
2026-06-20    1600           1116.666667
2026-07-05    2000           1516.666667
2026-08-10    1800           1800.000000
2026-09-15    2200           2000.000000
```

说明：rolling(window=3) 方法创建一个大小为 3 的滑动窗口，mean()方法计算窗口内的平均值。

6. 分组后计算百分比变化

在时间序列分析中，计算每个时间段之间的百分比变化非常常见。可以使用 pct_change()方法来计算相邻周期之间的变化百分比。

【例 7-70】 按月计算销售额的百分比变化。

```
[ ]:  df['销售额百分比变化'] = df['销售额'].pct_change() * 100    # 计算每月销售额的百分比变化
      df
```

[ ]:

时间	销售额	销售额_3天移动平均	销售额百分比变化
2026-01-15	1000	NaN	NaN
2026-02-20	1500	NaN	50.000000
2026-03-05	1200	1233.333333	-20.000000
2026-04-10	800	1166.666667	-33.333333
2026-05-15	950	983.333333	18.750000
2026-06-20	1600	1116.666667	68.421053
2026-07-05	2000	1516.666667	25.000000
2026-08-10	1800	1800.000000	-10.000000
2026-09-15	2200	2000.000000	22.222222

说明：pct_change()方法计算相邻周期的百分比变化，"*100"是将结果转换为百分比。

7.10 案例：餐厅订单数据分析与可视化（基于时间特征）

本节继续以某餐厅订单数据为例，分析订单数据的时间特征。

7.10.1 案例简介

本节从时间维度对订单数据进行分析，重点关注订餐时间的分布规律，例如，一天中点菜量较为集中的时间段、订餐量较大的日期，以及按星期统计不同时间段的订餐数量分布。

项目任务是按时间分析餐厅订单数据，按小时分组统计点菜数量、可视化分析结果；按日期分析餐厅订单数据，按天分组统计订单数量、可视化分析结果；按星期分析餐厅订单数据，按星期分组统计订单数量、可视化分析结果。

7.10.2 案例实现

在 JupyterLab 中，打开 cooking.ipynb 文件。

请重新运行"6.4 案例：餐厅订单数据分析与可视化"中的所有代码，然后运行下面代码。

1. 按时间分析餐厅订单数据

首先分析一天中点菜量最集中的时间段。通过观察 meal_order_detail.xlsx 文件中的 place_order_time 列，可以发现下单时间包括了年、月、日、时、分和秒等详细信息。

为了按时间段分析点菜量，可以将时间划分为每小时的时间段，并统计每个时间段的订单数量。具体实现步骤如下：

1）新增列 hourcount：作为计数器，每条记录的值固定为 1。
2）新增列 time：从 place_order_time 列提取的日期时间数据，转换为 datetime 类型。
3）新增列 hour：从 time 列中提取小时数据，存储为新列 hour。
4）分组统计：按照小时（hour）分组，统计每小时的订单数量。

（1）新增列

以下是具体实现代码：

```
# 一天中什么时间段点菜量比较集中（小时分析）
data['hourcount'] = 1    # 新增计数器列，固定值为 1
data['time'] = pd.to_datetime(data['place_order_time'])   # 将下单时间转换为 datetime 类型
data['hour'] = data['time'].map(lambda x: x.hour)   # 从时间中提取小时数
data.head()    # 查看新增列
```

dishes_name	itemis_add	counts	amounts	place_order_time	add_inprice	picture_file	emp_id	hourcount	time	hour
蒜蓉生蚝	0	1	49	2016-08-01 11:05:36	0	caipu/104001.jpg	1442	1	2016-08-01 11:05:36	11
蒙古烤羊腿	0	1	48	2016-08-01 11:07:07	0	caipu/202003.jpg	1442	1	2016-08-01 11:07:07	11
大蒜苋菜	0	1	30	2016-08-01 11:07:40	0	caipu/303001.jpg	1442	1	2016-08-01 11:07:40	11
芝麻烤紫菜	0	1	25	2016-08-01 11:11:11	0	caipu/105002.jpg	1442	1	2016-08-01 11:11:11	11
蒜香包	0	1	13	2016-08-01 11:11:30	0	caipu/503002.jpg	1442	1	2016-08-01 11:11:30	11
...	...	...	...	...	...	...	...	...	...	...
凉拌菠菜	0	1	27	2016-08-31 21:56:54	0	caipu/303004.jpg	1089	1	2016-08-31 21:56:54	21

说明：
- 新增的 hourcount 列固定为 1，用于后续的计数。
- 新增的 time 列为下单时间的日期时间格式。
- 新增的 hour 列表示下单时间的小时数。

（2）按小时分组统计点菜数量

在生成了包含小时信息的 hour 列后，可以按照小时分组，并统计每个小时的订单数量。代码如下：

```
gp_by_hour = data.groupby(by='hour').count()['hourcount']   # 按小时分组，统计订单数量
gp_by_hour
```

```
hour
11     960
12     842
13     823
14     117
17    1092
18    1564
19    1464
20    1531
21    1469
22     175
Name: hourcount, dtype: int64
```

说明：按照 hour 列进行分组，统计每小时的订单数量；结果存储在变量 gp_by_hour 中，表示每小时的订单数量分布。

从 gp_by_hour 输出看到，11 点有 960 条记录，12 点有 842 条记录等，其中 18 点至 20 点下单量非常集中，这符合日常生活中的情况。

（3）绘制柱状图

为更直观地观察数据分布，使用 Matplotlib 绘制柱状图，横轴表示小时数，纵轴表示每小时的点菜数量。代码如下：

```
import matplotlib.pyplot as plt
plt.rcParams['font.sans-serif'] = ['SimHei']   # 设置字体为黑体
plt.rcParams['axes.unicode_minus'] = False   # 解决负号显示为方块的问题
# 绘制柱状图
gp_by_hour.plot(kind='bar', color='skyblue', edgecolor='black')
plt.xlabel('小时')   # 设置 x 轴标签
plt.ylabel('点菜数量')   # 设置 y 轴标签
plt.title('点菜数与小时的关系图')   # 设置图表标题
plt.xticks(rotation=0)   # 设置 x 轴刻度方向
plt.tight_layout()   # 自动调整图表布局
plt.show()
```

[ ]:
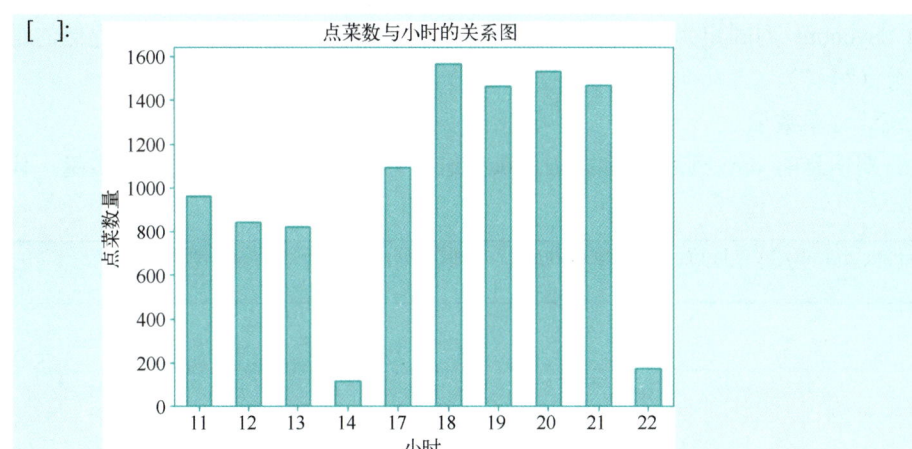

点菜数与小时的关系图

说明：使用 plot(kind='bar')绘制柱状图；设置柱状图的颜色为浅蓝色（skyblue）；使用 xticks(rotation=0)使 x 轴刻度横向显示。

柱状图特点：横轴表示小时（从 0 点至 23 点）；纵轴表示每小时的点菜数量；高峰时段（如 11 点、12 点、18 点至 20 点）显示为显著较高的柱状。

（4）数据分析结果

从柱状图和统计结果可以得出以下结论：

- 点菜量在 11 点至 13 点（午餐时间段）和 18 点至 20 点（晚餐时间段）达到高峰。
- 这些时间段的订单量占当天总订单的主要部分。
- 餐厅管理者可以根据这些高峰时段，合理安排员工班次、准备食材以及优化服务流程，以提升运营效率和顾客满意度。

本节案例通过对餐厅订单数据的时间维度分析，展示了如何找出订单高峰时段，并以直观的图表形式呈现结果。

2. 按日期分析餐厅订单数据

在本部分，分析 8 月份每天的订餐数量，以找出订餐量最多的日期。通过对每天的订单数量进行统计，可以帮助餐厅管理者识别消费高峰日，例如，周末或节假日，并合理安排运营策略。

（1）添加计数器列和日期列

为了统计每天的订单数量，需要在数据中添加以下两列：

- daycount 列：作为每天订单数量的计数器，固定值为 1。
- day 列：从 time 列中提取日期部分（具体为"日"）。

实现代码如下：

[ ]:
```
# 按天统计订餐数量
data['daycount'] = 1    # 添加计数器列，每条记录的值固定为 1
data['day'] = data['time'].map(lambda x: x.day)    # 从 time 列提取"日"
data    # 查看新增列
```

[ ]:

dishes_name	itemis_add	counts	amounts	place_order_time	add_inprice	picture_file	emp_id	hourcount	time	hour	daycount	day
蒜蓉生蚝	0	1	49	2016-08-01 11:05:36	0	caipu/104001.jpg	1442	1	2016-08-01 11:05:36	11	1	1
蒙古烤羊腿	0	1	48	2016-08-01 11:07:07	0	caipu/202003.jpg	1442	1	2016-08-01 11:07:07	11	1	1
大蒜苋菜	0	1	30	2016-08-01 11:07:40	0	caipu/303001.jpg	1442	1	2016-08-01 11:07:40	11	1	1
...	...	...	...	...	...	...	...	...	...	...	...	...
香菇鹌鹑蛋	0	1	39	2016-08-31 21:54:44	0	caipu/302001.jpg	1094	1	2016-08-31 21:54:44	21	1	31
酱油的酸奶蛋糕	0	1	7	2016-08-31 21:55:24	0	caipu/501003.jpg	1094	1	2016-08-31 21:55:24	21	1	31
凉拌菠菜	0	1	27	2016-08-31 21:56:54	0	caipu/303004.jpg	1089	1	2016-08-31 21:56:54	21	1	31

说明：新增的 daycount 列固定为 1，用于统计每天的订单数量；新增的 day 列存储的是 time 列中的日期部分（"日"）。

（2）按天分组统计订单数量

在生成了包含日期信息的 day 列后，可以按照 day 进行分组，并统计每天的订单数量。代码如下：

```
gp_by_day = data.groupby(by='day').count()['daycount']   # 按天分组，统计每天的订单数量
gp_by_day
```

```
day
1     217
2     138
3     157
...
29    148
30    154
31    185
Name: daycount, dtype: int64
```

说明：使用 groupby(by='day')按 day 列分组；统计每天的订单数量，并将结果存储在变量 gp_by_day 中。

从统计结果中可以看出，周末（如周六和周日）订餐数量显著高于工作日。

（3）绘制柱状图

为了直观展示每天的订餐数量分布，使用 Matplotlib 绘制柱状图，横轴为日期，纵轴为订餐数量。代码如下：

```
import matplotlib.pyplot as plt
# 对 gp_by_day 数据进行可视化
gp_by_day.plot(kind='bar', color='lightcoral', edgecolor='black')
plt.xlabel('8 月份日期')   # 设置 x 轴标签
plt.ylabel('点菜数量')   # 设置 y 轴标签
plt.title('点菜数量与日期的关系图')   # 设置图表标题
plt.xticks(rotation=0)   # 设置 x 轴刻度方向
plt.tight_layout()   # 自动调整布局
plt.show()
```

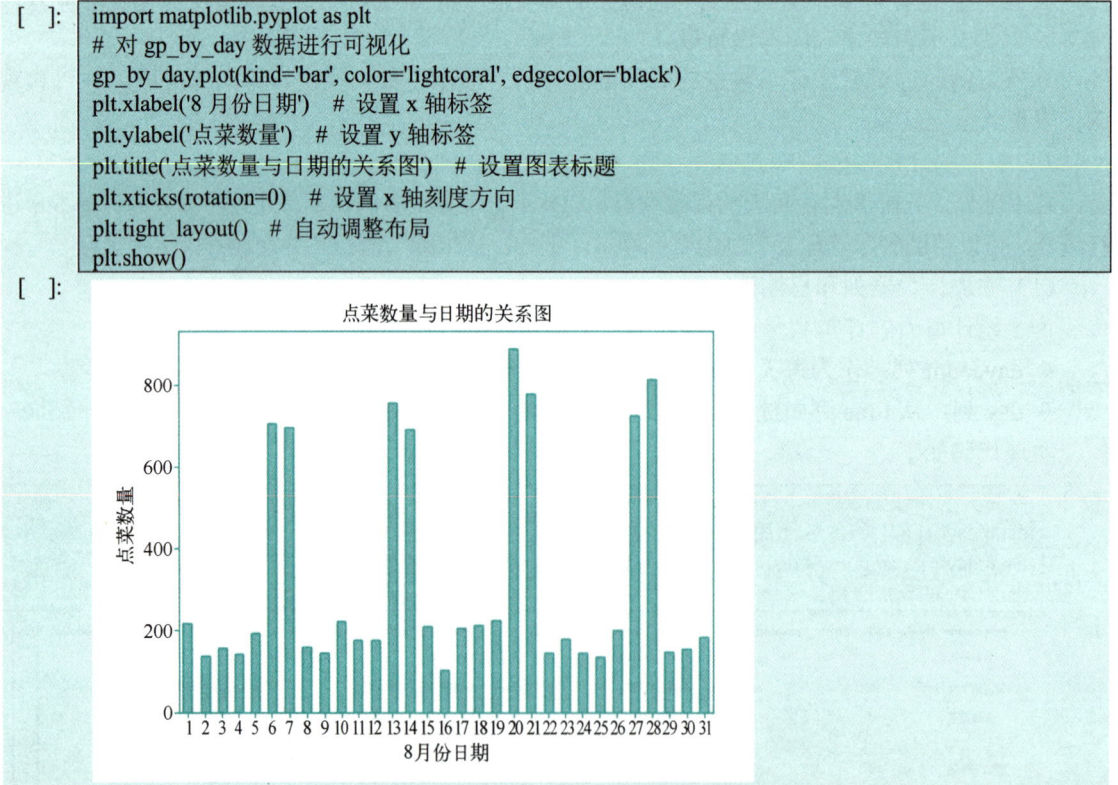

说明：使用 plot(kind='bar')方法绘制柱状图；设置柱状图的颜色为浅红色（lightcoral）；使

用 xticks(rotation=0)设置日期刻度为水平显示。

柱状图特点：横轴为 8 月的日期（1 至 31 日）；纵轴为每天的订餐数量；高峰日期（如周六、周日）对应的柱状显著高于其他日期。

（4）结果分析

从柱状图和数据统计结果中可以得出以下结论：

- 周六、周日的订餐数量最多：订餐量约为平日的 4 倍；反映出周末是消费高峰，适合加强人员配置和食材准备。
- 平日订餐量较为平稳：平日的订单数量相对较低，波动不大；可针对非高峰时段推出优惠活动或促销套餐，吸引顾客消费。

通过对每天订餐数量的统计和可视化分析，可以帮助餐厅管理者明确消费高峰日，并为运营决策提供参考。例如：在订餐高峰日期加强服务人员配置，提升服务效率；针对平日推出促销策略，提升整体营业额。

3. 按星期分析餐厅订单数据

本部分分析一周中哪一天的订餐数量最多。通过统计按星期的订单量分布，帮助餐厅管理者明确一周中的高峰消费日，以优化运营安排。

（1）新增计数列和星期列

由于 data 数据中只有日期，没有星期信息，因此需要新增以下两列：

- weekcount 列：作为每条记录的计数器，值固定为 1。
- weekday 列：从 time 列提取日期对应的星期信息。

使用 map(lambda x: x.weekday())方法将日期映射为星期，其中 0 表示星期一，1 表示星期二，以此类推。实现代码如下：

```
# 统计星期几订餐数量
data['weekcount'] = 1    # 新增计数器列，每条记录固定值为 1
data['weekday'] = data['time'].map(lambda x: x.weekday())    # 提取日期对应的星期信息
data    # 查看新增列
```

dishes_name	itemis_add	counts	amounts	place_order_time	add_inprice	picture_file	emp_id	hourcount	time	hour	daycount	day	weekcount	weekday
蒜蓉生蚝	0	1	49	2016-08-01 11:05:36	0	caipu/104001.jpg	1442	1	2016-08-01 11:05:36	11	1	1	1	0
蒙古烤羊腿	0	1	48	2016-08-01 11:07:07	0	caipu/202003.jpg	1442	1	2016-08-01 11:07:07	11	1	1	1	0
大蒜苋菜	0	1	30	2016-08-01 11:07:40	0	caipu/303001.jpg	1442	1	2016-08-01 11:07:40	11	1	1	1	0
...	...	...	...	...	...	...	...	...	...	...	...	...	...	...
香菇鹌鹑蛋	0	1	39	2016-08-31 21:54:44	0	caipu/302001.jpg	1094	1	2016-08-31 21:54:44	21	1	31	1	2
俏油的酸奶蛋糕	0	1	7	2016-08-31 21:55:24	0	caipu/501003.jpg	1094	1	2016-08-31 21:55:24	21	1	31	1	2
凉拌菠菜	0	1	27	2016-08-31 21:56:54	0	caipu/303004.jpg	1089	1	2016-08-31 21:56:54	21	1	31	1	2

说明：新增的 weekcount 列固定为 1，用于后续分组计数；新增的 weekday 列表示订单的下单日期对应的星期，其中 0 为星期一，6 为星期日。

（2）按星期分组统计订单数量

在生成了包含星期信息的 weekday 列后，可以按照 weekday 分组，并统计每个星期的订单数量。代码如下：

```
# 按星期分组，统计每个星期的订单数量
gp_by_weekday = data.groupby(by='weekday').count()['weekcount']
gp_by_weekday
```

```
[ ]:  weekday
      0     882
      1     721
      2     915
      3     670
      4     796
      5    3074
      6    2979
      Name: weekcount, dtype: int64
```

说明：使用 groupby(by='weekday')按 weekday 列分组；统计每个星期的订单数量，将结果存储在变量 gp_by_weekday 中。

从统计结果可以看出，星期六和星期日的订餐量显著高于工作日。

（3）绘制柱状图

为了直观地展示一周内不同星期的订餐数量分布，我们使用 Matplotlib 绘制柱状图，横轴表示星期，纵轴表示订餐数量。代码如下：

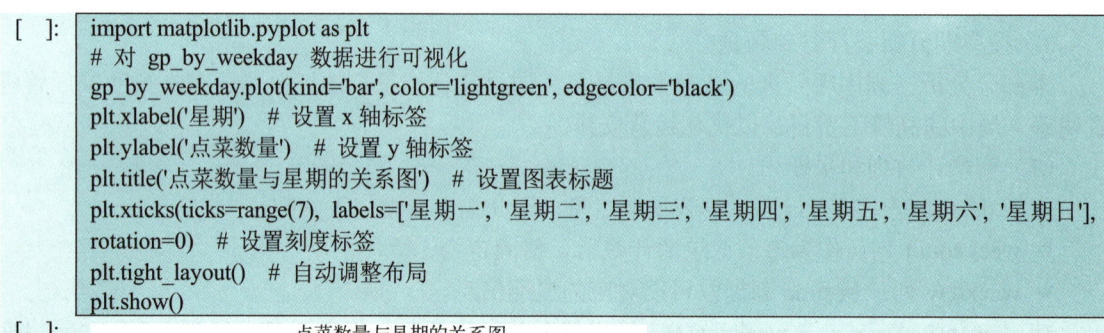

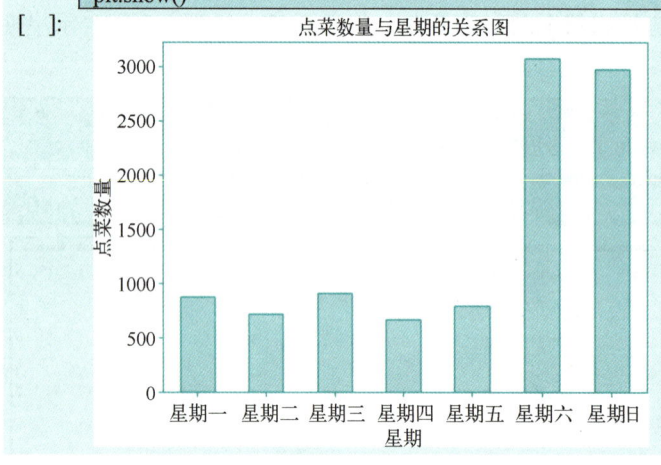

说明：使用 plot(kind='bar')绘制柱状图；设置柱状图的颜色为浅绿色（lightgreen）；使用 xticks()将横轴刻度映射为中文星期，便于解读。

柱状图特点：横轴为一周的星期（从星期一到星期日）；纵轴为对应的订餐数量；高峰日（如星期六、星期日）对应的柱状明显高于工作日。

（4）结果分析

从柱状图和数据统计结果中可以得出以下结论：

- 周末是订餐高峰：星期六和星期日的订餐量最高，明显高于工作日；周末的订单量大约是工作日的 3 倍到 4 倍。
- 工作日的订餐量较为平稳：从星期一到星期五，订单量波动不大；餐厅可以根据工作日的平稳消费特点，推出午餐优惠或外卖套餐等促销活动，吸引更多顾客。

通过对一周内不同星期的订餐数量分析，发现周末（尤其是星期六和星期日）是订餐高峰，餐厅管理者可以据此进行运营优化，例如：增加周末服务人员和备货量，提升服务效率；在工作日推出优惠活动，刺激消费需求。

习题

1．创建时间戳对象。如给定日期字符串"2026-11-15 08:30:00"，创建时间戳对象，并分别获取其年份、月份和星期几。

2．创建以时间戳为索引的数据对象。以下是某班学生的平均分和考试日期，请创建一个以时间戳为索引的 Pandas DataFrame，并按日期筛选出 2026 年 11 月的考试数据。

日期	平均分
2026-09-15	85
2026-10-20	78
2026-11-10	90
2026-11-25	88
2026-12-20	92

3．创建固定频率的时间戳索引。生成从 2026-11-01 开始到 2026-11-10 的每日时间戳索引，创建一个包含每日学生人数的 DataFrame，并随机生成学生人数。

4．时间序列的移动。对以下每日学生人数数据，计算 3 天前的学生人数，并绘制两组数据的折线图以观察变化趋势。

日期	学生人数
2026-01-01	35
2026-01-02	40
2026-01-03	38
2026-01-04	45
2026-01-05	42

5．重采样。以下是某班学生每天的考试分数，重采样为每周的平均分数，并绘制柱状图。

日期	平均分
2026-01-01	85
2026-01-02	78
2026-01-03	90
2026-01-04	88
2026-01-05	95
2026-01-06	82
2026-01-07	89

6．滑动窗口。以下是某学生的考试分数，计算 3 天的滚动平均分数，并绘制原始分数与滚

动平均分数的对比折线图。

日期	分数
2026-01-01	80
2026-01-02	85
2026-01-03	78
2026-01-04	90
2026-01-05	88

7. 请将以下数据按年份进行分组，并计算每个组内最大销售额。数据如下：

```
data = {'日期': ['2021-01-01', '2021-06-01', '2022-01-01', '2022-06-01', '2023-01-01'],
        '销售额': [1000, 1500, 1200, 1800, 1300]}
df = pd.DataFrame(data)
df['日期'] = pd.to_datetime(df['日期'])
```

8. 某学校学生参加了 3 年的每年两次的考试，考试科目为语文和数学。现要求：

1）按年计算每位学生每年各科目的平均成绩，并展示每位学生每年语文和数学的平均成绩。

2）对每位学生计算 3 年（2021 年、2022 年和 2023 年）的总平均成绩（即 3 年成绩的平均值），包含语文和数学两门科目。

假设有一个包含学生考试成绩的数据集，数据包含学生姓名、年份、科目和成绩。

学生姓名	年份	科目	成绩
张三	2021	语文	90
张三	2021	数学	85
张三	2022	语文	88
张三	2022	数学	91
张三	2023	语文	92
张三	2023	数学	89
李四	2021	语文	85
李四	2021	数学	90
李四	2022	语文	91
李四	2022	数学	92
李四	2023	语文	86
李四	2023	数学	88

根据每年的考试成绩来进行分组和聚合操作，计算每个学生不同时间阶段的平均成绩。

项目 8　文本数据的处理与分析

本项目全面介绍文本数据处理技术，从文本预处理到情感分析与分类，包括文本处理工具 NLTK 和 jieba、文本预处理、文本情感分析、文本相似度与语义相似度、文本分类、手机评价分析项目的实现。

知识目标	素养目标
◇ 了解常用的文本数据处理工具 ◇ 掌握文本预处理的方法 ◇ 理解文本情感分析的基本概念和方法 ◇ 掌握文本分类的基本概念和方法 ◇ 掌握手机评价分析项目的实现方法	◇ 提升学习资源的整合与利用能力 ◇ 培养灵活应变的能力 ◇ 增强批判性评估能力 ◇ 培养跨部门协作能力 ◇ 发展技术趋势洞察能力

8.1　文本数据分析工具概述

自然语言处理（Natural Language Processing, NLP）是计算机科学与人工智能领域的一个关键分支，融合了语言学、计算机科学、数学和统计学等多个学科。NLP 的核心目标是处理和解析书面或口头语言，从而实现人与计算机之间的高效沟通。它广泛应用于机器翻译、智能问答系统、文本分类等领域，在现代信息处理技术中占据重要地位。

8.1.1　NLTK 和 jieba 简介

在文本数据分析中，不同语言使用不同的工具，NLTK 主要用于英文文本，jieba 广泛应用于中文文本。

1. NLTK

NLTK（Natural Language Toolkit）是基于 Python 的自然语言处理工具包，也是最常用的 NLP 工具之一。它提供了丰富的模块和功能，支持多种任务，如分词、词性标注和句法分析。此外，NLTK 包含超过 50 个语料库和词汇资源。其开源免费特性使其非常适合初学者。

（1）常用模块
- nltk.corpus：用于访问语料库。
- nltk.tokenize：用于字符串处理（如分词）。

（2）语料库的作用

语料库是为特定应用目的收集的大规模结构化文本集合，是 NLP 方法的重要基础资源。它具有以下特点：
- 包含真实语言材料，支持语言知识的检索与分析。

- 为语言研究、词典编纂、语言教学以及 NLP 系统开发提供支持。

2. jieba

jieba（结巴）分词是国内最广泛使用的中文分词工具之一，由 Python 编写并开源，支持繁体分词和自定义词典，提供关键词提取、词性标注和并行分词等功能，在分词准确度和处理速度方面表现优异。

8.1.2 安装 NLTK 和 jieba

1. 导入和安装 NLTK

NLTK 包括两个主要部分：nltk 模块和 NLTK 语料库。Anaconda 通常预装了 nltk 模块，无须额外安装。

（1）导入 nltk 模块

导入 nltk 模块的代码如下：

```
import nltk
```

（2）安装 NLTK 语料库

在 Anaconda 中，NLTK 语料库需单独下载安装。

1）查看 Anaconda 默认保存路径，使用以下代码。

```
[ ]: import nltk
     nltk.data.path
```

```
[ ]: ['C:\\nltk_data',
     'C:\\Users\\     /nltk_data',
     'C:\\Users\\     \\anaconda3\\nltk_data',
     'C:\\Users\\     \\anaconda3\\share\\nltk_data',
     'C:\\Users\\     \\anaconda3\\lib\\nltk_data',
     'C:\\Users\\     \\AppData\\Roaming\\nltk_data',
     'C:\\nltk_data',
     'D:\\nltk_data',
     'E:\\nltk_data']
```

上面输出中模糊的部分是"用户名"。

2）下载语料库。国内无法通过其官网（https://www.nltk.org/nltk_data/）下载 NLTK 语料库，需要通过特殊方式下载，可选择下载特定应用的语料包或全部语料包。

3）安装语料库。下载的语料包需解压并保存到指定的硬盘位置，如 C:\nltk_data\。

4）如果语料库已经安装，使用以下代码查看保存语料库的路径。

```
[ ]: nltk.find('.')
[ ]: FileSystemPathPointer('C:\\nltk_data')
```

（3）安装额外的数据包

某些功能需要额外的数据包，例如：punkt_tab 用于分词，averaged_perceptron_tagger_eng 用于词性标注。

将下载的文件解压到 NLTK 数据目录，例如：

punkt_tab 保存到 C:\nltk_data\tokenizers\punkt_tab\。

averaged_perceptron_tagger_eng 保存到 C:\nltk_data\taggers\averaged_perceptron_tagger_eng\。

2. 安装和导入 jieba

（1）安装 jieba

无论是否使用 Anaconda 环境，都需要安装 jieba 模块。使用 pip 命令：

```
pip install jieba
```

（2）导入 jieba

导入 jieba 模块的代码为：

```
import jieba
```

8.1.3 NLP 的处理流程

NLP 的处理流程通常包括以下 6 个步骤：
1）语料库构建：收集和整理语言数据，为后续处理提供基础。
2）语料预处理：进行清洗、分词、词性标注等操作，为后续建模准备数据。
3）文本向量化：将文本数据转换为计算机可处理的数字形式（如词袋模型或词嵌入）。
4）模型构建：选择适合任务的算法和模型结构。
5）模型训练：使用训练数据优化模型参数，提高模型性能。
6）模型评估：通过测试数据检验模型效果，并根据评价指标调整模型。

8.2 文本预处理

文本预处理是将原始文本数据转换为符合模型输入要求的过程，是自然语言处理中的重要环节。常见的预处理操作包括分词、词性标注、词形归一化和去除停用词等。

8.2.1 分词

分词是语言语义理解的基本步骤。它将由连续字符组成的文本按照一定规则切分成独立的词语，是文本处理的重要基础。由于不同语言的语法结构不同，分词的方法也有所差异。以下以英文和中文为例，说明分词的具体操作。

1. 使用 NLTK 进行英文文本的分词和分句

在英文中，单词间以空格和标点符号作为自然的分隔符。因此，分词相对简单。NLTK 提供了 word_tokenize()用于分词，以及 sent_tokenize()用于分句。在使用这些功能前，需安装 nltk_data/tokenizers/punkt 模块。

【例 8-1】 对英文文本 "Hello, world! This is a test sentence. I hope everything is going well." 进行分词和分句处理。

例 8-1

```
[ ]: import nltk
     text = "Hello, world! This is a test sentence. I hope everything is going well."    # 原始英文文本
     tokens = nltk.word_tokenize(text)    # 分词处理：将句子切分为单词列表
     print(tokens)
     sentences = nltk.sent_tokenize(text)    # 分句处理：将文本切分为句子列表
```

```
print(sentences)
['Hello', ',', 'world', '!', 'This', 'is', 'a', 'test', 'sentence', '.', 'I', 'hope', 'everything', 'is', 'going', 'well', '.']
['Hello, world!', 'This is a test sentence.', 'I hope everything is going well.']
```

说明：word_tokenize()函数进行分词处理，返回一个单词列表（包括标点符号）。sent_tokenize()函数进行分句处理，返回一个句子列表。

2. 使用 jieba 进行中文分词

由于中文没有显著的分隔符，中文分词的难度远高于英文分词。主流中文分词技术采用基于词典的最大概率路径算法，结合 HMM 模型处理未知新词。jieba 支持以下分词模式：

- 精确模式：精准切分句子，提供精准的分词结果，适合后续文本分析。
- 全模式：扫描句子中所有可能的词，包含单个汉字，速度快但容易产生歧义。
- 搜索引擎模式：在精确模式基础上进一步切分长词，适合搜索引擎场景。

（1）jieba 分词函数

如果使用精确模式或全模式，使用 jieba.cut()和 jieba.lcut()函数。语法格式如下：

```
jieba.cut(text, cut_all=False, HMM=True)
jieba.lcut(text, cut_all=False, HMM=True)
```

搜索引擎模式使用 jieba.cut_for_search()和 jieba.lcut_for_search()。语法格式如下：

```
jieba.cut_for_search(text, HMM=True)
jieba.lcut_for_search (text, HMM=True)
```

函数参数说明如下：

- text：待分词的文本。
- cut_all：是否使用全模式（默认为 False，即精确模式）。
- HMM：是否使用 HMM 模型处理未知词（默认为 True）。

jieba.cut()和 jieba.cut_for_search()返回的结果是一个可迭代的 generator 对象，可使用 for 循环获得分词后的每一个词语。jieba.lcut()和 jieba.lcut_for_search()返回的结果是一个 list 对象。

例 8-2

【例 8-2】对中文文本"你好，世界！这是一个测试句子。希望一切都好。"进行分词处理。

```
[ ]: import jieba
     text = "你好，世界！这是一个测试句子。希望一切都好。"  # 样本文本
     tokens = jieba.cut(text, cut_all=False)    # 使用 jieba 的 cut()函数进行分词（精确模式）
     print("精确模式分词结果:", list(tokens))
     Building prefix dict from the default dictionary ... （从默认字典构建前缀字典...）
     Loading model from cache C:\Users\某用户名\AppData\Local\Temp\jieba.cache （从缓存…中加载模型）
     Loading model cost 0.612 seconds. （加载模型耗时 0.612 秒）
     Prefix dict has been built successfully. （前缀字典已成功构建）
     精确模式分词结果: ['你好', '，', '世界', '!', '这是', '一个', '测试', '句子', '。', '希望', '一切', '都', '好', '。']
[ ]: print("全模式分词结果:", "/ ".join(jieba.cut(text, cut_all=True)))   # 全模式分词
     全模式分词结果: 你好/ ，/ 世界/ ！/ 这/ 是/ 一个/ 测试/ 句子/ 。/ 希望/ 一切/ 都/ 好/ 。
[ ]: print("搜索引擎模式分词结果:", list(jieba.cut_for_search(text)))   # 搜索引擎模式分词
     搜索引擎模式分词结果: ['你好', '，', '世界', '!', '这是', '一个', '测试', '句子', '。', '希望', '一切', '都', '好', '。']
```

（2）处理未识别的词语

若分词结果中出现未正确识别的词语，可能是因为词语未收录在分词词典中。此时，可通

过自定义词典来补充词语。

【例 8-3】 对"张三是人工智能学院的副院长也是大数据专家"进行分词。

```
[ ]: text='张三是人工智能学院的副院长也是大数据专家'
     jieba.lcut(text)    # 默认分词结果
[ ]: ['张三是', '人工智能', '学院', '的', '副', '院长', '也', '是', '大', '数据', '专家']
```

上例中,"张三是""副院长""大数据"未被正确分割。可通过自定义词典进行补充。最简单的方法是自定义词典列表,然后使用 jieba.load_userdicti()函数加载自定义词典。

```
[ ]: d = ['张三', '副院长', '大数据']    # 自定义词典列表
     jieba.load_userdict(d)    # 加载自定义词典
     jieba.lcut(text)    # 分词并输出
[ ]: ['张三', '是', '人工智能', '学院', '的', '副院长', '也', '是', '大数据', '专家']
```

8.2.2 词性标注

词性标注(Part-of-Speech Tagging),亦称为词类标注,是指为文本中每个分词结果分配适当的词性标签,例如,确定每个单词是名词、动词、形容词等。词性标注在自然语言处理任务中起着重要作用,为后续的句法分析和语义理解提供支持。

1. 利用 NLTK 进行英文词性标注

英语单词的基本词性类别包括 10 种:名词(noun)、形容词(adjective)、动词(verb)、代词(pronoun)、数词(numeral)、副词(adverb)、介词(preposition)、连词(conjunction)、冠词(article)和感叹词(interjection)。

NLTK 提供了功能强大的词性标注工具,使用 pos_tag()函数可以为英文文本的分词结果标注词性。此功能需要预先安装模块 nltk_data/taggers/averaged_perceptron_tagger_eng。

【例 8-4】 对文本"Hello, world! This is a test sentence. I hope everything is going well."进行词性标注。

```
[ ]: import nltk
     text = 'Hello, world! This is a test sentence. I hope everything is going well.'    # 原始英文文本
     tokens    = nltk.word_tokenize(text)    # 分词
     tagged_tokens = nltk.pos_tag(tokens)    # 为列表中的每个单词标注词性
     print("标注结果:", tagged_tokens)    # 输出结果
     标注结果: [('Hello', 'NNP'), (',', ','), ('world', 'NN'), ('!', '.'), ('This', 'DT'), ('is', 'VBZ'), ('a', 'DT'), ('test', 'NN'),
     ('sentence', 'NN'), ('.', '.'), ('I', 'PRP'), ('hope', 'VBP'), ('everything', 'NN'), ('is', 'VBZ'), ('going', 'VBG'), ('well',
     'RB'), ('.', '.')]
```

说明:输出中,每个元组包含两个元素:第一个元素是分词结果;第二个元素是对应的词性。例如,元组('Hello', 'NNP')中,"Hello"被标注为专有名词(NNP);而('is', 'VBZ')中,"is"被标注为第三人称单数动词。

2. 利用 jieba 进行中文词性标注

现代汉语词汇的词性类别稍有不同,常见的分类包括 12 种:名词、动词、形容词、数词、量词、代词、介词、副词、连词、感叹词、助词和拟声词。

(1) jieba 词性标注函数

jieba 提供了 posseg 模块(part-of-speech tagging),支持中文词性标注。通过 cut()函数,可以为分词结果添加词性标签。jieba 的词性标注功能兼容 ICTCLAS(中科院计算所)汉语词性标

注集。常见词性标注符号有名词（n）、动词（v）、形容词（a）、副词（d）、介词（p）和标点符号（x）等。

【例8-5】 对中文文本"你好，世界！"进行词性标注。

```
import jieba.posseg as pseg
text = "你好，世界！"          # 原始中文文本
words = pseg.cut(text)         # 使用 jieba 进行词性标注
print("词性标注结果:")          # 输出结果
for word, flag in words:
    print(f"{word}: {flag}")
```

词性标注结果:
你好: l
, : x
世界: n
! : x

说明：输出中，每个元素由两个部分组成：第一部分是词语，如"你好"；第二部分是词性，如 l（"你好"的词性为轻动词/其他词类），n 表示名词，x 表示标点符号。

（2）自定义词性标注

在实际应用中，jieba 的默认词典可能无法满足所有场景的需求，尤其是当文本中包含新词或领域专用词时。此时可以通过自定义词典补充词性标注。

【例8-6】 对文本"张三是人工智能学院的副院长也是大数据专家"进行标注，并添加自定义词典。

```
import jieba.posseg as pseg
text = "张三是人工智能学院的副院长也是大数据专家"   # 原始文本
words = pseg.cut(text)         # 默认词性标注
print("默认标注结果:")
for word, flag in words:
    print(f"{word}: {flag}")
# 添加自定义词典
custom_dict = ["张三", "副院长", "大数据"]
jieba.load_userdict({word: "n" for word in custom_dict})   # 自定义词性为名词
# 再次标注
print("\n 自定义词典后的标注结果:")
words = pseg.cut(text)
for word, flag in words:
    print(f"{word}: {flag}")
```

默认标注结果:
张三: nr
是: v
人工智能: n
学院: n
的: uj
副: b
院长: n
也: d
是: v
大: a
数据: n
专家: n

自定义词典后的标注结果：
张三: x
是: v
人工智能: n
学院: n
的: uj
副院长: x
也: d
是: v
大数据: x
专家: n

说明：结果中，默认标注中"张三是""副院长""大数据"未被正确识别。通过自定义词典，将这些词语的词性补充为名词（n），得到更精确的标注结果。

8.2.3 词形归一化

词形归一化是自然语言处理中用于将单词的变体形式转换回其基本形态的过程。例如，将 running 归一化为 run，将 better 归一化为 good。这种操作在规范化单词的不同形态方面至关重要，能够显著提高文本处理的效率。

在英文处理中，词形归一化包括词干提取（Stemming）和词形还原（Lemmatization）两种方法。相比于简单地去除单词后缀的词干提取，词形还原能够基于单词的上下文和词性提供更准确的基本形态。

NLTK 的 WordNetLemmatizer 是一个强大的词形还原工具。它基于 WordNet 语料库，通过比对单词的变体与词汇网络中的条目，递归去除词缀，最终返回单词的基本形态。如果未能找到匹配项，则返回原始单词。

1. 使用 WordNetLemmatizer 进行词形归一化

在使用 WordNetLemmatizer 前，需要确保已安装 WordNet 语料库。WordNet 是一个为自然语言处理构建的词汇数据库，包含单词的同义词组、短定义以及其他语义信息。

【例 8-7】对单词 cats、went 和 children 进行词形归一化。

```python
import nltk
from nltk.stem import WordNetLemmatizer
from nltk.corpus import wordnet
lemmatizer = WordNetLemmatizer()    # 创建 WordNetLemmatizer 对象
# 还原单词的基本形式
print(lemmatizer.lemmatize('cats'))         # 复数形式还原
print(lemmatizer.lemmatize('went'))         # 动词的过去式
print(lemmatizer.lemmatize('children'))     # 复数名词
cat
went
child
```

说明：从结果看到，cats 被还原为单数形式 cat。children 被还原为其基本形态 child。然而，went 未被还原为 go，这是因为 went 具有多种可能的词性。例如，作为动词时是 go 的过去式，而作为名词时可能表示某个人名。

2. 指定词性提高还原准确性

为了解决多义词还原不准确的问题，可以在调用 lemmatize()方法时传入参数 pos（词性）。

这样能够帮助工具更准确地判断单词的基本形态。

【例 8-8】 通过指定词性还原 went。

```
print(lemmatizer.lemmatize('went', pos='v'))    # 指定词性为动词（verb），还原为动词的基本形态
go
```

说明：从结果看到，当指定词性为动词（v）时，went 成功被还原为其基本形态 go。这表明，正确的词性标注对于词形归一化的准确性至关重要。

3. 中文中的类似处理：同义词替换

在中文自然语言处理中，虽然没有与英文词形归一化完全等价的过程，但可以通过同义词替换实现类似的功能。其目的是将多种表达形式的同义词归一为标准化的表达，减少词汇的多样性，简化模型处理。例如，将"自行车"和"单车"统一为"自行车"，将"购买"和"买"统一为"购买"。

这种处理在搜索引擎技术中应用广泛，将同义词归一化可以提高搜索结果的准确性，帮助模型更好地理解用户意图。

8.2.4 去除停用词

停用词是指那些在文本分析或信息检索中被认为对文本含义贡献较少或无实际意义的词语。这类词语通常在文本中频繁出现，如英语中的 a、the、is 等。由于这些词主要反映语言的结构，而不携带特定的语义信息，在文本预处理阶段通常会将其去除，以节省存储空间并提高处理效率。

停用词表通常由专家预定义，包括需要过滤掉的词汇。在实际应用中，可以根据具体需求自定义停用词表，或者直接使用通用的停用词库，如中文停用词库、哈工大停用词表等。

1. 利用 NLTK 去除停用词

在 NLTK 中，可以使用 stopwords 模块进行停用词过滤。此方法通过词表匹配来筛选停用词。在使用之前，需要确保已下载 stopwords 语料库。

【例 8-9】 对英文文本"Hello, world! This is a test sentence. I hope everything is going well."进行停用词过滤。

```
import nltk
from nltk.corpus import stopwords
text = "Hello, world! This is a test sentence. I hope everything is going well."    # 原始英文文本
words = nltk.word_tokenize(text)    # 分词
print("分词结果:", words)
```
分词结果: ['Hello', ',', 'world', '!', 'This', 'is', 'a', 'test', 'sentence', '.', 'I', 'hope', 'everything', 'is', 'going', 'well', '.']

```
stop_words = set(stopwords.words('english'))    # 加载英文停用词表，转换为集合提高查找效率
# 过滤停用词
remain_words = []    # 定义一个空列表，用于保存去除停用词后的单词表
# 如果发现单词不包含在停用词列表中，就保存到 remain_words 中
for word in words:
    if word.lower() not in stop_words:
        remain_words.append(word)
print("去除停用词后的单词:", remain_words)    # 输出去除停用词后的单词
```
去除停用词后的单词: ['Hello', ',', 'world', '!', 'test', 'sentence', '.', 'hope', 'everything', 'going', 'well', '.']

说明：从结果看到，在分词结果中，is、a、I 等常见停用词已被成功过滤。去除停用词

后，文本更加简洁，仅保留了主要的关键信息。

2．利用 jieba 去除停用词

在中文文本处理中，去除停用词同样是文本预处理的关键步骤。jieba 并未内置停用词过滤功能，因此需要用户自行准备停用词表。例如，可以使用哈工大停用词表作为停用词数据源。

使用 jieba 去除停用词的步骤如下：

1）使用 jieba 分词。
2）读取停用词表文件，并将其加载到集合中。
3）过滤分词结果中的停用词。
4）输出去除停用词后的结果。

【例 8-10】 对中文文本"你好，世界！这是一个测试句子。希望一切都好。"进行停用词过滤。

```
import jieba
# 1. 原始文本分词
text = '你好，世界！这是一个测试句子。希望一切都好。'    # 定义要处理的中文文本
words = jieba.lcut(text)    # 使用 jieba 的 lcut()函数进行精确分词
print("分词结果:", words)
```
分词结果: ['你好', '，', ' ', '世界', '！', ' ', '这是', '一个', '测试', '句子', '。', '希望', '一切', '都', '好', '。']

```
# 2. 加载停用词表
stop_words = set()    # 使用集合存储停用词以利用其自动去重的特性
with open('D:/bigdata/哈工大停用词表.txt', 'r', encoding='utf-8') as file:    # 打开停用词文件
    for line in file:    # 遍历每一行，其中 line 是文件中的当前行
        stop_words.add(line.strip())    # 去除行尾的换行符，并添加到停用词集合中
print("停用词数量:", len(stop_words))
```
停用词数量: 750

```
# 3. 去除停用词并过滤长度小于 2 的词
filtered_words = []    # 创建一个新的列表，保存去除停用词后的词
for word in words:    # 遍历用 jieba 分词得到的词列表 words，word 变量表示当前的词
    # 如果当前的词 word 不在停用词集合 stop_words 中，并且 word 的长度大于 1，则不是停用词
    if word not in stop_words and len(word) > 1:
        filtered_words.append(word)    # 则添加到 filtered_words 列表中
    # 如果 word 是停用词，什么都不做，直接跳到下一个词
print("去除停用词后的词:", filtered_words)
```
去除停用词后的词: ['你好', '世界', '这是', '测试', '句子', '希望']

```
# 4. 将处理后的词列表连接成字符串，以空格分隔
filtered_text = ' '.join(filtered_words)    # 将列表转换为字符串
print("去除停用词后的文本:", filtered_text)    # 打印最终的文本
```
去除停用词后的文本: 你好 世界 这是 测试 句子 希望

说明：从结果看到，分词结果中的停用词（如"，""。""都"等）已被成功过滤。剩余的词语更加简洁，突出关键信息，例如，"你好""世界"和"测试句子"。

3．自定义停用词表

对于英文停用词处理，NLTK 提供了丰富的停用词表，可直接通过 stopwords 模块快速实现。对于中文停用词处理，jieba 本身不具备停用词功能，但可以结合外部停用词表（如哈工大停用词表）进行自定义处理。

在实际应用中，通用的停用词表可能无法完全满足任务需求。例如，"研究"在科学文献中可能是重要词汇，但在普通语料中可能被认为是停用词。因此，可以根据领域需求对停用词表

进行扩展或删减。例如,将某些重要词语从停用词表中移除,或加入特定领域的常用停用词。

8.3 文本情感分析

文本情感分析(Sentiment Analysis)是自然语言处理的重要应用,通过分析用户生成的文本数据,识别和提取其中的情绪信息,为理解用户反馈和优化产品服务提供支持。情感分析广泛应用于社交媒体评论、舆情监控、客户满意度调查以及产品评价等多个领域。

8.3.1 文本情感分析的基本概念

文本情感分析,也称为意见挖掘(Opinion Mining)或情感挖掘(Emotion Mining),是通过自然语言处理(NLP)和文本分析技术,识别文本中情绪信息的过程。其核心目标是判断文本(如句子、段落或整篇文章)的情绪倾向,例如,正面、负面或中性。

1. 情感分析的类型

情感分析可以细分为以下几种类型。

(1)情感极性分析

判断文本情感的倾向性,如,褒义、贬义或中性。例如,分析"喜爱"表示正面情感,而"厌恶"表示负面情感。

(2)情感程度分析

评估情感的强度或情绪的极端程度。例如,区分"喜欢"和"非常喜欢"的情感强度。

(3)主客观分析

判断文本内容是客观陈述还是主观表达。例如,"这是一个事实"是客观陈述,而"我认为它很棒"是主观表达。

2. 常见情感分析方法

常见情感分析方法主要包括以下两种。

(1)基于情感词典的方法

基于情感词典的方法依赖预定义的情感词典和规则,通过对文本中情感词、否定词和程度副词的分析来确定情感倾向。其具体步骤如下:

1)分词:将文本分解为单词或短语。

2)识别情感词、否定词和程度副词:情感词是携带情绪倾向的词汇,例如,"好""差"。否定词是对情感方向产生反转作用的词,例如,"不是""没有"。程度副词是对情感强度进行修饰的词,例如,"非常""稍微"。

3)计算情感值:根据情感词赋予情感分值。如果情感词前有否定词,则反转情感值的符号。如果情感词前有程度副词,则调整情感值的权重。

4)综合计算:将所有情感值相加,正值表示正面情感,负值表示负面情感。

基于情感词典的方法优点是简单直观,易于实现。缺点是难以处理未在词典中的新词,扩展性差,对复杂语义结构的处理能力有限。

(2)基于机器学习的方法

基于机器学习的方法将情感分析转化为分类问题。例如,将文本分类为正面、负面或中性。其核心流程包括以下步骤。

1）数据标注：对训练文本进行人工标注，标记其情感类别。
2）特征提取：提取文本的特征，例如，词频、TF-IDF 值或词向量。
3）模型训练：通过监督学习算法（如朴素贝叶斯、支持向量机或深度学习）构建分类模型。
4）情感预测：使用训练好的模型预测未标注文本的情感类别。

基于机器学习的方法优点是对复杂文本情感分析具有较高准确性，可适应不同语言和领域。缺点是依赖大规模的标注数据，训练时间较长，计算资源消耗较大。

8.3.2 使用情感词典进行情感分析

1. 使用 NLTK 的 VADER 进行情感分析

NLTK 提供了多种情感分析工具，其中 VADER（Valence Aware Dictionary and sEntiment Reasoner）适用于社交媒体等非正式文本的情感分析。VADER 结合了基于规则和词典的方法，可对文本进行情感强度分析和评分。

【例 8-11】对英文文本进行情感分析。

```
import nltk
from nltk.sentiment.vader import SentimentIntensityAnalyzer
sia = SentimentIntensityAnalyzer()    # 初始化 VADER 分析器
text = "I love this product! It's amazing."    # 待分析的文本
#text = "This is the worst experience I've ever had."    # 另一段待分析的文本
sentiment_scores = sia.polarity_scores(text)    # 使用 VADER 进行情感分析
print("情感得分:", sentiment_scores)    # 输出情感分析结果
# 格式化输出结果
for category, score in sentiment_scores.items():
    print(f"{category.capitalize()}: {score}")
```

情感得分: {'neg': 0.0, 'neu': 0.266, 'pos': 0.734, 'compound': 0.8516}
Neg: 0.0
Neu: 0.266
Pos: 0.734
Compound: 0.8516

说明：compound 是综合得分，用于判断整体情感倾向，范围从-1（非常消极）到 1（非常积极）。大于 0.05 表示正面情感，小于-0.05 表示负面情感，-0.05～0.05 之间表示中性情感。neg、neu、pos 分别表示负面、中性和正面情感的强度。

判断情感倾向使用下面代码。

```
if sentiment_scores['compound'] >= 0.05:
    print("积极情感")
elif sentiment_scores['compound'] <= -0.05:
    print("消极情感")
else:
    print("中性情感")
```

积极情感

2. 使用 SnowNLP 进行中文情感分析

对于中文文本情感分析，虽然 NLTK 不支持，但可以使用 SnowNLP 这一轻量化工具。SnowNLP 专为中文文本设计，适用于简单情感分析场景。

使用前先安装 snownlp 库,命令如下:

```
pip install snownlp
```

【例 8-12】 对中文文本进行情感分析。

```
from snownlp import SnowNLP
text = "这是我遇到的最糟糕的经历。"    # 待分析的中文文本
s = SnowNLP(text)    # 创建 SnowNLP 对象
sentiment_score = s.sentiments    # 获取情感分析结果
print("情感得分:", sentiment_score)
情感得分: 0.5078996818488622
```

说明:sentiments 方法返回的得分范围为 0~1,值越接近 1 表示正面情感,值越接近 0 表示负面情感。

8.4 文本相似度与语义相似度

在自然语言处理(NLP)领域,文本相似度和语义相似度的计算是核心任务之一,广泛应用于信息检索、搜索引擎优化、智能问答系统、文档校对以及自然语言理解等场景。

8.4.1 文本相似度与语义相似度的基本概念

1. 文本相似度与语义相似度的关注点

文本相似度与语义相似度有着不同的关注点:

1)文本相似度:关注文本表面特征的相似性,例如,词汇、短语和句子结构的重叠程度。

2)语义相似度:关注文本深层次的含义和语境的相似性,即使两个文本在词汇上差异较大,只要它们传达的信息或意图相同,也可以被视为语义相似。

2. 文本表示方法

文本表示是计算文本相似度的基础,常见的方法包括:

1)词袋模型(Bag of Words,BoW):将文本转化为词频向量,忽略词序和语法信息。优点是简单易用,缺点是丢失上下文信息和语义关系。

2)TF-IDF(Term Frequency-Inverse Document Frequency):在词频的基础上加入逆文档频率,减少常见词的权重,突出关键词的影响。常用于信息检索任务。

3)词嵌入(Word Embedding):使用深度学习模型(如 Word2Vec、GloVe)将词转化为低维稠密向量,保留语义关系和上下文信息。优点是捕获词语间的语义关系,是更精确的文本表示方法。

3. 基于统计的文本相似度计算方法

基于统计的方法主要依赖于文本的词汇特征,常见的方法包括:

1)词袋模型与 TF-IDF:使用词频向量或 TF-IDF 向量计算文本间的相似度。常用余弦相似度公式评估两向量的相似程度。

2)共现矩阵与 Jaccard 相似度:通过记录词语的共现情况来计算文本相似度。Jaccard 相似度通过集合的交并比评估相似性,适用于短文本或关键词列表。

4. 基于语义理解的文本相似度计算方法

基于语义的方法能够捕获文本深层次的含义，常见的方法包括：

1）词向量模型：使用 Word2Vec、GloVe 或 FastText 等模型将词映射为实数向量。将文本的所有词向量取平均或加权平均，得到文本向量。使用余弦相似度或欧氏距离评估文本的语义相似度。

2）语义词典与知识库：借助 WordNet、ConceptNet 等外部语义资源，通过词义、同义词、上下位关系等信息计算词间相似度。优点是语义表达精确。缺点是依赖外部资源质量，计算复杂。

5. 基于深度学习的文本相似度计算方法

深度学习方法能够通过神经网络自动学习文本的语义特征，主要包括：

1）神经网络模型：使用 RNN、CNN 或 Transformer 模型自动生成文本表示。特别是预训练模型（如 BERT、GPT）在文本相似度任务中表现优异。

2）迁移学习与微调：利用预训练模型（如 BERT、RoBERTa）进行迁移学习，根据具体任务进行微调，提高泛化能力和计算效率。

6. 应用场景

文本相似度和语义相似度的计算在以下场景中有广泛应用。

1）信息检索：优化搜索引擎结果的排序。
2）推荐系统：根据内容相似性推荐个性化服务。
3）文本聚类：对相似文档进行分组。
4）抄袭检测：检测相似文章或文档中的抄袭行为。
5）智能问答与对话系统：匹配用户提问与数据库中最相关的答案。

8.4.2 文本相似度的分析

在文本相似度计算中，常用的工具和库包括 NLTK、Scikit-learn、gensim、spaCy 和 Sentence Transformers。以下是使用 NLTK 和 Scikit-learn 计算两个文本的余弦相似度的示例。

【例 8-13】 使用 NLTK 和 Scikit-learn 计算余弦相似度。

```
[ ]: !pip install scikit-learn      # 安装 scikit-learn 库
[ ]: # 导入所需模块
     import nltk
     from sklearn.feature_extraction.text import CountVectorizer   # 导入用于将文本转换为词频向量的模块
     from sklearn.metrics.pairwise import cosine_similarity   # 导入用于计算余弦相似度的函数
     # 两个要比较相似度的文本
     text1 = "I love programming in Python."
     text2 = "Python programming is fun."
     vectorizer = CountVectorizer().fit_transform([text1, text2])   # 将文本转化为词频向量
     vectors = vectorizer.toarray()   # 转换为稠密数组
     cosine_sim = cosine_similarity(vectors)   # 计算余弦相似度
     print(f"文本 1 和文本 2 的余弦相似度: {cosine_sim[0][1]}")
     文本 1 和文本 2 的余弦相似度: 0.5
```

说明：余弦相似度的取值范围为[-1, 1]，值越接近 1 表示文本越相似，值接近 0 表示文本几乎不相似。负值表示文本具有反向相关性（在大多数 NLP 任务中较少出现）。

在示例中，文本 1 和文本 2 的余弦相似度为 0.5，表示两文本有一定的相似性。

8.5 文本分类

文本分类是自然语言处理（NLP）中的一项基础任务，目标是将文本数据分配到一个或多个预定义的类别中。这项技术广泛应用于多种场景，如垃圾邮件检测、情感分析、主题分类和文档归档等。

8.5.1 文本分类的基本概念

文本分类是将文本或文档自动分类到一种或多种预定义类别的过程。其核心目标是通过训练模型实现自动标注，例如，将新闻内容分类为新闻类、体育类、财经类、科技类和娱乐类等。

1. 文本分类常见的应该

常见的应用包括分析社交媒体情感、垃圾邮件检测、自动标注用户查询、新闻主题分类等。

2. 文本分类的实现步骤

文本分类通常被定义为一种有监督的机器学习任务，主要依赖标注数据集进行模型训练。其实现步骤如下：

1）数据准备：清洗和打乱数据，确保训练集和测试集分布均匀。清洗文本包括去除标点符号、转换为小写、分词、去除停用词、词干提取或词形还原。

2）特征提取：使用词袋模型、TF-IDF 或词向量等方法从文本中提取特征。

3）构建和训练分类器：选择合适的算法（如朴素贝叶斯、支持向量机、决策树、深度学习等）并训练模型。

4）测试、评估和优化：使用测试集评估模型性能。通过调整参数或改进特征提取方法来优化模型。

5）应用模型：使用训练好的模型对新文本数据进行分类预测。

8.5.2 文本分类的处理

NLTK 提供了方便的工具来实现文本分类任务。

【例 8-14】 使用朴素贝叶斯分类器进行文本主题分类，分类主题为"体育"和"政治"。

1）准备数据。准备一个小型新闻数据集，并随机打乱其顺序以减少偏差。

```python
import nltk
from nltk.classify import NaiveBayesClassifier
import random
# 示例新闻数据集
news_articles = [
    ('The team won the championship game!', 'sports'),
    ('The government passed a new law yesterday.', 'politics'),
    ('He scored the winning goal in the match.', 'sports'),
    ('The senator held a press conference.', 'politics'),
    ('The athlete broke the world record.', 'sports'),
```

```
        ('The election results were announced today.', 'politics')
]
random.shuffle(news_articles)   # 随机打乱数据集
print(news_articles)    # 显示打乱后的数据集
```
```
[('The government passed a new law yesterday.', 'politics'), ('He scored the winning goal in the match.',
'sports'), ('The senator held a press conference.', 'politics'), ('The athlete broke the world record.', 'sports'),
('The election results were announced today.', 'politics'), ('The team won the championship game!', 'sports')]
```

2)特征提取。定义一个特征提取函数,将文章标题转换为词袋模型表示。

```
def extract_features(article):
    words = article[0].lower().split()
    features = {}
    for word in words:
        features[f'contains({word})'] = True
    return features
```

3)构建和训练分类器。将新闻数据集转换为特征集,并将其划分为训练集和测试集。使用朴素贝叶斯分类器训练模型。

```
# 创建特征集
featuresets = [(extract_features(article), category) for article, category in news_articles]
# 划分训练集和测试集(前4篇作为训练集,后2篇作为测试集)
train_set, test_set = featuresets[:4], featuresets[4:]
# 使用朴素贝叶斯分类器训练模型
classifier = NaiveBayesClassifier.train(train_set)
```

4)测试和评估分类器。使用测试集评估分类器的准确率。

```
from nltk.classify import accuracy
# 评估分类器性能
print(f'Classifier accuracy: {accuracy(classifier, test_set):.4f}')
```
```
Classifier accuracy: 0.5000
```

5)应用模型。使用训练好的分类器对新的文章进行主题预测。

```
# 测试新的文章
new_article = "The player scored two goals in the match."
print(f'Article: "{new_article}" is classified as: {classifier.classify(extract_features((new_article,)))}')
```
```
Article: "The player scored two goals in the match." is classified as: sports
```

本示例展示了一个完整的文本分类流程,这种方法适用于许多文本分类任务,例如,垃圾邮件检测、情感分析和主题分类等。尽管本示例使用朴素贝叶斯分类器,但根据需求可以选择更复杂的模型(如支持向量机或深度学习模型)以提高分类效果。

8.6 案例:手机评价数据分析与可视化

本节以某电商平台的手机评价数据为例,介绍手机评价数据的分析过程,包括分词、词云展示、情感分析及消极评论关键词提取等。

8.6.1 案例简介

本案例针对用户在电商平台上留下的手机评价数据,经过以下步骤完成情感分析与数据挖掘:

1）文本预处理：包括分词、词性标注和去除停用词等操作。

2）高频词分析：筛选出现频率较高的词语，并通过词云展示。

3）情感分析：基于预处理后的数据提取评论关键信息，分析用户的需求、购买原因及对产品的满意度。

4）消极评论分析：提取消极评论的关键词，了解用户不满的主要原因。

评价数据保存在文件"手机评价.csv"中，该文件包含两列，其中 content 列保存手机评价内容，文件部分内容如图 8-1 所示。

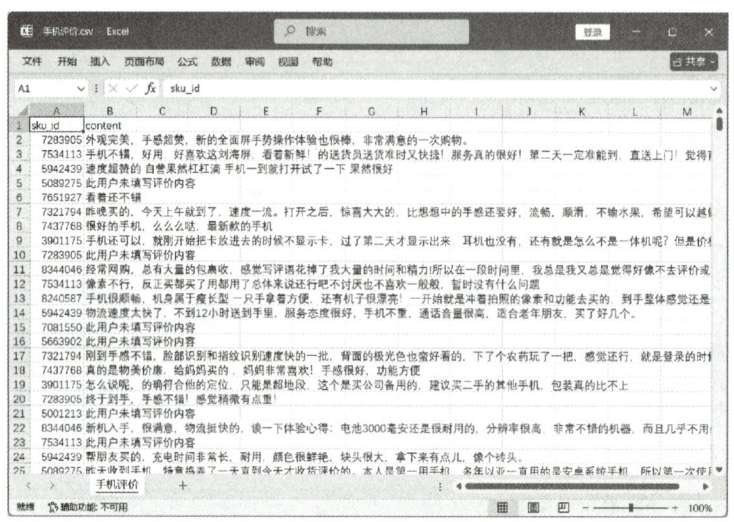

图 8-1 "手机评价.csv"部分内容

8.6.2 案例实现

1．安装和导入模块

1）使用 pip 命令安装所需的 wordcloud、snownlp 模块。

```
[ ]:  !pip install wordcloud==1.8.2.2
[ ]:  !pip install snownlp    -i https://pypi.tuna.tsinghua.edu.cn/simple
```

2）导入分析所需的模块。

```
[ ]:  import pandas as pd
      import jieba
      import numpy as np
      import matplotlib.pyplot as plt
      from wordcloud import WordCloud
      from nltk import FreqDist
      from snownlp import SnowNLP
      import jieba.analyse
      from matplotlib.ticker import MaxNLocator
      # 设置字体以支持中文显示
      plt.rcParams['font.sans-serif'] = ['SimHei']
      plt.rcParams['axes.unicode_minus'] = False
```

2．加载数据文件

使用 read_csv()函数加载商品评价数据。

```
[ ]: phone_data = pd.read_csv('D:/bigdata/手机评价.csv')   # 加载数据
     phone_data.head()
```

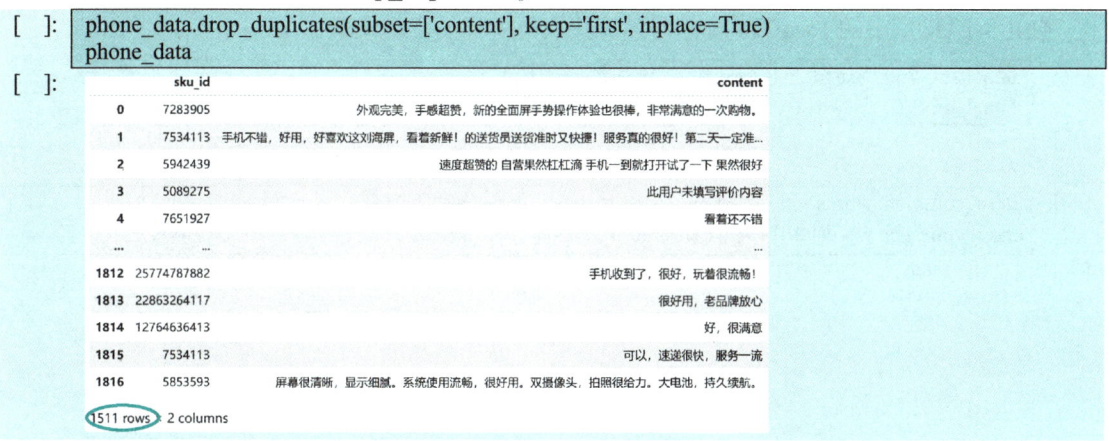

从结果看到，发现商品评论数据中存在"此用户未填写评价内容"的记录，这类数据是系统默认评价，对分析无意义，需清洗。

3. 清洗数据

1) 删除重复记录。使用 drop_duplicates()方法删除重复行。

```
[ ]: phone_data.drop_duplicates(subset=['content'], keep='first', inplace=True)
     phone_data
```

比较两次输出的行数看到，删除后行数减少了 300 多行。

2) 删除无意义记录。过滤掉 content 列为"此用户未填写评价内容"的记录。

```
[ ]: phone_data = phone_data[phone_data['content'] != '此用户未填写评价内容']
     phone_data.head(10)
```
```
[ ]: （限于篇幅，显示的数据略）
```

4. 中文分词

由于评论内容为中文，使用 jieba 的分词工具对评价文本进行分词。

```
[ ]: content_str = " ".join(phone_data['content'].values)    # 将所有评价内容拼接为一个字符串
     cut_words = jieba.lcut(content_str, cut_all=False)      # 使用精确模式对中文句子分词
     cut_words    # 限于篇幅，仅显示部分
```

```
[ ]: ['外观',
     '完美',
     '，',
     '手感',
     '超赞',
     '，',
     '新',
     '的',
     '全面',
     '屏',
```

从结果看到，返回一个列表，该列表中包含了所有成词的结果，分词结果包含很多无意义的词语（如"的""很"等），需通过停用词表过滤。

5. 使用停用词过滤

加载停用词表并过滤掉无意义的词语。

```
file_path = open(r'D:/bigdata/哈工大停用词表.txt', encoding='utf-8')   # 加载停用词表
stop_words = file_path.read().splitlines()    # 将停用词表内容转换为列表
filtered_words = [word for word in cut_words if word not in stop_words]   # 过滤分词结果
filtered_words    # 限于篇幅，仅显示部分
```

```
['外观',
 '完美',
 '手感',
 '超赞',
 '新',
 '全面',
 '屏',
```

从结果看到，删除停用词之后的字或词可以大致体现评价的特征信息。

6. 词频统计

使用 NLTK 库中的 FreqDist 统计词频，获取每个词的出现次数。

```
freq_list = FreqDist(filtered_words)    # 词频统计
freq_list
```

```
FreqDist({' ': 2466, '手机': 1126, '很': 1067, '好': 712, '不错': 576, '还': 535, '买': 527, '不': 340, '都': 337, '非常': 309, ...})
```

```
most_common_words = freq_list.most_common()    # 返回词语列表
most_common_words[:10]    # 查看前10个高频词
```

```
[(' ', 2466),
 ('手机', 1126),
 ('很', 1067),
 ('好', 712),
 ('不错', 576),
 ('还', 535),
 ('买', 527),
 ('不', 340),
 ('都', 337),
 ('非常', 309)]
```

从结果看到，返回了一个列表，该列表中包含了多个元组，每个元组的第一个元素是字或词，第二个元素是字或词的频率，频率越高，元组排列的位置越靠前。观察高频词可以初步了解用户对商品的评价，例如，"手机""很好""不错"等词语表明用户满意度较高。

7. 使用词云展示高频词

绘制词云，展示高频词语的视觉效果。wordcloud 模块会将出现频率高的词语进行放大显示，而出现频率较低的词语缩小显示。

```
font_path = 'C:/Windows/Fonts/STZHONGS.TTF'    # 设置中文字体，华文中宋，不设置就会出现乱码
wc = WordCloud(font_path=font_path, background_color='white', width=1000, height=800)    # 生成词云
my_wc = wc.generate(" ".join(filtered_words))    # 将列表转换为字符串
plt.figure(figsize=(10, 8))
plt.imshow(my_wc, interpolation='bilinear')    # 显示词云
plt.axis('off')    # 不显示坐标轴
plt.show()
```

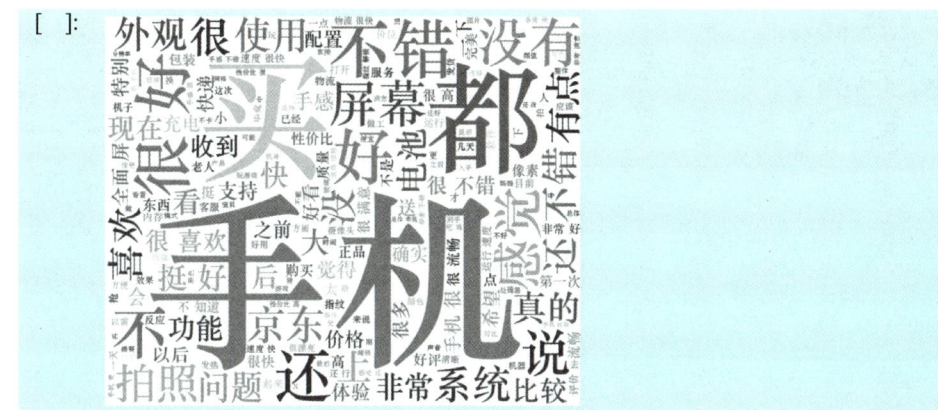

词云图中词语的大小反映了其在评论中出现的频率，例如，"很""不错"等词较为突出。

8．情感分析

使用 SnowNLP 对评论内容进行情感分析，计算情感分数。

```
phone_data.loc[:, 'emotion'] = phone_data['content'].apply(lambda x: SnowNLP(x).sentiments)    # 计算情感分数
phone_data.head(10)    # 要等待几十秒才会显示结果
```

	sku_id	content	emotion
0	7283905	外观完美，手感超赞，新的全面屏手势操作体验也很棒，非常满意的一次购物。	0.999982
1	7534113	手机不错，好用，好喜欢这刘海屏，看着新鲜！的送货员送货准时又快捷！服务真的很好！第二天一定准..	0.999071
2	5942439	速度超赞的 自营果然杠杠滴 手机一到就打开试了一下 果然很好	0.948817
4	7651927	看看还不错	0.906362
5	7321794	昨晚买的，今天上午就到了，速度一流。打开之后，惊喜大大的，比想想中的手机还要好，流畅，顺滑，..	0.999997
6	7437768	很好的手机，么么哒，最新款的手机	0.823765
7	3901215	手机还可以，就刚开始把卡放进去的时候不显示卡，过了第二天才显示出来，耳机也没有，还有就是怎么..	0.005839
9	8344046	经常网购，总有大量的包裹收，感觉写评语花掉了我大量的时间和精力!所以一段时间里，我总是我又..	1.000000
10	7534113	像素不行，反正买都买了只用能用下总体来说还行吧不讨厌也不喜欢一般般，暂时没有什么问题	0.499447
11	8240587	手机很流畅，机身属于瘦长型 一只手拿着方便，还有机子很漂亮！一开始就是冲着拍照的像素和功能去..	0.999796

```
phone_data.describe()    #查看数据统计信息
```

	sku_id	emotion
count	1.510000e+03	1510.000000
mean	5.207102e+09	0.772836
std	9.893610e+09	0.335723
min	1.592994e+06	0.000000
25%	5.663902e+06	0.638572
50%	7.437788e+06	0.971566
75%	8.484451e+06	0.999413
max	3.032369e+10	1.000000

统计结果显示，情感分 emotion 的平均值为 0.77，中位数为 0.97，说明大多数评论为积极评价，但仍存在一定比例的负面评论。

9．绘制情感分直方图

根据 phone_data 数据集中的 emotion 列的值，绘制情感分布直方图，观察评论内容的整体情感倾向。

```
plt.figure()
phone_data['emotion'].hist(bins=np.arange(0, 1.1, 0.1), color='#4F94CD', alpha=0.9)
```

```
plt.xlabel('情感分')
plt.ylabel('数量')
plt.title('情感分直方图')
plt.show()
```

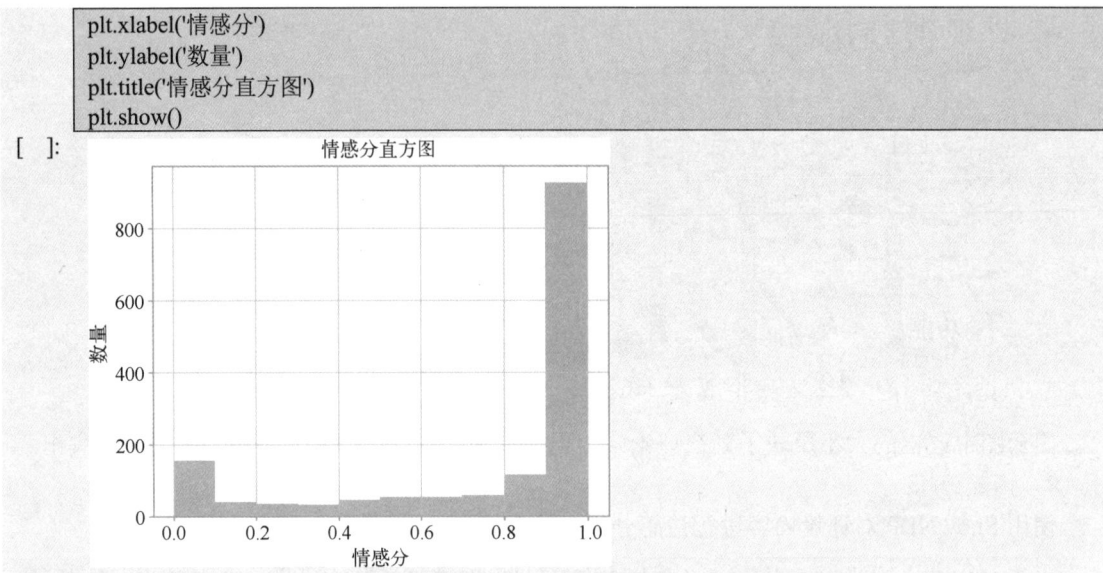

从直方图可以看出，绝大多数评论情感分在[0.9, 1]区间，少量评论情感分在[0, 0.1]区间。

10．积极评论与消极评论的占比

计算积极评论、消极评论的数量及比例。

```
# 积极评论、消极评论数量
pos_count = (phone_data['emotion'] >= 0.5).sum()
neg_count = (phone_data['emotion'] < 0.5).sum()
print('积极评论、消极评论数量分别为：', pos_count, neg_count)
count = (pos_count + neg_count)    # 评论总数

# 计算比例并显示为百分数
pos_ratio = pos_count / count
neg_ratio = neg_count / count
print('积极评论、消极评论比例分别为：{:.2%}, {:.2%}'.format(pos_ratio, neg_ratio))
```
积极评论、消极评论数量分别为： 1203, 307
积极评论、消极评论比例分别为：79.67%, 20.33%

11．绘制情感分布饼图

绘制积极评论和消极评论的占比。

```
plt.figure()
plt.pie([pos_count, neg_count], labels=['积极的', '消极的'], autopct='%1.1f%%', shadow=True)
plt.title('评论情感分布')
plt.show()
```

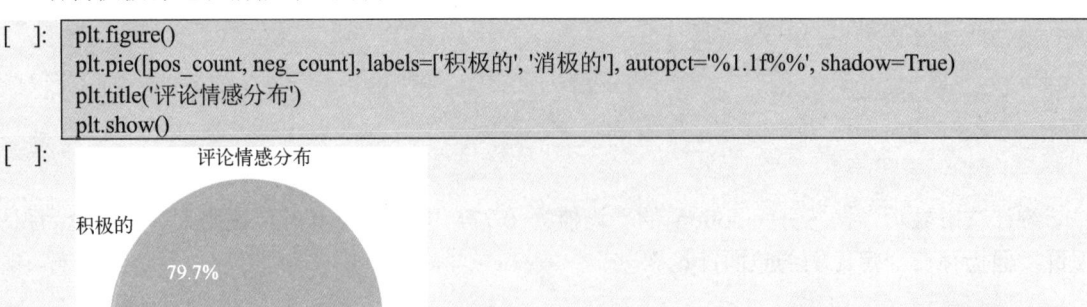

12. 消极评论分析

提取消极评论的前 10 个关键词，分析用户主要不满意的关键词。

```
# 筛选消极评论
negative_reviews = phone_data[phone_data['emotion'] < 0.5]
text_neg = " ".join(negative_reviews['content'])
# 提取消极评论关键词
key_words = jieba.analyse.extract_tags(text_neg, topK=10, withWeight=True)
print("消极评论关键词 Top 10:")
key_words
```

```
消极评论关键词Top 10:
[('手机', 0.20964290375718211),
 ('快递', 0.05302393148876553),
 ('京东', 0.049252003358511764),
 ('屏幕', 0.04785920056042295),
 ('充电', 0.04629986309070843),
 ('可以', 0.0430843365650119),
 ('就是', 0.042325923947774256),
 ('收到', 0.041493511766868885),
 ('客服', 0.036667487328025376),
 ('没有', 0.0362051908185567)]
```

结果显示，用户对"快递""充电""屏幕"是主要不满意的关键词。

13. 总结

通过本案例实现了以下内容：

1）数据清洗和预处理。
2）分词和高频词分析（包括词云展示）。
3）评论情感分析，观察积极和消极评论分布。
4）消极评论的关键词提取，定位用户的不满意的关键词。
这些步骤为后续改进产品质量和用户体验提供了重要依据。

习题

1. 编写代码，使用 sklearn 的 CountVectorizer 和 cosine_similarity 计算以下两段文本的余弦相似度。

文本 1："Machine learning is a subfield of AI."
文本 2："AI includes machine learning as a key component."
要求：
1）使用 CountVectorizer 提取文本特征。
2）使用 cosine_similarity 计算相似度，并输出结果。

2. 编写代码，实现一个简单的朴素贝叶斯文本分类器，分类主题为"科技"和"娱乐"。给定以下训练数据：

```
data = [
    ("The new iPhone was released yesterday", "科技"),
    ("This year's Oscar winners are amazing!", "娱乐"),
    ("Samsung unveiled its latest Galaxy phone", "科技"),
    ("The new Marvel movie has a great storyline", "娱乐"),
```

        ]

要求:

1) 将数据分为训练集和测试集。

2) 使用 NLTK 的 NaiveBayesClassifier 进行模型训练。

3) 对以下文本进行分类,并输出结果:

文本 1: "Apple plans to launch a new MacBook."

文本 2: "The Grammy Awards ceremony was spectacular."

3. 编写代码,针对以下中文文本进行分词和停用词过滤:

文本:"小米最新发布了一款手机,搭载了高性能芯片和全新的摄像头功能,受到用户广泛关注。"

要求:

1) 使用 jieba 分词。

2) 加载一个中文停用词表(如哈工大停用词表)。

3) 删除分词结果中的停用词,并输出保留的词列表。

4. 编写代码,针对以下文本集合统计词频并生成词云图:

```
texts = [
    "The battery life of this phone is excellent.",
    "The screen quality is amazing, but the battery drains fast.",
    "I love the design of the phone, but the charging speed is slow.",
    "The camera is fantastic, but the price is too high.",
]
```

要求:

1) 对每段文本进行分词,并过滤停用词。

2) 使用 NLTK 的 FreqDist 统计词频,并输出前 5 个高频词。

3) 使用 WordCloud 绘制词云图。

5. 使用 SnowNLP,对以下用户评论进行情感分析,计算每条评论的情感分值,并统计积极和消极评论的数量:

```
comments = [
    "这款手机的性能真的很不错,物超所值!",
    "充电速度太慢了,真是让人失望。",
    "外观设计很漂亮,手感也不错。",
    "价格太贵了,不推荐购买。",
    "拍照效果特别好,我很满意。",
]
```

要求:

1) 使用 SnowNLP 计算每条评论的情感分值。

2) 将情感分值大于等于 0.5 的评论标记为积极,小于 0.5 的标记为消极。

3) 输出积极评论和消极评论的数量及占比。

项目 9 机器学习基础

本项目主要介绍机器学习的基础知识和应用,包括机器学习的概念、基本类型、常用的机器学习算法,Scikit-learn 库的概述及其使用方法,以及监督学习和无监督学习模型的详细介绍,出勤率与学生成绩预测分析项目的实现。

知识目标	素养目标
◇ 了解监督学习模型,包括线性模型和分类模型 ◇ 了解无监督学习模型,包括聚类分析和降维算法 ◇ 掌握出勤率与学生成绩预测分析项目的实现方法	◇ 提升学习资源的整合与利用能力 ◇ 培养数据安全意识 ◇ 提高数据分析和模型评估的能力

9.1 机器学习概述

机器学习(Machine Learning,ML)是人工智能(AI)和统计学的一个重要分支,使计算机能够通过数据学习和提高性能。

9.1.1 机器学习的基本概念

在数据分析中,有时需要从已有数据样本中挖掘隐藏的模式,以预测未来的情况,此时可以运用机器学习。机器学习是人工智能的重要组成部分,其主要目标是通过分析历史数据(经验数据)构建模型,并利用这些模型预测未来的趋势或事件。这一过程可以形象地理解为"机器在学习",即系统能够从数据中自主学习和改进,而无须人类提供详细的指令。

机器学习是一种数据分析技术,旨在使计算机在没有明确编程的情况下,通过分析大量数据,自动识别数据中的模式和规律,并基于这些结果进行决策或预测未来结果。简而言之,机器学习通过过去的经验使计算机具有学习能力,并表现出智能化的行为。

在机器学习的过程中,通常将数据分为"训练数据"和"测试数据"。算法首先从"训练数据"中学习并生成模型,然后利用"测试数据"评估模型的准确性和性能。这种方法确保模型不仅能在已知数据上表现良好,还能在未知数据上进行有效预测。

9.1.2 机器学习的基本类型

根据学习方式的不同,机器学习可以分为 3 类:监督学习、无监督学习和强化学习。

1. 监督学习

监督学习是一种有标签的数据训练方法。在这种学习方式中,"训练数据"和"测试数据"

是带有标签的数据集，每个样本都有明确的类别或目标值（标签）。特征（features）作为输入，标签（target）作为输出，算法通过学习输入和输出的关系，建立模型。表 9-1 展示了一个简单的有标签的样本数据集。

表 9-1 有标签的样本数据集

特征 1	特征 2	特征 3	标签
f11	f12	f13	A
f21	f22	f23	B
...	...	...	...

监督学习是机器学习中最常见的类型，根据标签类型的不同，分为两种任务：分类问题和回归问题。

（1）分类问题

分类问题的目标是将输入数据分配到离散的类别中。常见应用包括垃圾邮件检测（如将电子邮件分为"垃圾邮件"或"非垃圾邮件"）和手写数字识别（如识别数字为 0 到 9 中的哪一个）。常用的分类算法包括决策树、支持向量机（SVM）、朴素贝叶斯和神经网络等。

（2）回归问题

回归问题的目标是预测连续数值，如天气温度、房屋价格或股票走势。常用的回归算法包括线性回归、岭回归、Lasso 回归和树回归等。

2. 无监督学习

无监督学习使用的是没有标签的数据集。算法通过分析数据的内在结构构建模型，发现数据中的模式和规律。表 9-2 展示了一个无标签的样本数据集。

表 9-2 无标签的样本数据集

特征 1	特征 2	特征 3	特征 4
f11	f12	f13	f14
f21	f22	f23	f24
...	...	...	...

无监督学习的目标是在没有目标值的情况下，发现数据的内在结构，常见任务包括聚类问题和降维问题。

（1）聚类问题

聚类是无监督学习的重要任务之一，目标是将数据集划分为若干组，同组的数据点更为相似，不同组的数据点差异更大。常用的聚类算法包括 K-Means、层次聚类（Hierarchical Clustering）和 DBSCAN 等。

（2）降维问题

降维用于在保留主要信息的同时去掉冗余数据，提高算法效率并解决维度诅咒问题。例如，处理高维图像数据时，降维可以提取关键特征，提升处理效率。常用的降维算法包括主成分分析（PCA）和 t-分布随机邻域嵌入（t-SNE）。

3. 强化学习

强化学习通过与环境交互获得奖励或惩罚，以优化决策模型。强化学习的核心是通过试错过程获取最佳策略。其应用包括机器人控制、游戏玩法和自动驾驶汽车等。强化学习的优势在于能够处理动态环境和复杂场景，但其训练过程耗时，且在状态空间庞大的情况下学习难度较高。

9.1.3 机器学习的常用算法

机器学习算法是实现机器学习的核心工具，不同算法适用于不同问题。

1．线性回归

线性回归是一种用于预测连续值的监督学习算法，通过拟合输入变量与输出变量之间的线性关系，最小化误差平方和。常用于经济学、工程和统计学等领域。

2．逻辑回归

尽管名字叫"回归"，逻辑回归实际上是一种二分类算法。它通过 logistic 函数预测事件发生的概率，输出范围为 0～1。广泛应用于金融、医疗诊断等领域。

3．决策树

决策树是一种基于规则分割的分类和回归算法，易于理解，能够处理特征间的非线性关系。常用于商业决策支持系统。

4．随机森林

随机森林通过多个决策树的投票或平均提高模型的准确性和鲁棒性，有效避免了单个决策树的过拟合问题。

5．支持向量机（SVM）

SVM 通过找到最优超平面将数据分开，在高维数据处理和非线性特征问题中表现出色。

6．聚类算法

聚类算法用于无监督学习任务，将数据点划分为不同的组，常见算法包括 K-Means、层次聚类和 DBSCAN。

7．神经网络

神经网络模拟人脑结构，适用于学习复杂的非线性关系。深度学习（多层神经网络）在语音识别、图像处理和自然语言处理中表现优异。

8．K 近邻算法（KNN）

KNN 是一种基于近邻数据点分类或回归的简单算法，适用于小规模数据集。

9.2　Scikit-learn 概述

Scikit-learn（简称 sklearn）是基于 Python 的开源机器学习库，提供了常用的机器学习算法（如分类、回归、聚类和降维），支持监督学习和无监督学习模型，并集成了丰富的数据预处理工具和模型评估方法。其功能强大且易于使用，通过数据准备、模型创建、评估、优化和应用等步骤，可以实现完整的机器学习工作流。模块化设计和广泛的算法支持使 Scikit-learn 成为学习和实践机器学习的理想工具，也是机器学习实践中非常受欢迎的选择之一。

9.2.1　Scikit-learn 的安装

Scikit-learn 可以通过 Python 的包管理工具 pip 进行安装。使用以下命令在终端或命令行中完成安装：

```
pip install scikit-learn
```

安装完成后，可以通过 import 语句导入 Scikit-learn 并检查其版本，以确保安装成功：

```
import sklearn
print(sklearn.__version__)
1.5.1
```

如果成功显示出 Scikit-learn 的版本号如（1.5.1 或其他），说明库已安装并可以正常使用。

9.2.2　Scikit-learn 的使用步骤

使用 Scikit-learn 进行模型训练通常包含以下几个步骤。

1. 准备数据

在使用机器学习算法之前，数据准备是至关重要的步骤。常见的操作包括：

- 加载数据：从文件、数据库或在线数据源中加载数据集。
- 清洗数据：处理缺失值、异常值或重复数据。
- 特征提取：将原始数据转换为特征表示，例如，将文本数据转换为数值向量。
- 数据转换：将非数值型数据编码为数值型数据（如独热编码）、缩放数值范围等。
- 拆分数据集：将数据集划分为训练集和测试集，以评估模型性能。
- 标准化特征：将特征数据缩放到相同的范围（例如，均值为 0，方差为 1），以提高模型的训练效果。

2. 创建和训练模型

经过数据预处理后，根据问题选择合适的机器学习算法，并创建模型。例如，对于分类问题，可以使用逻辑回归模型。

3. 预测和评估模型

模型训练完成后，可以对测试数据进行预测，并评估模型的性能。根据实际任务，还可以使用其他评估指标（如均方误差、F1 分数或 ROC 曲线）来评估模型的性能。

4. 调整模型

模型训练和评估是一个迭代的过程。如果模型表现不佳，可以通过以下方式进行调整和优化：

- 调整超参数：如改变正则化强度、学习率或树的深度等。
- 特征工程：选择更重要的特征或生成新的特征。
- 优化数据：清理噪声数据，平衡类别分布。
- 更换模型：尝试不同的算法来解决问题。

5. 应用模型

训练和优化后的模型可以用于实际问题中，如预测、推荐系统或自动化决策。模型在应用过程中可能需要定期更新或重新训练，以适应数据分布的变化。

9.2.3 准备数据

在使用 Scikit-learn 进行机器学习任务之前，数据准备是非常关键的一步，通常包括导入工具包、加载数据集、拆分数据集和特征数据的标准化处理等操作。

1. 导入模块

Scikit-learn 的模块结构清晰，常用的导入方式如下：

```
from sklearn import 模块        # 导入整个模块
from sklearn.模块 import 功能名称   # 从具体模块中导入指定功能
```

例如：

```
from sklearn import datasets, preprocessing    # 导入数据集模块和数据预处理模块
from sklearn.model_selection import train_test_split   # 从模型选择模块中导入数据集拆分函数
from sklearn.linear_model import LinearRegression   # 从线性模型库中导入线性回归算法
from sklearn.metrics import r2_score    # 从评价指标库中导入 R2 评价指标
```

2. 加载数据集

可以使用自己定义的数据集，也可以使用 Scikit-learn 内置的标准数据集。Scikit-learn 内置的标准数据集分为 3 类：

1）可直接使用的数据集：如鸢尾花数据集（load_iris）。
2）需下载的数据集：如 20 类新闻组数据集。
3）生成的数据集：如随机数据生成器。

常用的内置数据集见表 9-3。

表 9-3 常用的内置数据集

数据集名称	说明	类型	维度
load_iris	鸢尾花数据集	分类、聚类	(150, 4)
fetch_california_housing	加州住房数据集	回归	(20640, 9)
load_digits	手写数字数据集	分类	(1797, 64)
load_wine	葡萄酒数据集	分类	(178, 13)
load_linnerud	体能训练数据集	多分类	(20, 3)

Scikit-learn 的 datasets 模块提供了便捷的方法加载这些数据集。例如：

```
from sklearn.datasets import load_iris
iris = load_iris()      # 加载鸢尾花数据集
print(iris.keys())      # 查看数据集的字典结构
```

字典中包含的数据集信息包括：
- data：特征数据（二维数组）。
- target：目标标签（类别标签，整数形式）。
- target_names：目标标签名称。
- feature_names：特征名称。
- DESCR：数据集的描述。

例 9-1

【例 9-1】 加载内置的鸢尾花数据集。鸢尾花数据集是机器学习

最经典的数据集之一。它包含 150 个样本，每个样本属于 3 个类别之一，每个类别有 50 个样本，每个样本有 4 个特征。

1）加载数据。load_iris()函数返回一个包含鸢尾花数据集的字典对象，包括数据集的特征数据（data）、目标标签值（target）、目标标签类别名称（target_names）和特征名称（feature_names）等信息。

```
[ ]: from sklearn.datasets import load_iris   #从 sklearn 库的 datasets 模块中导入内置的鸢尾花数据集
     iris = load_iris()    # 调用 load_iris()函数，返回的数据集赋值给变量 iris
     iris.keys()    # 显示字典结构
     dict_keys(['data', 'target', 'frame', 'target_names', 'DESCR', 'feature_names', 'filename', 'data_module'])
```

2）特征数据。特征数据通常是一个二维数组，其中每一行代表一个样本，每一列代表一个特征。iris 对象中的每个样本有 4 个特征数据，保存在 iris 对象中的 data 属性（iris.data）中，包含了鸢尾花数据集的特征数据，即每朵花的 4 个特征：sepal length（花萼长度）、sepal width（花萼宽度）、petal length（花瓣长度）和 petal width（花瓣宽度）。这些数据以二维数组的形式存储，每一行代表一朵花的特征，每一列代表一个特征。

```
[ ]: X = iris.data   # 显示数据集的特征数据
     X
[ ]: array([[5.1, 3.5, 1.4, 0.2],
            [4.9, 3. , 1.4, 0.2],
            [4.7, 3.2, 1.3, 0.2],
            ...
            [6.2, 3.4, 5.4, 2.3],
            [5.9, 3. , 5.1, 1.8]])

     iris.feature_names   # 显示特征名称
[ ]: ['sepal length (cm)',
      'sepal width (cm)',
      'petal length (cm)',
      'petal width (cm)']

[ ]: X.shape   # 显示特征数据的维度，150 行，4 列，对应 150 个样本，4 个特征列
[ ]: (150, 4)
```

3）目标标签类别值（简称标签）。标签数据通常是一个一维数组，包含了每个样本的标签。iris 对象中的每个样本分为 3 个类别：setosa（紫蓝色鸢尾）、versicolour（杂色鸢尾）和 virginica（弗吉尼亚鸢尾）。这些数据以 0、1、2 的形式保存在 iris 对象中的 target 属性中，对应 150 个样本数据。其名称保存在 target_names 属性中。

```
[ ]: y = iris.target    # 显示标签数据
     y
[ ]: array([0, 0, 0, 0, 0, 0, 0, 0, 0, 0, 0, 0, 0, 0, 0, 0, 0, 0, 0,
            0, 0, 0, 0, 0, 0, 1, 1, 1, 1, 1, 1, 1, 1, 1, 1, 1, 1, 1, 1,
            1, 1, 1, 1, 1, 1, 1, 1, 1, 1, 1, 1, 1, 1, 1, 1, 1, 1, 1, 1,
            1, 1, 1, 1, 1, 1, 1, 1, 1, 2, 2, 2, 2, 2, 2, 2, 2, 2, 2, 2,
            2, 2, 2, 2, 2, 2, 2, 2, 2, 2, 2, 2, 2, 2, 2, 2, 2, 2, 2, 2,
            2, 2, 2, 2, 2, 2, 2, 2, 2, 2, 2, 2, 2, 2, 2, 2, 2, 2, 2])

[ ]: y.shape    # 显示标签数据的维度，150 个数据，对应 150 个样本
[ ]: (150,)
[ ]: iris.target_names    # 显示目标类别名称
[ ]: array(['setosa', 'versicolor', 'virginica'], dtype='<U10')
```

4）将数据集转换为 DataFrame 格式。为了便于展示和操作，可以将数据集转换为 DataFrame 格式。

```python
import pandas as pd
iris_data = pd.DataFrame(iris.data, columns=iris.feature_names)   # 将数据集转换为 DataFrame 格式
iris_data     # 显示 DataFrame 格式的数据，其中 iris.target_names 是数组，由 4 列组成
```

	sepal length (cm)	sepal width (cm)	petal length (cm)	petal width (cm)
0	5.1	3.5	1.4	0.2
1	4.9	3.0	1.4	0.2
2	4.7	3.2	1.3	0.2
3	4.6	3.1	1.5	0.2
4	5.0	3.6	1.4	0.2
...	...	...	...	...
145	6.7	3.0	5.2	2.3
146	6.3	2.5	5.0	1.9
147	6.5	3.0	5.2	2.0
148	6.2	3.4	5.4	2.3
149	5.9	3.0	5.1	1.8

150 rows × 4 columns

```python
iris_data['target'] = iris.target    # 添加标签列
iris_data['target_name'] = iris.target_names[iris.target]    # 添加类别名称列
iris_data.head()    # 显示前 5 行数据
```

	sepal length (cm)	sepal width (cm)	petal length (cm)	petal width (cm)	target	target_name
0	5.1	3.5	1.4	0.2	0	setosa
1	4.9	3.0	1.4	0.2	0	setosa
2	4.7	3.2	1.3	0.2	0	setosa
3	4.6	3.1	1.5	0.2	0	setosa
4	5.0	3.6	1.4	0.2	0	setosa

3. 拆分数据集

在模型训练时，通常需要将数据集划分为训练集和测试集。训练集用于训练模型，测试集用于评估模型性能。

（1）符号标记约定

常见的数据集符号标记及说明见表 9-4。这些符号是约定俗成的标记，采用这些符号标记有利于阅读和理解。

表 9-4 符号标记及说明

符号	说明	符号	说明
X_train	训练特征数据	y_train	训练集标签
X_test	测试特征数据	y_test	测试集标签
X	完整数据	y	完整标签数据
		y_pred	模型预测标签

（2）使用 train_test_split() 函数拆分数据集

在模型训练时，一般把数据集拆分为训练集、验证集和测试集，其中训练集用来估计模型，验证集用来确定模型结构或控制模型复杂程度的参数，而测试集则用于检验最终选择的最优模型的性能优劣。拆分数据集的目的是保证训练和评估过程中的数据独立性。

Scikit-learn 提供了 train_test_split() 函数来实现随机划分数据集。语法格式如下：

```python
from sklearn.model_selection import train_test_split
X_train, X_test, y_train, y_test = train_test_split(X, y, test_size=0.3, random_state=42)
```

该函数的功能是从样本中随机按比例选取 X 和 y。其常用参数及说明见表 9-5。

表 9-5 train_test_split()函数的常用参数及说明

名称	说明
X	要拆分的完整数据
y	要拆分的标签数据
test_size	测试集比例（如 0.3 表示 30%数据为测试集）
random_state	随机数种子，同时也是该组随机数的编号，在需要重复实验时，能生成相同的随机数。为 0、为空或不同时，生成不同的随机数；当种子相同时即使实例不同也会产生相同的随机数
X_train	生成的训练集的特征
X_test	生成的测试集的特征
y_train	生成的训练集的标签
y_test	生成的测试集的特征

【例 9-2】 自定义一个数据集，使用 train_test_split()函数把数据集拆分为训练集和测试集，将完整数据集的 70%作为训练集，30%作为测试集。

例 9-2

```
from sklearn.model_selection import train_test_split   # 从 sklearn.model_selection 库导入对数据集划分模块
X = [[1, 2], [3, 4], [5, 6], [7, 8], [9, 10]]   # 自定义的完整数据集
y = [0, 1, 0, 1, 0]   # 数据标签
X_train, X_test, y_train, y_test = train_test_split(X, y, test_size=0.3, random_state=42)   # 划分数据集
print("训练集数据 Training data:", X_train, y_train)
print("测试集数据 Testing data:", X_test, y_test)
```

训练集数据Training data: [[9, 10], [5, 6], [3, 4]] [0, 0, 1]
测试集数据Testing data: [[1, 2], [7, 8]] [0, 1]

【例 9-3】 加载鸢尾花数据集，使用 train_test_split()函数将该数据集打乱，将完整数据集的 60%作为训练集，40%作为测试集。

```
from sklearn.datasets import load_iris
from sklearn.model_selection import train_test_split
iris = load_iris()   # 加载鸢尾花数据集
X = iris.data   # 显示数据集的特征数据
y = iris.target   # 显示目标类别值
X_train, X_test, y_train, y_test = train_test_split(X, y, test_size=0.4, random_state=0)
print('生成训练集的特征个数（数据个数）、标签个数（样本个数）:', X_train.shape, y_train.shape)
print('生成测试集的特征（数据个数）、标签个数（样本个数）:', X_test.shape, y_test.shape)
```

生成训练集的特征个数（数据个数）、标签个数（样本个数）: (90, 4) (90,)
生成测试集的特征（数据个数）、标签个数（样本个数）: (60, 4) (60,)

```
X_train   # 生成训练集的特征数据。限于篇幅，显示结果省略
y_train   # 生成训练集的标签数据。限于篇幅，显示结果省略
X_test    # 生成测试集的数据。限于篇幅，显示结果省略
y_test    # 生成测试集的标签数据。限于篇幅，显示结果省略
```

4. 标准化特征数据

特征数据的标准化是数据预处理的关键步骤之一，有助于提高模型的性能。Scikit-learn 提供了 StandardScaler 类来实现标准化处理。标准化基本流程和相关代码如下。

(1)导入库

导入 StandardScaler 和其他用到的库,代码如下。

```
from sklearn.preprocessing import StandardScaler
```

(2)准备数据

准备要进行标准化的数据,可以是 NumPy 数组、Pandas 的 DataFrame 等格式。在把特征数据集分成训练集和测试集后,通常对 X_train 和 X_test 进行标准化。

```
X_train, X_test, y_train, y_test = train_test_split(X, y, test_size=0.2, random_state=42)
```

(3)创建 StandardScaler 对象

初始化一个 StandardScaler 对象。StandardScaler 适用于大部分需要将特征缩放到均值为 0,方差为 1 的场景,如线性回归、支持向量机等对特征尺度敏感的算法,这样可以加快收敛速度并提高模型表现。

```
scaler = StandardScaler()
```

(4)拟合并转换训练数据

使用 fit_transform()方法或 transform()方法对数据进行标准化。fit_transform()方法结合了对数据进行拟合(fit)和数据转换(transform)。transform()方法仅用于将新的数据应用于已经拟合好的缩放器(scaler),不再拟合。

```
X_train_scaled = scaler.fit_transform(X_train)    # 拟合并转换训练数据
```

(5)转换测试数据

转换测试数据使用 transform()方法。

```
X_test_scaled = scaler.transform(X_test)
```

确保输入的数据是数值型的,非数值型的数据需要先转换或处理。

注意:训练数据使用 fit_transform()方法计算均值和标准差并完成标准化。测试数据使用 transform()方法,确保使用与训练数据一致的均值和标准差。例如,对新数据进行标准化。

```
X_new = [[130], [200]]    # 新的特征数据
X_new_scaled = scaler.transform(X_new)    # 使用已拟合的 scaler 对新数据标准化
```

9.2.4 创建和训练模型

1. 创建模型

Scikit-learn 中的模型主要可以分为 4 类:回归、分类、聚类和降维。根据问题的类型,选择合适的机器学习算法后,可以通过该算法所对应的模型类来创建模型实例,并利用训练数据对模型进行训练。

2. 训练模型

在 Scikit-learn 中,所有模型都提供了一个通用的接口——fit()函数用于训练模型。对于监督学习模型,fit()函数的形式为 fit(X, y),其中 X 为特征数据,y 为标签;对于非监督学习模型,fit()函数的形式为 fit(X),其中 X 为特征数据,不涉及标签。

【例 9-4】 创建和训练模型示例。

```
[ ]: from sklearn.datasets import load_iris
```

```
from sklearn import svm
iris = load_iris()        # 加载鸢尾花数据集
X, y = iris.data, iris.target    # 获取特征数据和标签
[ ]: model = svm.LinearSVC()   # 创建 SVM 线性分类器模型
[ ]: model.fit(X, y)   # 使用训练数据训练模型
[ ]:
     ▼ LinearSVC
     LinearSVC()
```

9.2.5 预测和评估模型

1. 预测模型

在 Scikit-learn 中，可以通过多个接口对训练好的模型进行预测和操作，具体如下。

（1）监督模型提供的接口

- model.predict(X_new)：对新样本进行预测，返回预测标签。
- model.predict_proba(X_new)：返回预测的概率分布（仅适用于部分模型，如逻辑回归 LogisticRegression）。
- model.score(X_test, y_test)：对预测结果进行评分，得分越高，模型在当前数据上的训练效果越好。

（2）非监督模型的接口

- model.transform(X)：利用模型从数据中学习到的特征，提取新的表示空间。
- model.fit_transform(X)：结合 fit 和 transform，在数据上训练模型并将数据转换到新的表示空间。

2. 评估模型

模型评估用于衡量模型的预测质量，主要有以下两种方法。

（1）使用模型自带的 score()方法

调用 model.score(X_test, y_test)，可以直接获得模型在测试集上的评分。该值通常位于[0, 1]区间内，其中 1 表示最优结果。

（2）使用评估函数

Scikit-learn 提供了一些预定义的评估函数，用于计算模型的性能，常用的评估指标见表 9-6。

表 9-6 常用的评估指标

评估指标	库名称	使用范围
准确率	accuracy_score	分类
精确率	precision_score	分类
F1 值	f1_score	分类
对数损失	log_loss	分类
混淆矩阵	confusion_matrix	分类
分类报告（多种评价）	classification_report	分类
均方误差（MSE）	mean_squared_error	回归
平均绝对误差 MAE	mean_absolute_error	回归
决定系数 R2	r2_score	回归

从 sklearn.metrics 模块导入评价指标库的方法如下:

  from sklearn.metrics import 库名称

例如,导入均方误差评估指标库和调用均方误差函数的方法如下:

  from sklearn.metrics import mean_squared_error # 导入均方误差(MSE)评价指标
  mse = mean_squared_error(y_test, y_pred) # 调用函数计算测试集预测值和真实值之间的均方误差

在调用这些评估函数时,大多数函数需要提供真实值 y_test 和预测值 y_pred。

【例 9-5】 模型的预测和评估示例。

以下代码基于 9.2.4 节的训练结果,演示了模型的预测与评估过程。

```
[ ]: model.predict([[6.7, 2.5, 5.8, 1.8], [6.8, 3.2, 5.9, 2.3]])    # 对新样本进行预测
[ ]: array([2, 2])
[ ]: model.coef_    # 查看训练好的模型参数
[ ]: array([[ 0.18344977,  0.4549369 , -0.81495365, -0.43357339],
            [ 0.05524625, -0.9008946 ,  0.40923385, -0.9606271 ],
            [-0.85048831, -0.98657611,  1.38090768,  1.86511359]])
[ ]: model.score(X, y)    # 评估模型的评分
[ ]: 0.9666666666666667
```

9.3 监督学习模型

  监督学习是机器学习的重要分支,它通过使用带有标记(标签)的数据来训练模型,以便对新数据进行预测。Scikit-learn 提供了多种监督学习模型,适用于分类和回归任务。

9.3.1 线性模型

  sklearn.linear_model 模块提供了多种线性回归和分类模型,适用于不同的数据分析和机器学习任务。常用的线性模型见表 9-7。库名称包含完整的路径,每个模型都是 sklearn 库中的一个类,路径格式为 sklearn.子模块.类名。

表 9-7 常用的线性模型

模型中文名称	库名称
线性回归	sklearn.linear_model.LinearRegression
岭回归	sklearn.linear_model.Ridge
Lasso 回归	sklearn.linear_model.Lasso
贝叶斯回归	sklearn.linear_model.BayesianRidge
ElasticNet 回归	sklearn.linear_model.ElasticNet
逻辑回归	sklearn.linear_model.LogisticRegression
支持向量回归	sklearn.svm.LinearSVR

1. 线性回归模型

线性回归用于预测连续目标变量，常见形式包括一元线性回归和多元线性回归：
- 一元线性回归：一个自变量和一个因变量，用一条直线拟合数据。
- 多元线性回归：多个自变量与因变量之间具有线性关系。

导入模块后，可以通过 LinearRegression 类实现线性回归，构造函数语法格式如下：

```
from sklearn.linear_model import LinearRegression
model = LinearRegression(fit_intercept=True, normalize=False, copy_X=True, n_jobs=None)
```

LinearRegression()函数的常用参数及说明见表 9-8。

表 9-8 LinearRegression()函数的常用参数及说明

名称	说明
fit_intercept	是否计算截距，默认为 True
normalize	是否对特征进行标准化，默认为 False。仅当 fit_intercept=True 时有效
copy_X	是否复制输入数据 X，默认为 True
n_jobs	用于计算的 CPU 核数，默认为 None，-1 表示使用所有可用的核

主要属性如下：
- coef_：数组，表示回归系数。
- intercept_：数组，表示截距。

主要方法如下：
- fit(X, y)：使用训练数据拟合模型。
- predict(X)：使用模型对新数据进行预测。
- score(X, y)：返回模型的 R^2 决定系数。

例 9-6

【例 9-6】 使用线性回归模型预测房价。假设某地房屋面积与房价之间的关系见表 9-9。希望预测面积为 130～200 平方米的房价。

表 9-9 房屋价格表

序号	面积（平方米）	房价（万元）
1	50	450
2	60	500
…	…	…
10	180	1250

由于要依据房屋面积预测房价，所以把面积作为特征变量，把房价作为目标变量，它们都是连续的数值型变量。注意，序号不是特征变量。

1）准备数据。导入所需模块并加载数据集。

```
[ ]:  import numpy as np
      from sklearn.linear_model import LinearRegression    # 从线性模型库导入线性回归模型
      from sklearn.model_selection import train_test_split # 导入数据集划分模块
      from sklearn.metrics import mean_squared_error       # 导入均方误差
      import matplotlib.pyplot as plt
      plt.rcParams['font.sans-serif'] = ['SimHei']         # 设置中文显示
```

```python
plt.rcParams['axes.unicode_minus'] = False    # 设置负号'-'支持
# 特征和目标数据
X = np.array([[50], [60], [70], [80], [90], [100], [120], [140], [160], [180]])   #特征数据，二维数组
y = np.array([450, 500, 550, 600, 650, 700, 850, 1000, 1100, 1250])    #目标数据，一维数组
# 数据集划分
X_train, X_test, y_train, y_test = train_test_split(X, y, test_size=0.3, random_state=42)    # 30%测试, 70%训练
```

2）创建和训练模型。创建线性回归模型，并使用训练数据拟合模型。

```python
model = LinearRegression()    # 创建一个线性回归模型实例
model.fit(X_train, y_train)    # 使用训练数据来拟合模型
```

```
▼ LinearRegression
LinearRegression()
```

```python
print("回归系数:", model.coef_)    # 查看回归系数
print("截距:", model.intercept_)    # 查看截距
```
回归系数: [6.29107981]
截距: 108.21596244131445

3）预测和评估模型。在测试集上进行预测，并计算均方误差（MSE）。

```python
y_pred = model.predict(X_test)    # 作出预测，预测值 y_pred=截距+X_test 值*回归系数
mse = mean_squared_error(y_test, y_pred)
print("预测值:", y_pred)
print("均方误差:", mse)
```
预测值: [1114.78873239 485.68075117 737.32394366]
均方误差: 605.6080877544903

4）对新数据进行预测。预测面积为 130 和 200 平方米的房价。

```python
X_new = np.array([[130], [200]])    #定义新的特征数据，二维数组
y_new = model.predict(X_new)    # 用新特征值 X_new 预测 y_new，y_new=截距+X_new 值*回归系数
print("预测房价:", y_new)
```
预测值: [926.05633803 1366.43192488]

在显示的预测值中，926 对应 130 平方米的预测房价，1366 对应 200 平方米的预测房价。

5）可视化模型效果。绘制实际数据和预测结果。

```python
# 绘制训练数据和测试数据
plt.scatter(X_train, y_train, color='blue', label='训练数据')
plt.scatter(X_test, y_test, color='green', label='测试数据')
# 绘制预测的房价线
X_range = np.linspace(X.min(), X.max(), 300).reshape(-1, 1)
plt.plot(X_range, model.predict(X_range), color='red', label='预测线')
# 绘制新预测点
plt.scatter(X_new, y_new, color='red', marker='*', label='预测数据')
# 设置图例和标签
plt.xlabel('房屋面积（平方米）')
plt.ylabel('房价（万元）')
plt.legend()
plt.show()
```

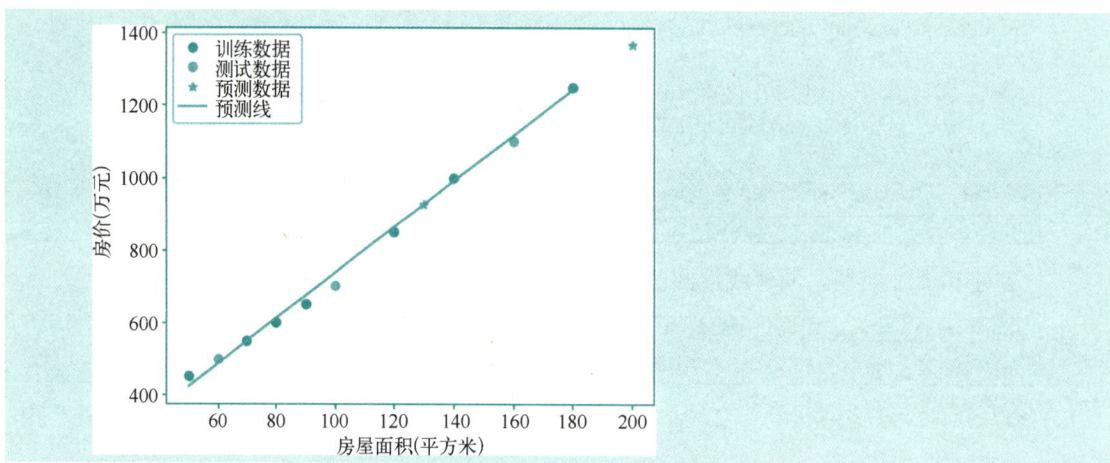

线性回归适用于目标变量和特征之间呈现线性关系的数据,简单直接。

2. 岭回归模型

岭回归是在最小二乘法回归的基础上,通过加入 L2 范数(即回归系数的平方和)的正则化约束,解决多重共线性问题,增强模型的泛化能力。岭回归的目标是通过限制回归系数的大小,降低模型对训练数据中噪声的敏感性。在 Scikit-learn 中,使用 Ridge 类实现岭回归。构造函数语法格式如下:

```
from sklearn.linear_model import Ridge
model = Ridge(alpha=1.0, fit_intercept=True, normalize=False, copy_X=True, max_iter=None, tol=0.001, solver='auto')
```

Ridge()函数的常用参数及说明见表 9-10。

表 9-10　Ridge()函数的常用参数及说明

名称	说明
alpha	正则化强度,默认为 1.0。值越大正则化约束越强,回归系数会更小
fit_intercept	是否计算截距,默认为 True
normalize	是否标准化特征矩阵 X,默认为 False。仅当 fit_intercept=True 时有效
copy_X	是否复制输入数据 X,默认为 True
max_iter	最大迭代次数,默认为 None(无限制)
tol	浮点型,表示停止迭代的容差,默认为 0.001
solver	求解器类型,可选值有 auto(默认)、svd、cholesky、sparse_cg 和 lsqr 等

主要属性如下:
- coef_:数组类型,表示回归系数。
- intercept_:数组类型,表示截距。

主要方法如下:
- fit(X, y):使用训练数据拟合岭回归模型。
- predict(X):使用模型对新数据进行预测。
- score(X, y):返回模型的 R^2 决定系数,用于评估模型性能。

【例 9-7】　使用岭回归模型预测房价。假设房屋面积和价格关系见表 9-4 中的数据。

1）准备数据。导入所需的库和模块，并加载训练数据集。

```python
import numpy as np
from sklearn.linear_model import Ridge    # 从线性模型库导入岭回归模型
from sklearn.model_selection import train_test_split    # 导入数据集划分模块
from sklearn.preprocessing import StandardScaler    # 导入标准化模块
from sklearn.metrics import mean_squared_error    # 导入均方误差
# 特征矩阵 X 和目标变量 y
X = np.array([[50], [60], [70], [80], [90], [100], [120], [140], [160], [180]])    # 房屋面积
y = np.array([450, 500, 550, 600, 650, 700, 850, 1000, 1100, 1250])    # 房屋价格
# 将数据划分为训练集和测试集
X_train, X_test, y_train, y_test = train_test_split(X, y, test_size=0.2, random_state=42)    # 20%测试, 80%训练
```

2）标准化特征数据。岭回归对输入数据的尺度较为敏感，因此通常需要对特征数据进行标准化处理。

```python
scaler = StandardScaler()
X_train_scaled = scaler.fit_transform(X_train)    # 对训练数据进行标准化
X_test_scaled = scaler.transform(X_test)    # 对测试数据进行标准化
```

3）创建和训练模型。创建岭回归模型，并使用训练数据拟合模型。

```python
model = Ridge(alpha=1.0)    # 创建岭回归模型实例，alpha 表示正则化强度
model.fit(X_train_scaled, y_train)    # 使用训练数据来拟合模型
```

```
▼  Ridge
Ridge()
```

```python
print("回归系数:", model.coef_)    # 输出模型的回归系数
print("截距:", model.intercept_)    # 输出模型的截距
```
回归系数: [218.66389003]
截距: 756.25

4）预测和评估模型。使用测试集进行预测，并评估模型性能。

```python
y_pred = model.predict(X_test_scaled)    # 在测试集上预测房价
mse = mean_squared_error(y_test, y_pred)    # 计算均方误差（MSE）
print("均方误差:", mse)
```
均方误差: 471.7679975203134

5）预测新数据。对面积为 130 平方米和 200 平方米的房屋价格进行预测。

```python
# 定义新数据并进行标准化
X_new = np.array([[130], [200]])
X_new_scaled = scaler.transform(X_new)
# 用岭回归模型预测新房价
y_new = model.predict(X_new_scaled)
print("预测房价:", y_new)
```
预测房价: [903.30982906 1295.46937322]

在显示的预测值中，903 对应 130 平方米的预测房价，1295 对应 200 平方米的预测房价。

6）可视化预测结果。绘制实际房价与模型预测值的对比。

```python
# 绘制训练数据和测试数据
plt.scatter(X_train, y_train, color='blue', label='训练数据')
```

```
plt.scatter(X_test, y_test, color='green', label='测试数据')
# 绘制预测的房价线
X_range = np.linspace(X.min(), X.max(), 300).reshape(-1, 1)
X_range_scaled = scaler.transform(X_range)    # 标准化范围数据
plt.plot(X_range, model.predict(X_range_scaled), color='red', label='预测线')
# 绘制新预测点
plt.scatter(X_new, y_new, color='red', marker='*', label='预测点')
# 设置图例和标签
plt.xlabel('房屋面积（平方米）')
plt.ylabel('房价（万元）')
plt.legend()
plt.show()
```
[ ]: 显示的图形略

岭回归适用于解决多重共线性问题，对回归系数加入正则化约束。

9.3.2 分类模型

分类是一种监督学习任务，其目标是预测离散的标签或类别。分类模型根据输入特征来预测样本属于哪个预定义的类别。Scikit-learn 提供了丰富的分类模型，常见的分类模型及其库名称见表 9-11。

表 9-11 常见的分类模型及库名称

模型中文名称	库名称
逻辑回归	sklearn.linear_model.LogisticRegression
支持向量机	sklearn.svm.SVC
朴素贝叶斯	sklearn.naive_bayes.GaussianNB
KNN	sklearn.neighbors.KNeighborsClassifier
随机森林	sklearn.ensemble.RandomForestClassifier
GBDT	sklearn.ensemble.GradientBoostingClassifier
决策树	sklearn.tree.DecisionTreeClassifier

1. 逻辑回归分类模型

逻辑回归（Logistic Regression）是一种用于二项分类和多项分类的统计模型。它通过逻辑函数（Sigmoid 函数）将输入变量映射到概率值，用于预测事件发生的概率。逻辑回归适用于解决二分类和多分类问题。

Scikit-learn 提供了 LogisticRegression 类实现逻辑回归。构造函数语法格式如下：

```
from sklearn.linear_model import LogisticRegression
model = LogisticRegression(penalty='l2', C=1.0, fit_intercept=True, class_weight=None, solver='lbfgs', max_iter=100, multi_class='auto', …)
```

LogisticRegression()函数的常用参数及说明见表 9-12。

表 9-12 LogisticRegression()函数的常用参数及说明

名称	说明
penalty	指定惩罚（正则化项）的种类。可选值有'l1'（默认）、'elasticnet'和'none'

(续)

名称	说明
C	正则化强度的倒数，值越小表示正则化越强
fit_intercept	是否计算截距，默认为 True
class_weight	类别权重，可用于平衡类别不均的数据集，默认为 None
solver	优化算法，可选值有'lbfgs'（默认）、'newton-cg'、'saga'等
max_iter	最大迭代次数，默认为 100
multi_class	多分类方法，可选'ovr'（一对多，默认）或'multinomial'（多项式）

主要属性如下：
- coef_：模型的特征系数（权重）。
- intercept_：模型的截距。
- classes_：分类目标的类别标签。
- n_iter_：模型的迭代次数。

主要方法如下：
- fit(X, y)：在数据集 X 和目标值 y 上训练模型。
- predict(X)：对输入数据 X 进行预测，返回类别标签。
- predict_proba(X)：返回测试样本属于各类别的概率。
- score(X, y)：评估模型在测试集上的准确性。

【例 9-8】 逻辑回归分类：预测考试通过情况。假设有一个学生数据集，其中包含学习时间（特征）和是否通过考试（目标）。通过逻辑回归模型预测一个新学生是否能通过考试，并对分类结果进行可视化处理。

1）准备数据。定义数据集并划分训练集和测试集。

```
import numpy as np
from sklearn.linear_model import LogisticRegression
from sklearn.model_selection import train_test_split
import matplotlib.pyplot as plt
from sklearn.utils import shuffle
plt.rcParams['font.sans-serif'] = ['SimHei']
plt.rcParams['axes.unicode_minus'] = False
# 数据集
X = np.array([[10], [20], [30], [40], [50], [60], [70], [80], [90]])   # 学习时间
y = np.array([0, 0, 0, 1, 1, 1, 1, 1, 1])   # 是否通过（1=通过，0=未通过）
# 打乱数据并划分训练集和测试集
X, y = shuffle(X, y, random_state=42)
X_train, X_test, y_train, y_test = train_test_split(X, y, test_size=0.3, random_state=42)
```

2）创建和训练模型。

```
model = LogisticRegression(solver='liblinear')   # 使用 liblinear 求解器
model.fit(X_train, y_train)   # 在训练集上训练模型
```

```
▼      LogisticRegression
LogisticRegression(solver='liblinear')
```

3）评估模型并预测新数据。

```
# 测试集预测
y_pred = model.predict(X_test)
```

```python
accuracy = model.score(X_test, y_test)   # 模型准确率
print(f"测试集准确率: {accuracy:.2f}")
```
测试集准确率: 0.33

```python
# 新数据预测
new_study_time = [[55]]   # 新学习时间
new_prediction = model.predict(new_study_time)
print(f"学习时间 {new_study_time[0][0]} 小时的预测结果: {'通过' if new_prediction[0] == 1 else '未通过'}")
```
学习时间 55 小时的预测结果: 通过

4）可视化数据和模型结果。

```python
plt.figure(figsize=(8, 5))
plt.scatter(X_train, y_train, color='blue', label='训练数据')
plt.scatter(X_test, y_test, color='green', label='测试数据')
plt.scatter(new_study_time, new_prediction, color='red', marker='*', s=200, label='新预测点')
# 绘制逻辑回归模型的决策边界
x_range = np.linspace(0, 100, 500).reshape(-1, 1)
proba = model.predict_proba(x_range)[:, 1]
plt.plot(x_range, proba, color='orange', label='预测概率')
plt.xlabel('学习时间（小时）')
plt.ylabel('是否通过（0=未通过，1=通过）')
plt.title('逻辑回归模型分类可视化')
plt.legend()
plt.grid()
plt.show()
```

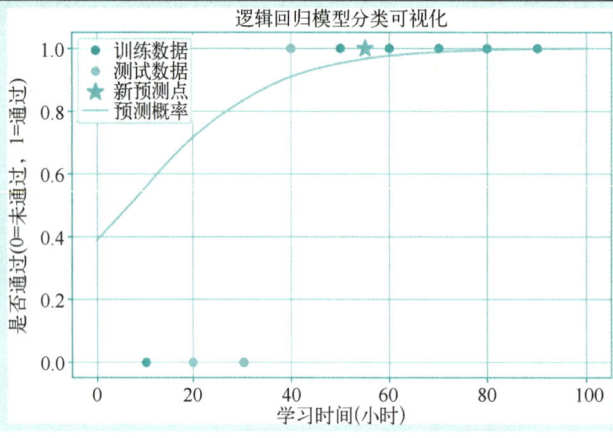

2. 支持向量机分类模型

支持向量机（Support Vector Machine，SVM）是一种既适用于分类也适用于回归的监督学习算法。SVM 的核心思想是通过构造一个最优的超平面，将数据分为不同的类别。它尤其适用于高维数据集，并对少量噪声具有鲁棒性。在分类任务中，SVM 的目标是找到能够最大化不同类别之间间隔（margin）的超平面。Scikit-learn 提供了 SVC 类（支持向量分类器）来实现支持向量机分类。Scikit-learn 中 SVC 类的构造函数语法格式如下：

```python
from sklearn.svm import SVC
model = SVC(C=1.0, kernel='rbf', degree=3, gamma='scale', probability=False, tol=1e-3, class_weight=None, decision_function_shape='ovr', …)
```

SVC()函数的常用参数及说明见表 9-13。

表 9-13　SVC()函数的常用参数及说明

名称	说明
C	正则化参数，float 类型，默认为 1.0。值越大，对错误分类的惩罚越大，可能导致过拟合；值较小则会导致欠拟合
kernel	核函数类型，str 类型。可选值有'rbf'（径向基核，默认）、'linear'（线性核）、'poly'（多项式核）、'sigmoid'（Sigmoid 核）
degree	多项式核函数的阶数，仅在 kernel='poly'时有意义，int 类型，默认为 3
gamma	核函数系数，控制单个支持向量对决策边界的影响范围。可选值有'scale'（默认）、'auto'或一个浮点数
probability	是否启用概率估计，bool 类型，默认为 False。启用后训练时间会显著增加
tol	训练过程中的容忍误差，float 类型，默认为 1e-3。用于控制模型收敛的精度
class_weight	类别权重，默认为 None。可设置为 balanced，用于处理类别不平衡问题
decision_function_shape	决策函数的形状，可选'ovr'（一对多，默认）或'ovo'（一对一）

主要属性如下：
- support_：支持向量的索引。
- support_vectors_：支持向量。
- dual_coef_：支持向量的对偶系数。
- n_support_：每个类别的支持向量数量。

主要方法如下：
- fit(X, y)：在特征矩阵 X 和目标变量 y 上训练模型。
- predict(X)：对输入数据 X 进行预测，返回类别标签。
- predict_proba(X)：预测每个样本属于各类别的概率（需要设置 probability=True）。
- decision_function(X)：计算样本到分离超平面的距离。
- score(X, y)：评估模型在给定测试集上的准确性。

【例 9-9】 支持向量机分类：预测学生期末考试是否及格。假设有一组学生的数据集，其中包括期中考试成绩和作业成绩（均为 0～100 分），目标是预测学生在期末考试中是否及格（1=及格，0=不及格）。使用 SVM 对此任务进行建模和预测。

1）准备数据。定义一个学生数据集，包括期中成绩和作业成绩作为特征，以及期末是否及格作为目标变量。

```
import numpy as np
from sklearn.svm import SVC
from sklearn.model_selection import train_test_split
from sklearn.preprocessing import StandardScaler
import matplotlib.pyplot as plt
# 设置中文字体和负号支持
plt.rcParams['font.sans-serif'] = ['SimHei']
plt.rcParams['axes.unicode_minus'] = False
# 数据集
X = np.array([
    [55, 80],   # 期中 55 分，作业 80 分
    [45, 60],   # 期中 45 分，作业 60 分
    [65, 70],   # 期中 65 分，作业 70 分
    [90, 85],   # 期中 90 分，作业 85 分
    [50, 30],   # 期中 50 分，作业 30 分
    [85, 90],   # 期中 85 分，作业 90 分
    [80, 75],   # 期中 80 分，作业 75 分
```

```
        [30, 45]    # 期中 30 分，作业 45 分
])
y = np.array([1, 0, 1, 1, 0, 1, 1, 0])    # 是否及格（1=及格，0=不及格）
# 划分训练集和测试集
X_train, X_test, y_train, y_test = train_test_split(X, y, test_size=0.25, random_state=42)
# 标准化数据
scaler = StandardScaler()
X_train_scaled = scaler.fit_transform(X_train)
X_test_scaled = scaler.transform(X_test)
```

2）创建和训练模型。

[ ]:
```
model = SVC(kernel='linear')    # 使用线性核，创建一个支持向量机模型
model.fit(X_train_scaled, y_train)    # 在训练数据上训练模型
```

[ ]:
```
▸ SVC
SVC(kernel='linear')
```

3）预测和评估模型。

[ ]:
```
y_pred = model.predict(X_test_scaled)    # 在测试集上进行预测
# 计算准确率
from sklearn.metrics import accuracy_score
accuracy = accuracy_score(y_test, y_pred)
print(f"测试集准确率: {accuracy:.2f}")
```
测试集准确率: 0.50

4）预测新数据。用新的数据预测是否及格。

[ ]:
```
# 定义新学生数据
new_students = np.array([
    [60, 70],    # 期中 60 分，作业 70 分
    [30, 50]     # 期中 30 分，作业 50 分
])
new_students_scaled = scaler.transform(new_students)    # 标准化新学生数据
predictions = model.predict(new_students_scaled)    # 使用模型预测
print("预测结果:", predictions)    # 输出中的 1 表示[60, 70]的预测，0 表示[30, 50]的预测
```
预测结果: [1 0]   # 60 分及格，30 分不及格

5）可视化结果。

[ ]:
```
# 绘制训练数据和新数据的散点图
plt.figure(figsize=(10, 6))
plt.scatter(X_train_scaled[:, 0], X_train_scaled[:, 1], c=y_train, label='训练数据', cmap='bwr', edgecolor='k')
plt.scatter(new_students_scaled[:, 0], new_students_scaled[:, 1], c='red', marker='*', s=200, label='新学生')
# 绘制超平面
xx = np.linspace(-2, 2, 100)
yy = -(model.coef_[0][0] * xx + model.intercept_[0]) / model.coef_[0][1]
plt.plot(xx, yy, color='black', linestyle='--', label='决策边界')
plt.xlabel('期中成绩（标准化）')
plt.ylabel('作业成绩（标准化）')
plt.title('支持向量机分类模型')
plt.legend()
plt.grid()
plt.show()
```

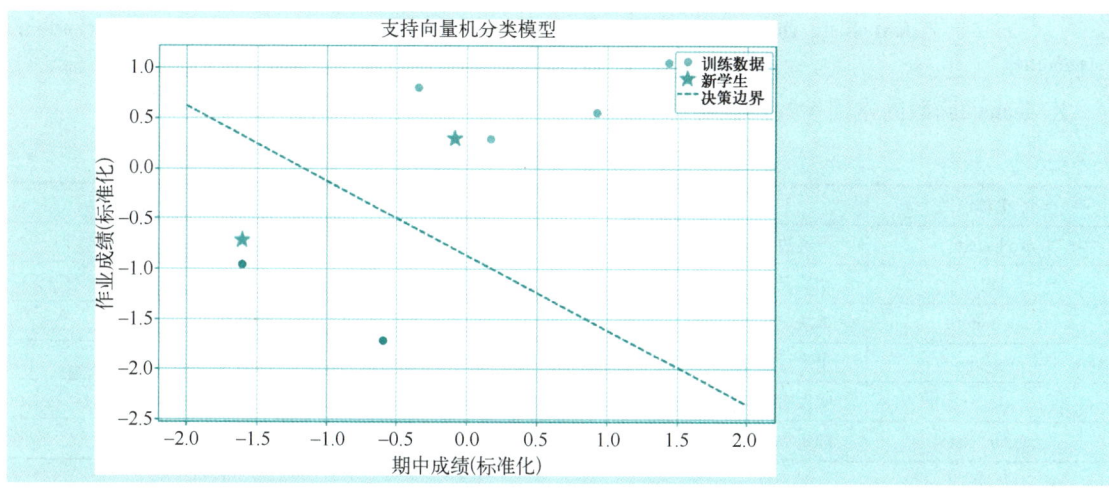

支持向量机分类模型通过最大化分类间隔，能够很好地处理线性和非线性分类任务。对于小规模、高维度的数据集，SVM 表现尤为突出。通过调整超参数（如 C、gamma 和 kernel），可以灵活适应不同的数据分布和问题场景。以上示例详细展示了支持向量机的使用流程，包括数据准备、模型训练、预测和可视化。

9.4 无监督学习模型

无监督学习是机器学习的一个重要分支，主要用于从未标记的数据中发现隐藏的结构或模式。它在数据探索、特征工程和降维分析等方面具有广泛的应用。Scikit-learn 提供了多种无监督学习模型，帮助解决不同类型的问题。

9.4.1 聚类分析模型

聚类分析是无监督学习的一个核心任务，其目标是将数据集中的样本分成多个组或簇，使得同一簇内的样本相似度高，不同簇间的样本相似度低。Scikit-learn 的 sklearn.cluster 模块提供了多种常用的聚类模型，见表 9-14。

表 9-14 常用的聚类模型

模型中文名称	库名称
K-means	sklearn.cluster.KMeans
DBSCAN	sklearn.cluster.DBSCAN
层次聚类	sklearn.cluster.AgglomerativeClustering
谱聚类	sklearn.cluster.SpectralClustering

本节以 K-Means 聚类模型为例介绍聚类分析。K-Means 是一种经典的聚类算法，其目标是将数据点划分为 K 个聚类，其中每个数据点属于与其最近的均值（聚类中心）所在的聚类。K-Means 通常用于识别数据中自然分离的群体，如市场细分、图像分割、信息压缩等。Scikit-learn 提供了 KMeans 类的构造函数来实现 K-Means 算法。语法格式如下：

```
from sklearn.cluster import KMeans
```

model = KMeans(n_clusters=8, init='k-means++', n_init=10, max_iter=300, tol=0.0001, random_state=None)

KMeans()函数的常用参数及说明见表 9-15。

表 9-15 KMeans()函数的常用参数及说明

名称	说明
n_clusters	聚类的数量，也是聚类中心的数量，默认为 8
init	初始聚类中心的选择方式，可选'k-means++'（默认）或'random'
n_init	算法运行次数，默认为 10。每次运行都会随机初始化聚类中心，取最好结果
max_iter	单次运行 K-Means 算法的最大迭代次数，默认为 300
tol	收敛的容忍度，聚类结果变化小于此值时停止迭代，默认为 0.0001
random_state	随机数生成器的种子，用于保证结果的可复现性，默认为 None

主要属性如下：
- cluster_centers_：每个聚类中心的坐标，数组形状为[n_clusters, n_features]。
- labels_：每个样本点的聚类标签。
- inertia_：所有样本到最近聚类中心的平方距离之和，用于评估聚类的质量。

主要方法如下：
- fit(X)：根据数据 X 训练模型，计算聚类中心。
- predict(X)：预测每个样本的聚类标签。
- fit_predict(X)：训练模型并返回每个样本的聚类标签。

【例 9-10】 使用 KMeans 对学生的数学成绩和英语成绩进行聚类分析。

1）准备数据。首先，生成一组学生的数学成绩和英语成绩，并添加一个新学生的成绩进行预测。

```
import numpy as np
from sklearn.cluster import KMeans
import matplotlib.pyplot as plt
plt.rcParams['font.family'] = 'SimHei'
plt.rcParams['axes.unicode_minus'] = False
# 随机生成一些学生的数学成绩和英语成绩作为示例数据
math_scores = np.random.randint(50, 100, size=50)   # 数学成绩
english_scores = np.random.randint(50, 100, size=50)   # 英语成绩
data = np.column_stack((math_scores, english_scores))   # 合并为二维数组
# 新学生的成绩
new_student_scores = np.array([[85, 92]])   # 数学 85 分，英语 92 分
```

2）创建和训练模型。使用 KMeans 算法对学生的成绩进行分类，并训练模型。

```
kmeans = KMeans(n_clusters=3, random_state=42)   # 创建 KMeans 模型，设置聚类数量为 3
kmeans.fit(data)   # 在训练数据上拟合模型
```

```
KMeans
KMeans(n_clusters=3, random_state=42)
```

3）预测新学生的分类。将新学生的成绩输入模型，预测其所属的聚类类别。

```
# 预测新学生的聚类
new_student_cluster = kmeans.predict(new_student_scores)
print("新学生的聚类类别为: ", new_student_cluster[0])
新学生的聚类类别为:  2
```

4）可视化结果。使用散点图展示学生成绩的聚类结果，并标记新学生的位置。

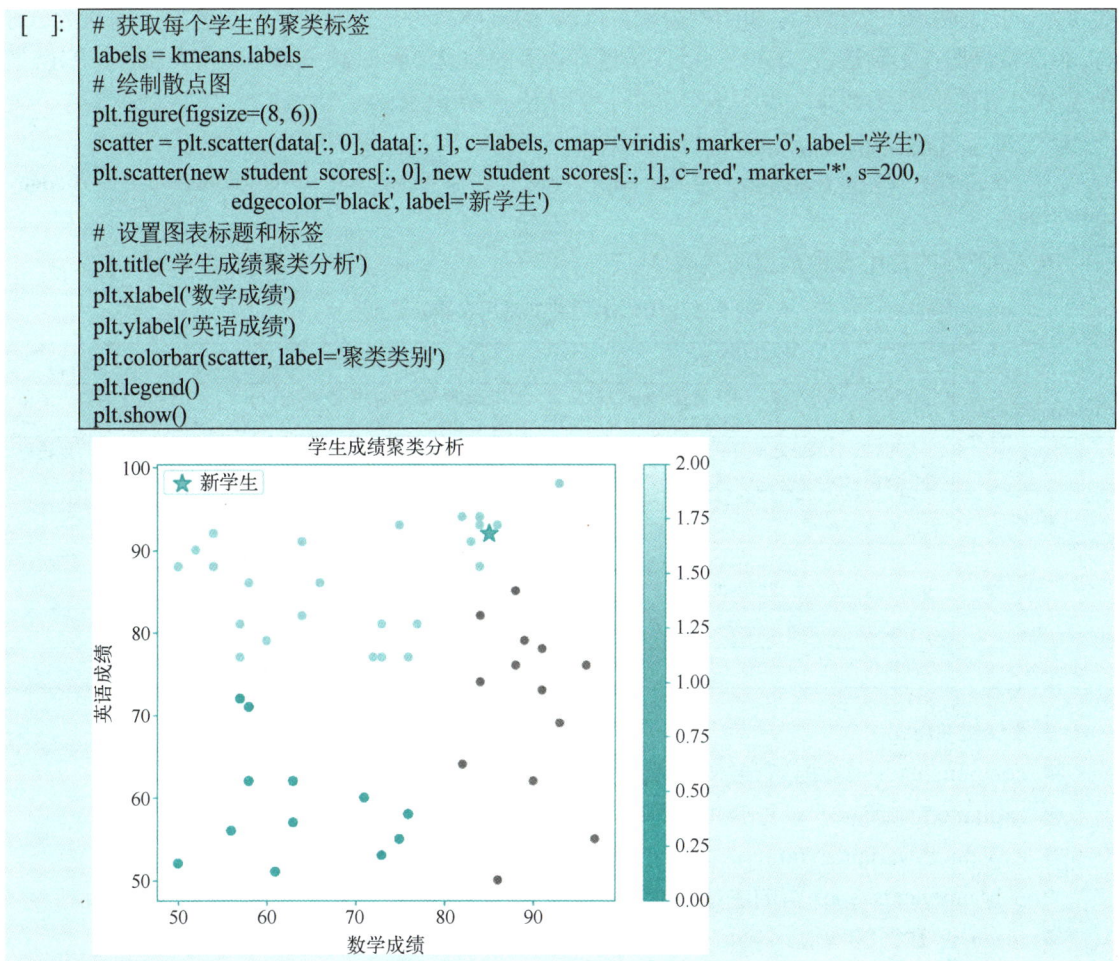

```
[ ]:  # 获取每个学生的聚类标签
      labels = kmeans.labels_
      # 绘制散点图
      plt.figure(figsize=(8, 6))
      scatter = plt.scatter(data[:, 0], data[:, 1], c=labels, cmap='viridis', marker='o', label='学生')
      plt.scatter(new_student_scores[:, 0], new_student_scores[:, 1], c='red', marker='*', s=200,
                  edgecolor='black', label='新学生')
      # 设置图表标题和标签
      plt.title('学生成绩聚类分析')
      plt.xlabel('数学成绩')
      plt.ylabel('英语成绩')
      plt.colorbar(scatter, label='聚类类别')
      plt.legend()
      plt.show()
```

图中不同颜色的点表示不同的聚类类别。红色的星形点表示新学生的成绩，其位置和颜色表明了新学生与某一簇的关系。

9.4.2 降维算法模型

在数据分析和机器学习中，降维是一种通过减少特征数量来简化数据的方法。降维可以减少数据的复杂度，提高模型的训练效率，同时有助于可视化高维数据。Scikit-learn 中的降维算法都被包括在 sklearn.decomposition 模块中，该模块本质上是一个矩阵分解模块，常用的降维算法见表 9-16。

表 9-16 常见的降维算法

算法名称	库名称
PCA	sklearn.decomposition.PCA
KPCA	sklearn.decomposition.KPCA
KernelPCA	sklearn.decomposition.KernelPCA

主成分分析（PCA, Principal Component Analysis）是最常见的降维方法之一。PCA 通过正

交变换将一组可能相关的变量转换为一组线性不相关的变量,这些新变量被称为主成分。PCA 通常用于特征提取、数据压缩和结构简化。PCA 的核心思想是找到数据的主方向(即最大方差方向),将数据投影到这些方向上,以保留尽可能多的信息,同时减少数据维度。Scikit-learn 提供了 PCA 类的构造函数来实现主成分分析。语法格式如下:

```
from sklearn.decomposition import PCA
model = PCA(n_components=None, copy=True, whiten=False, svd_solver='auto', tol=0.0, random_state=None)
```

PCA()函数的常用参数及说明见表 9-17。

表 9-17 PCA()函数的常用参数及说明

名称	说明
n_components	保留的主成分个数。可选值有 None(默认)、int(指定降维后的特征个数)、float(在 0 到 1 之间,表示保留的方差比例)、'mle'(使用 Minka 的最大似然估计确定主成分个数,即保留所有成分,与特征数相同)
copy	是否在运行算法之前复制数据。bool,默认为 True。如果设置为 False,则在原始数据上执行降维,可能覆盖原始数据
whiten	是否进行白化操作。bool,默认为 False。白化使得每个特征具有单位方差,可能会丢失信息,但可以提高某些算法的性能
svd_solver	SVD 解算器。可选值有'auto'(会根据数据类型选择最优算法,默认)、'full'(使用标准 LAPACK 实现)、'arpack'(适合大数据但维度不高的情况)、'randomized'(适合高维数据,随机化 SVD 方法)
tol	SVD 解算器的容忍误差,默认为 0.0
random_state	随机数种子,用于结果的可复现性

主要属性如下:
- components_:返回具有最大方差的主成分。
- explained_variance_:每个主成分的方差值。
- explained_variance_ratio_:每个主成分的方差占总方差的比例。
- n_components_:保留的主成分个数。
- mean_:数据的均值。
- noise_variance_:数据的噪声方差。

主要方法如下:
- fit(X, y=None):用数据 X 训练 PCA 模型。
- fit_transform(X):训练 PCA 模型并返回降维后的数据。
- inverse_transform(X):将降维后的数据还原到原始空间。
- transform(X):将数据 X 转换到降维后的空间。
- score(X, y=None):计算所有样本的对数似然平均值。

【例 9-11】 使用 PCA 将一个 100 个样本、5 维的数据集降维到 2 维,并查看降维后的数据和方差比率。

1)准备数据。生成一个随机的 100 个样本、5 个特征的数据集。

```
import numpy as np
from sklearn.decomposition import PCA
import matplotlib.pyplot as plt
# 设置随机种子,生成 100 个样本,每个样本有 5 个特征
np.random.seed(0)
X = np.random.rand(100, 5)   # 数据集
X[:5]   # 显示部分原始数据
```

```
array([[0.5488135 , 0.71518937, 0.60276338, 0.54488318, 0.4236548 ],
       [0.64589411, 0.43758721, 0.891773  , 0.96366276, 0.38344152],
       [0.79172504, 0.52889492, 0.56804456, 0.92559664, 0.07103606],
       [0.0871293 , 0.0202184 , 0.83261985, 0.77815675, 0.87001215],
       [0.97861834, 0.79915856, 0.46147936, 0.78052918, 0.11827443]])
```

2)创建和训练模型。使用 PCA 算法将数据降维到 2 维。

[ ]:
```
pca = PCA(n_components=2)    # 创建 PCA 实例,设置降维后的主成分个数为 2
X_transformed = pca.fit_transform(X)    # 训练 PCA 模型并降维
X_transformed[:5]   # 显示部分降维后的数据
```

```
array([[ 0.12893433,  0.00552079],
       [ 0.41533495, -0.00333602],
       [ 0.12969153,  0.16412773],
       [ 0.24650397, -0.14045993],
       [ 0.16207752,  0.14991566]])
```

3)查看方差比率。通过 explained_variance_ratio_ 属性可以查看保留的主成分所占的方差比例。

[ ]:
```
# 显示保留主成分的方差比例
print("保留的主成分方差比例: ", pca.explained_variance_ratio_)
```
保留的主成分方差比例: [0.2679184 0.22563357]

这表示前两个主成分总共保留了 26.8%+22.6%=49.4%的方差信息。

4)还原数据。可以通过 inverse_transform 方法将降维后的数据还原回原始空间。

[ ]:
```
# 将降维后的数据还原回原始数据空间
invX = pca.inverse_transform(X_transformed)
invX[:5]   # 显示部分还原后的数据
```

```
array([[0.5094663 , 0.54974612, 0.53028485, 0.61213191, 0.56097775],
       [0.59286784, 0.63907698, 0.6909967 , 0.75138385, 0.70912814],
       [0.44813961, 0.61503821, 0.45553963, 0.71558942, 0.53195343],
       [0.59893186, 0.52804002, 0.66371123, 0.57678997, 0.6481907 ],
       [0.46269618, 0.6197219 , 0.4799729 , 0.72275077, 0.5511559 ]])
```

5)可视化结果。将原始数据和降维后的数据进行可视化。

[ ]:
```
# 绘制原始数据和降维后的数据
plt.figure(figsize=(8, 6))
plt.scatter(X[:, 0], X[:, 1], alpha=0.5, label="原始数据")
plt.scatter(X_transformed[:, 0], X_transformed[:, 1], alpha=0.8, label="降维数据")
plt.xlabel('特征 1')
plt.ylabel('特征 2')
plt.legend()
plt.title("PCA 数据降维可视化")
plt.show()
```

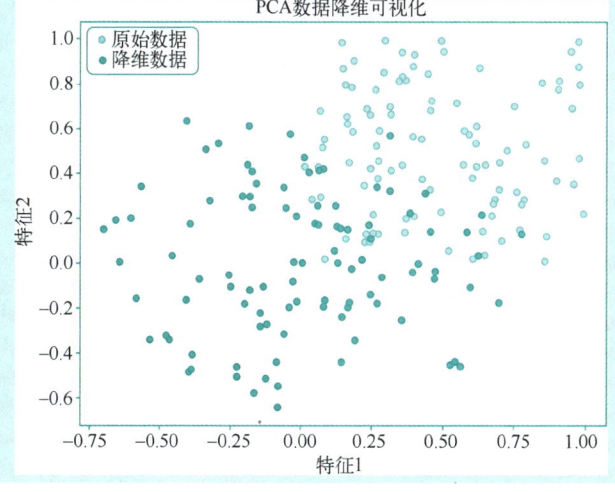

9.5　案例：学生出勤率与成绩预测分析及可视化

本案例根据学生的出勤率预测学生的平均成绩。

9.5.1　案例简介

本案例通过线性回归模型分析出勤率与学生平均成绩之间的关系，并预测新的出勤率对应的平均成绩。具体步骤如下。

1）数据生成：随机生成 50 名学生的学号，数学、英语、科学 3 门课程的成绩和出勤率数据。
2）数据处理：计算每名学生的 3 门课程的平均成绩，将其作为目标变量，与出勤率进行分析。
3）模型训练：为了预测出勤率与平均成绩之间的关系，可以使用回归模型（如线性回归）来拟合并分析它们之间的相关性。使用出勤率作为特征变量，平均成绩作为目标变量，训练线性回归模型，得到回归方程。
4）模型评估：通过均方误差（MSE）和决定系数（R^2）评估模型性能，并分析出勤率与平均成绩的线性关系。
5）结果预测：利用训练好的模型，输入一组新的出勤率，预测对应的学生平均成绩。
6）结果可视化：绘制出勤率与平均成绩的散点图、回归线以及新数据预测结果点，直观展示变量之间的关系和模型预测效果。

通过本案例，将完成生成数据、预处理数据、训练线性回归模型、评估模型性能以及使用模型进行预测，并掌握数据可视化的基本方法，是对机器学习回归分析的完整实践。

9.5.2　案例实现

1. 准备数据

生成数据，包括学生的 3 门课程成绩和出勤率。

```python
import numpy as np
import pandas as pd
from sklearn.model_selection import train_test_split
from sklearn.linear_model import LinearRegression
from sklearn.metrics import mean_squared_error, r2_score
import matplotlib.pyplot as plt
np.random.seed(42)    # 设置随机种子
# 生成学生数据
n_students = 50    # 设置学生数量为 50
attendance = np.random.uniform(60, 100, n_students)  # 生成出勤率，范围从 60%～100%
    # 使用出勤率来生成与之正相关的平均成绩
average_grade = 20 + 0.75 * attendance + np.random.normal(0, 5, n_students)
# 将数据整合到 DataFrame 中
df = pd.DataFrame({
    'StudentID': range(1, n_students + 1),
    'Math': np.random.randint(40, 100, n_students),      # 在 40～100 的范围内随机生成整数
    'English': np.random.randint(50, 100, n_students),   # 在 50～100 的范围内随机生成整数
    'Science': np.random.randint(30, 100, n_students),   # 在 30～100 的范围内随机生成整数
    'Attendance': attendance,
    'AverageGrade': average_grade
})
print(df.head())    # 显示数据的前 5 行
```

```
   StudentID  Math  English  Science  Attendance  AverageGrade
0          1    69       51       86   74.981605     79.928536
1          2    50       51       79   98.028572     94.378271
2          3    97       77       52   89.279758     86.381577
3          4    94       72       60   83.946339     81.454236
4          5    67       86       71   66.240746     62.287949
```

```python
# 特征和目标变量
X = df[['Attendance']]      # 特征：出勤率
y = df['AverageGrade']      # 目标：平均成绩
# 拆分数据集为训练集和测试集
X_train, X_test, y_train, y_test = train_test_split(X, y, test_size=0.3, random_state=42)
```

2. 训练模型

训练一个线性回归模型，将出勤率（Attendance）作为输入，平均成绩（AverageGrade）作为目标。

```python
linear_reg = LinearRegression()      # 创建线性回归模型
linear_reg.fit(X_train, y_train)     # 训练模型
# 获取模型参数
print(f'截距（Intercept）: {linear_reg.intercept_}')
print(f'系数（Coefficient）: {linear_reg.coef_[0]}')
```

```
截距（Intercept）: 24.233747117621718
系数（Coefficient）: 0.7000545896609995
```

3. 预测新出勤率

假设有一组新的出勤率，使用训练好的模型预测对应的平均成绩。

```python
# 假设新的出勤率
new_attendance = pd.DataFrame({'Attendance': [70, 80, 90, 95]})   # 如出勤率为70%、80%、90%、95%
predicted_grades = linear_reg.predict(new_attendance)             # 使用模型预测
# 输出预测结果
new_attendance['PredictedAverageGrade'] = predicted_grades
print(new_attendance)
```

```
   Attendance  PredictedAverageGrade
0          70              73.237568
1          80              80.238114
2          90              87.238660
3          95              90.738933
```

新输入的出勤率数据分别为 70%、80%、90%、95%，对应的预测平均成绩分别为 73.2、80.2、87.2、90.7。

线性回归模型的公式：AverageGrade=Intercept+Coefficient*Attendance

根据模型训练得到的参数：

- 截距（Intercept）为 24.23，表示在出勤率为 0%时，预测的平均成绩为 24.23 分。
- 系数（Coefficient）为 0.70，表示出勤率每增加 1%，平均成绩将增加约 0.70 分。

回归公式：AverageGrade=24.23+0.70*Attendance

通过代入新的出勤率，可以计算出预测的平均成绩。

从预测结果可以看出：平均成绩随着出勤率的增加而显著提高。对于每 10%的出勤率增长（如从 70%增长到 80%），平均成绩的提升大约为 7.0 分。这种趋势合理，表明出勤率对学生学习成绩的影响较大，更多的出勤可能意味着更好的学习参与和考试表现。

4. 模型评估

评估模型性能，包括均方误差（MSE）和 R^2 值。

```python
y_pred = linear_reg.predict(X_test)       # 预测测试集
```

```
# 计算评估指标
mse = mean_squared_error(y_test, y_pred)
r2 = r2_score(y_test, y_pred)
print(f'均方误差（MSE）：{mse}')
print(f'R² （决定系数）：{r2}')
```

```
均方误差（MSE）：19.46748818788022
R²（决定系数）：0.7495015882026659
```

在预测出勤率（Attendance）和平均成绩（AverageGrade）的关系时：

- MSE：表示模型预测的平均成绩与实际成绩之间的误差的平方平均值。例如，如果 MSE=19.46，说明模型的预测值与实际值的误差平方平均值为 19.46。值越小越好，说明预测值与实际值非常接近。
- R^2：表示出勤率能够解释平均成绩的比例。例如，如果 R^2=0.74，说明 74%的平均成绩的变化可以通过出勤率来解释，模型具有较高的解释能力，说明出勤率与平均成绩的线性关系显著。如果 R^2 接近 0 或为负值，则说明模型效果较差。

5. 可视化预测结果

绘制出勤率与平均成绩的关系，以及模型对新出勤率的预测。

```
# 绘制出勤率与平均成绩的散点图以及回归线
plt.figure(figsize=(8, 6))
# 绘制实际数据的散点图
plt.scatter(df['Attendance'], df['AverageGrade'], color='blue', label='实际数据', alpha=0.7)
# 绘制回归线
x_line = np.linspace(60, 100, 100)   # 生成出勤率范围从 60%到 100%
x_line_df = pd.DataFrame({'Attendance': x_line})   # 包装成带列名的 DataFrame
y_line = linear_reg.predict(x_line_df)   # 使用模型预测回归线
plt.plot(x_line, y_line, color='red', label='回归线', linewidth=2)
# 绘制新数据预测点
plt.scatter(new_attendance['Attendance'], new_attendance['PredictedAverageGrade'], color='green', label='预测结果', s=100, edgecolor='black')
# 添加标题、轴标签和图例
plt.title('回归分析：出勤率与平均成绩的关系', fontsize=14)
plt.xlabel('出勤率（%）', fontsize=12)
plt.ylabel('平均成绩', fontsize=12)
plt.legend(fontsize=10)
plt.grid(alpha=0.3)
plt.show()
```

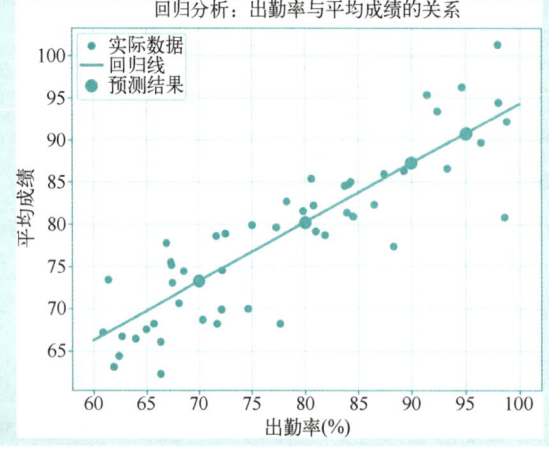

散点图显示了实际数据的出勤率与平均成绩关系。红色回归线表示出勤率与平均成绩的线性关系，绿色点表示模型对新出勤率的预测结果。在散点图上，预测的回归线接近数据点，说明拟合良好。少量数据点可能稍偏离回归线，这些点表示模型的预测有一定误差。

从图形中明显看到，出勤率与平均成绩呈正相关，较高的出勤率通常会导致更高的平均成绩。

习题

1. 线性模型：预测学生的数学成绩。学校对学生的数学成绩与学习时间进行调研，记录了 50 名学生的学习时间（小时）和数学成绩（百分制）。请基于这些数据建立线性回归模型，预测学生的数学成绩。要求：

1）使用 Scikit-learn 实现线性回归。

2）根据输入的学习时间（如 6 小时），预测对应的数学成绩。

3）可视化回归直线和数据点。

2. 分类模型：预测学生是否及格。记录了 100 名学生的学习时间（小时）和是否通过考试（及格=1，不及格=0）。请基于这些数据建立分类模型，预测某学生是否通过考试。要求：

1）使用 Scikit-learn 实现逻辑回归。

2）根据输入的学习时间（如 4 小时），预测该学生是否及格。

3）可视化决策边界。

3. 聚类模型：学生分组。记录 100 名学生的学习时间（小时）和出勤率（百分比）。请基于这些数据，利用聚类模型将学生分成 3 组（高效、中等、低效学习者）。要求：

1）使用 KMeans 聚类算法对学生进行分组。

2）可视化聚类结果（包括每个簇的中心点）。

4. 降维模型：学生成绩的特征降维。记录了 50 名学生的考试成绩，包括数学、英语、物理、化学 4 门课程的成绩。请利用 PCA 对成绩数据进行降维，将 4 门课程成绩降为两个主要维度并可视化。要求：

1）使用 PCA 对成绩数据进行降维。

2）可视化降维后的数据点。

项目 10 综合案例：货品销售数据分析与可视化

本项目围绕货品销售数据的处理与分析展开，旨在通过数据科学方法挖掘销售数据中的潜在价值。首先简要介绍项目背景并分析需求，随后详细讲解数据加载与预处理的步骤，包括去除冗余数据、修复缺失值及格式调整等操作。在数据清洗与规整基础上，重点分析货品配送服务的效率、销售区域的市场潜力以及商品质量对销售表现的影响。通过数据可视化手段，本项目为全面理解销售数据提供了系统化的方法支持。

知识目标	素养目标
◇ 掌握数据预处理的方法 ◇ 掌握数据分析与可视化的方法	◇ 培养数字化创新意识 ◇ 增强信息筛选与辨别能力

10.1 项目介绍和需求分析

本项目以一个经过脱敏处理的货品销售数据集为例，完整展示数据处理、分析和可视化的整个过程。

10.1.1 项目介绍

数据来自某企业的货品销售记录，包含多个重要字段，具体包括订单号、订单行、销售时间（即下单后物流公司接收货物的时间）、交货时间（签收货物的时间）、交货状况（按时交货、晚交货、缺少交货信息）、货品（货品 1~货品 6，已进行脱敏处理）、用户反馈（质量合格、返修、拒货）、销售区域（华东、华北、华南、华中、西南、西北）、销售数量及销售金额。这些货品销售数据保存在一个名为 data_goods.csv 的文件中，如图 10-1 所示，文件中仅包含一个工作表。

10.1.2 需求分析

本项目需要解决以下核心问题：
1）按月份、销售区域及货品分类统计按时交货率，分析配送效率和拒货原因。
2）按月份、销售区域及货品分类统计货品的销售情况，挖掘各区域销量增长的潜力。
3）分别从货品及销售区域的维度统计拒货率、合格率和返修率，深入分析货品质量相关问题。

项目 10 综合案例：货品销售数据分析与可视化

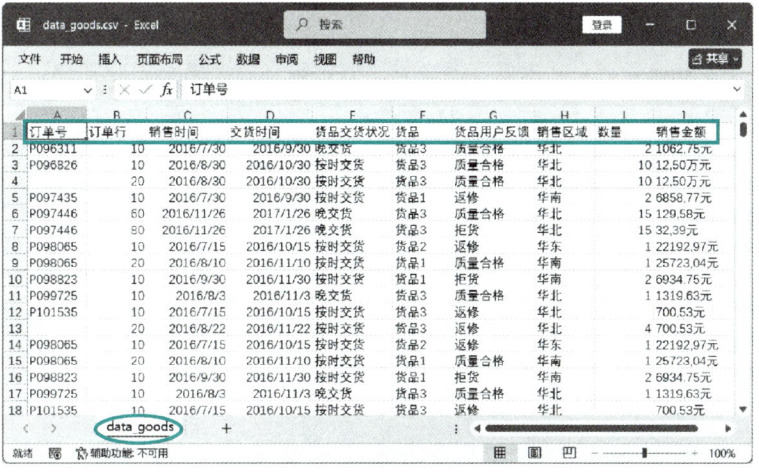

图 10-1　data_goods.csv 文件内容

10.2　导入模块与加载数据

10.2.1　创建项目

10.2 导入模块与加载数据

将 data_goods.csv 文件存储在 "D:\bigdata\goods\" 中。在 JupyterLab 左侧的 "文件浏览器" 窗格中，双击 goods 文件夹即可看到 data_goods.csv 文件，如图 10-2 所示。接着，在右侧的 "启动页" 窗格中，单击 "Python 3 (ipykernel)"，新建一个文件，并将其命名为 goods.ipynb，如图 10-3 所示。

图 10-2　进入 goods 文件夹

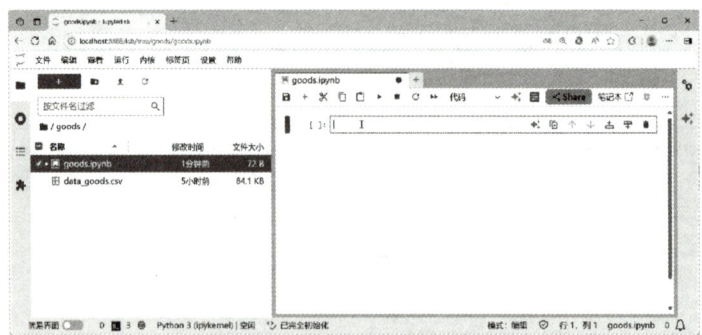

图 10-3　创建 goods.ipynb 文件

10.2.2　导入模块

本项目需要导入以下模块，用于数据处理、分析和可视化。

```python
import pandas as pd
import numpy as np
import matplotlib.pyplot as plt
plt.rcParams['font.sans-serif'] = 'SimHei'    # 设置图表中能够显示中文字符
```

10.2.3　加载数据

加载数据文件并显示其内容，初步观察发现数据共有 1161 行、10 列，数据结构与在 Excel 中的显示结果一致。

```python
data = pd.read_csv('D:/bigdata/goods/data_goods.csv', encoding='gbk')
data
```

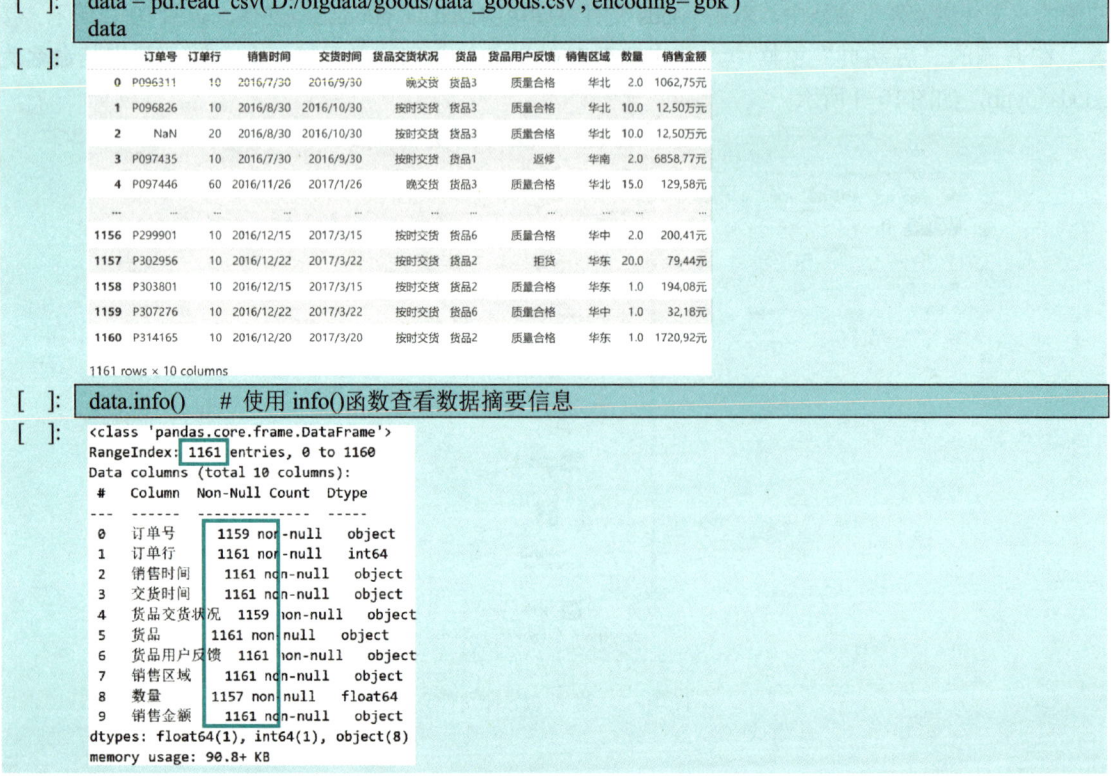

```python
data.info()    # 使用 info() 函数查看数据摘要信息
```

从上述信息中可以总结如下几点：

1）"订单号""货品交货状况"和"数量"列的数据行数少于 1161，说明这些列存在少量缺失值。

2）"订单行"列对数据分析无实质意义，可考虑删除。

3）"销售金额"列的数据类型为 object，且单位混用（包括"万元"和"元"），同时数据中包含逗号，需进一步处理以便进行分析。

10.3 数据预处理

在数据分析之前，需要对数据进行清洗和格式化处理，以确保其符合分析的要求。

10.3.1 删除重复值、缺失值和修改金额格式

1. 删除重复行

保留每组重复数据的第一行，并直接在原数据上修改。

```
[ ]: data.drop_duplicates(keep='first', inplace=True)
     data.info()
```

```
[ ]: <class 'pandas.core.frame.DataFrame'>
     Index: 1152 entries, 0 to 1160
     Data columns (total 10 columns):
      #   Column     Non-Null Count  Dtype
     ---  ------     --------------  -----
      0   订单号       1150 non-null   object
      1   订单行       1152 non-null   int64
      2   销售时间      1152 non-null   object
      3   交货时间      1152 non-null   object
      4   货品交货状况   1150 non-null   object
      5   货品         1152 non-null   object
      6   货品用户反馈   1152 non-null   object
      7   销售区域      1152 non-null   object
      8   数量         1150 non-null   float64
      9   销售金额      1152 non-null   object
     dtypes: float64(1), int64(1), object(8)
     memory usage: 99.0+ KB
```

运行结果显示，数据从原来的 1161 行减少到 1152 行，说明有 9 行重复数据被删除。

2. 删除缺失值

删除所有包含缺失值（NA 或 NaN）的记录。

```
[ ]: data.dropna(axis=0, how='any', inplace=True)   # 'any'表示这行中只要有一个na，则删除整行
     data.info()
```

```
[ ]: <class 'pandas.core.frame.DataFrame'>
     Index: 1146 entries, 0 to 1160
     Data columns (total 10 columns):
      #   Column     Non-Null Count  Dtype
     ---  ------     --------------  -----
      0   订单号       1146 non-null   object
      1   订单行       1146 non-null   int64
      2   销售时间      1146 non-null   object
      3   交货时间      1146 non-null   object
      4   货品交货状况   1146 non-null   object
      5   货品         1146 non-null   object
      6   货品用户反馈   1146 non-null   object
      7   销售区域      1146 non-null   object
      8   数量         1146 non-null   float64
      9   销售金额      1146 non-null   object
     dtypes: float64(1), int64(1), object(8)
     memory usage: 98.5+ KB
```

现在所有列中的数据记录数为 1146 行，表明数据集中已不存在缺失值的记录。

3. 删除"订单行"列

由于"订单行"列对分析无实际意义，直接将其删除。

[ ]: data.drop(columns=['订单行'], inplace=True, axis=1)
data.info()

[ ]:
```
<class 'pandas.core.frame.DataFrame'>
Index: 1146 entries, 0 to 1160
Data columns (total 9 columns):
 #   Column     Non-Null Count  Dtype
---  ------     --------------  -----
 0   订单号       1146 non-null   object
 1   销售时间     1146 non-null   object
 2   交货时间     1146 non-null   object
 3   货品交货状况  1146 non-null   object
 4   货品         1146 non-null   object
 5   货品用户反馈  1146 non-null   object
 6   销售区域     1146 non-null   object
 7   数量         1146 non-null   float64
 8   销售金额     1146 non-null   object
dtypes: float64(1), object(8)
memory usage: 89.5+ KB
```

删除后，数据从 10 列减少到 9 列。需要注意，此代码只能运行一次。如果再次运行会报错，因为"订单行"列已被删除。如需重新运行，应从加载数据开始执行程序。

4. 更新索引

删除重复行和缺失值后，行索引会变得不连续。

[ ]: data

[ ]:
	订单号	销售时间	交货时间	货品交货状况	货品	货品用户反馈	销售区域	数量	销售金额
0	P096311	2016/7/30	2016/9/30	晚交货	货品3	质量合格	华北	2.0	1062,75元
1	P096826	2016/8/30	2016/10/30	按时交货	货品3	质量合格	华北	10.0	12,50万元
3	P097435	2016/7/30	2016/9/30	晚交货	货品1	返修	华南	2.0	6858,77元
4	P097446	2016/11/26	2017/1/26	晚交货	货品3	质量合格	华北	15.0	129,58元
5	P097446	2016/11/26	2017/1/26	晚交货	货品3	拒收	华北	15.0	32,39元
...	...	...	...	...	...	...	...	...	...
1156	P299901	2016/12/15	2017/3/15	按时交货	货品6	质量合格	华中	2.0	200,41元
1157	P302956	2016/12/22	2017/3/22	按时交货	货品2	拒收	华东	20.0	79,44元
1158	P303801	2016/12/15	2017/3/15	按时交货	货品2	质量合格	华东	1.0	194,08元
1159	P307276	2016/12/22	2017/3/22	按时交货	货品6	质量合格	华中	1.0	32,18元
1160	P314165	2016/12/20	2017/3/20	按时交货	货品2	质量合格	华东	1.0	1720,92元

1146 rows × 9 columns

为使索引连续，可重置索引，此操作确保索引编号从 0 开始连续排列。

[ ]: data.reset_index(drop=True, inplace=True)   # drop=True 把原来的索引 index 列删除，重置 index
data

[ ]:
	订单号	销售时间	交货时间	货品交货状况	货品	货品用户反馈	销售区域	数量	销售金额
0	P096311	2016/7/30	2016/9/30	晚交货	货品3	质量合格	华北	2.0	1062,75元
1	P096826	2016/8/30	2016/10/30	按时交货	货品3	质量合格	华北	10.0	12,50万元
2	P097435	2016/7/30	2016/9/30	晚交货	货品1	返修	华南	2.0	6858,77元
3	P097446	2016/11/26	2017/1/26	晚交货	货品3	质量合格	华北	15.0	129,58元
4	P097446	2016/11/26	2017/1/26	晚交货	货品3	拒收	华北	15.0	32,39元
...	...	...	...	...	...	...	...	...	...
1141	P299901	2016/12/15	2017/3/15	按时交货	货品6	质量合格	华中	2.0	200,41元
1142	P302956	2016/12/22	2017/3/22	按时交货	货品2	拒收	华东	20.0	79,44元
1143	P303801	2016/12/15	2017/3/15	按时交货	货品2	质量合格	华东	1.0	194,08元
1144	P307276	2016/12/22	2017/3/22	按时交货	货品6	质量合格	华中	1.0	32,18元
1145	P314165	2016/12/20	2017/3/20	按时交货	货品2	质量合格	华东	1.0	1720,92元

1146 rows × 9 columns

5. 修改金额格式

为了统一"销售金额"列的格式，需要编写一个自定义函数对金额进行处理。该函数的功能为：如果单位为"万元"，去掉逗号和"万元"，转换为浮点数后乘以 10000。如果单位为"元"，去掉逗号和"元"，直接转换为浮点数。

```
def data_deal(number):
    if '万元' in number:          # 如果金额单位为万元
        number_new = float(number.replace('万元', '').replace(',', '')) * 10000
    else:                         # 如果金额单位为元
        number_new = float(number.replace('元', '').replace(',', ''))
    return number_new
```

用 map()函数对"销售金额"列逐一应用自定义函数。

```
data['销售金额'] = data['销售金额'].map(data_deal)    # 把修改后的数据保存到原来的 data
data
```

	订单号	销售时间	交货时间	货品交货状况	货品	货品用户反馈	销售区域	数量	销售金额
0	P096311	2016/7/30	2016/9/30	晚交货	货品3	质量合格	华北	2.0	106275.0
1	P096826	2016/8/30	2016/10/30	按时交货	货品3	质量合格	华北	10.0	12500000.0
2	P097435	2016/7/30	2016/9/30	按时交货	货品1	返修	华南	2.0	685877.0
3	P097446	2016/11/26	2017/1/26	晚交货	货品3	质量合格	华北	15.0	12958.0
4	P097446	2016/11/26	2017/1/26	晚交货	货品3	拒货	华北	15.0	3239.0
...	...	...	...	...	...	...	...	...	...
1141	P299901	2016/12/15	2017/3/15	按时交货	货品6	质量合格	华中	2.0	20041.0
1142	P302956	2016/12/22	2017/3/22	按时交货	货品2	拒货	华东	20.0	7944.0
1143	P303801	2016/12/15	2017/3/15	按时交货	货品2	质量合格	华东	1.0	19408.0
1144	P307276	2016/12/22	2017/3/22	按时交货	货品6	质量合格	华中	1.0	3218.0
1145	P314165	2016/12/20	2017/3/20	按时交货	货品2	质量合格	华东	1.0	172092.0

1146 rows × 9 columns

运行上述代码后,"销售金额"列的数据已被成功格式化为浮点数。

注意：再次运行该代码会报错,因为"销售金额"列已被转换为浮点数,无法再使用字符串方法处理。如果需要重新运行,请从数据加载开始,重新执行整个数据处理流程。

10.3.2 异常值处理和偏态分布

异常值通常表现为以下两种情况：
1) 销售金额为 0 的记录。
2) 销售数量和销售金额的标准差远大于均值,具体表现为标准差超过均值的 8 倍以上。

接下来,通过描述性统计分析来识别并处理异常值。

1. 描述性统计分析

查看数据的描述性统计信息。

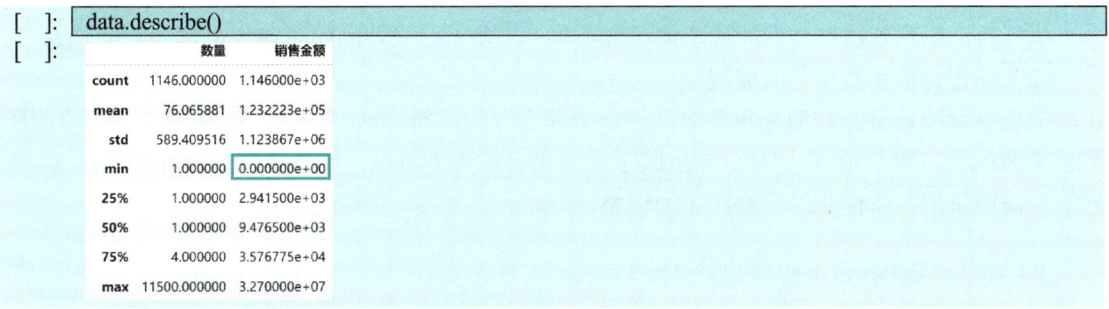

1) 在 min 行中,销售金额的最小值为 0,且其对应的销售数量为 1,表明这些记录的数量非常少。对于这种情况,这里选择删除。

2) 在 mean 行中,销售数量的平均值约为 76,而标准差（std）约为 589,标准差是均值的 8 倍以上,说明存在较大波动。

3) 在 50%（中位数）行中,销售数量的中位数为 1,而平均销量为 76,表明数据中有一部分销量远大于 76，且数据呈现右偏分布（中位数与均值差距较大）。

4）查看销售金额时，发现其 mean（均值）为 10^5 量级，而 50%（中位数）为 10^3 量级，两者相差两个数量级。由此可以推测，销售金额的分布同样是右偏的，即存在一些极端的高销售单，拉高了平均值。

2．右偏分布

数据右偏是指均值大于中位数的情况，如图 10-4 所示。均值位于中位数的右侧，这种分布称为右偏分布。反之，如果均值小于中位数，则为左偏分布。若均值和中位数相等，则表示数据呈对称分布。

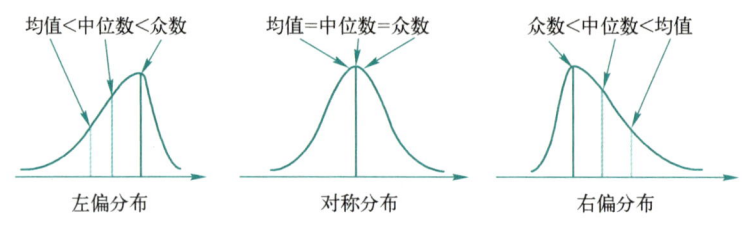

图 10-4　众数、中位数和均值的关系

3．处理方法

（1）销售金额为 0 的情况

针对销售金额为 0 的记录，选择删除这些行，因为该类数据的数量非常小。如果数据量较大，删除方法可能不适用，需考虑其他处理方式。

```
[ ]:  data = data[data['销售金额'] != 0]    # 删除销售金额为 0 的行，并将结果保存在原数据中
      data.describe()
```

```
[ ]:
              数量            销售金额
      count   1145.000000    1.145000e+03
      mean    76.134934      1.224557e+05
      std     589.669861     1.115081e+06
      min     1.000000       5.100000e+01
      25%     1.000000       2.946000e+03
      50%     1.000000       9.486000e+03
      75%     4.000000       3.577300e+04
      max     11500.000000   3.270000e+07
```

执行后，观察到销售金额的最小值已经不为 0，表明已成功删除了销售金额为 0 的记录。

（2）销售金额和数量的右偏现象

销售金额和数量的右偏分布在电商行业中非常普遍，符合所谓的"二八法则"（20%的用户贡献了 80%的消费金额）。这种分布反映了电商平台的典型特点，因此不需要额外处理。这类数据的右偏现象是电商行业的常态，无须调整。

10.3.3　月份列的数据规范化

在分析问题时，需要按月份分组进行统计，例如，统计某个月的货品交货状况。为便于分析，需要在数据中增加一个辅助列"月份"。与日期相关的字段包括"销售时间"和"交货时间"。本任务从"销售时间"中提取月份信息。提取月份的两种方法如下：

- 字符串截取。直接将"销售时间"列的字符串按位置截取出月份部分（适用于日期格式为字符串的情况）。

- 日期时间类型转换。先将"销售时间"列转换为日期时间类型，再提取月份。这种方法更通用，推荐使用。

将"销售时间"列转换为日期时间类型，并新增"月份"列来保存提取的月份信息。

```
[ ]: data = data.copy()     # 如果 data 是从其他 DataFrame 筛选来的，先复制一份
     data['销售时间'] = pd.to_datetime(data['销售时间'])   # 转换"销售时间"为 datetime 类型
     data['月份'] = data['销售时间'].dt.month    # 取出月份后，保存到 data 中新建的月份列
     data    # 查看处理后的数据
```

[ ]:
	订单号	销售时间	交货时间	货品交货状况	货品	货品用户反馈	销售区域	数量	销售金额	月份
0	P096311	2016-07-30	2016/9/30	晚交货	货品3	质量合格	华北	2.0	106275.0	7
1	P096826	2016-08-30	2016/10/30	按时交货	货品3	质量合格	华北	10.0	12500000.0	8
2	P097435	2016-07-30	2016/9/30	按时交货	货品1	返修	华南	2.0	685877.0	7
3	P097446	2016-11-26	2017/1/26	晚交货	货品3	质量合格	华北	15.0	12958.0	11
4	P097446	2016-11-26	2017/1/26	晚交货	货品3	拒货	华北	15.0	3239.0	11
1141	P299901	2016-12-15	2017/3/15	按时交货	货品6	质量合格	华中	2.0	20041.0	12
1142	P302956	2016-12-22	2017/3/22	按时交货	货品2	拒货	华东	20.0	7944.0	12
1143	P303801	2016-12-15	2017/3/15	按时交货	货品2	质量合格	华东	1.0	19408.0	12
1144	P307276	2016-12-22	2017/3/22	按时交货	货品6	质量合格	华中	2.0	3218.0	12
1145	P314165	2016-12-20	2017/3/20	按时交货	货品1	质量合格	华东	1.0	172092.0	12

1145 rows × 10 columns

.dt.month 是 pandas 提供的专用方法，比 apply(lambda x: x.month)更高效、更清晰。

10.4 数据分析与可视化

10.4.1 货品配送服务分析

10.4.1
货品配送服务分析

在分析配送服务时，观察"货品交货状况"列，其中有"按时交货"和"晚交货"两种情况。同时，需要注意一些数据开头可能带有空格，需进行处理。

1. 从月份角度分析配送服务的情况

按月份分组统计按时交货率，并将分组后的数据存储到 data1 中。

1) 按月份和货品交货状况进行分组，分别统计按时交货和晚交货的数量。

```
[ ]: data.loc[:,'货品交货状况'] = data['货品交货状况'].str.strip() # 删除"货品交货状况"列中的首尾空格
     data1 = data.groupby(['月份', '货品交货状况']).size()    # 按月份和货品交货状况进行分组统计
     data1
```

[ ]:
```
月份  货品交货状况
7   按时交货      189
    晚交货        13
8   按时交货      218
    晚交货        35
9   按时交货      122
    晚交货         9
10  按时交货      238
    晚交货        31
11  按时交货      101
    晚交货        25
12  按时交货      146
    晚交货        18
dtype: int64
```

通过此步骤，看到按月份分组统计的交货状况，包括"按时交货"和"晚交货"两种情况。例如，7 月份按时交货为 189 次，晚交货为 13 次。为了更直观地展示数据，可以使用 unstack()函数将交货状况转换为列。

```
[ ]: data1 = data.groupby(['月份', '货品交货状况']).size().unstack()    # 将交货状况转换为行索引
     data1
```

货品交货状况	按时交货	晚交货
月份		
7	189	13
8	218	35
9	122	9
10	238	31
11	101	25
12	146	18

2）计算每个月的按时交货率，按时交货率的计算公式为：按时交货率=按时交货数量/(按时交货数量+晚交货数量)。通过计算，增加一个新列"按时交货率"。

```
data1['按时交货率'] = data1['按时交货'] / (data1['按时交货'] + data1['晚交货'])    # 计算按时交货率
data1
```

货品交货状况	按时交货	晚交货	按时交货率
月份			
7	189	13	0.935644
8	218	35	0.861660
9	122	9	0.931298
10	238	31	0.884758
11	101	25	0.801587
12	146	18	0.890244

从按时交货率的结果来看，7~9 月的按时交货率高于 10~12 月，这可能与气候因素有关。

2. 从销售区域角度分析配送服务的情况

从销售区域的角度进行分析，可以按照与月份分组相同的方式，只需将分组的"月份"替换为"销售区域"，并保持"货品交货状况"不变，计算各销售区域的按时交货率。

```
# 按销售区域和货品交货状况分组
data1 = data.groupby(['销售区域', '货品交货状况']).size().unstack()
data1['按时交货率'] = data1['按时交货'] / (data1['按时交货'] + data1['晚交货'])    # 计算按时交货率
data1
```

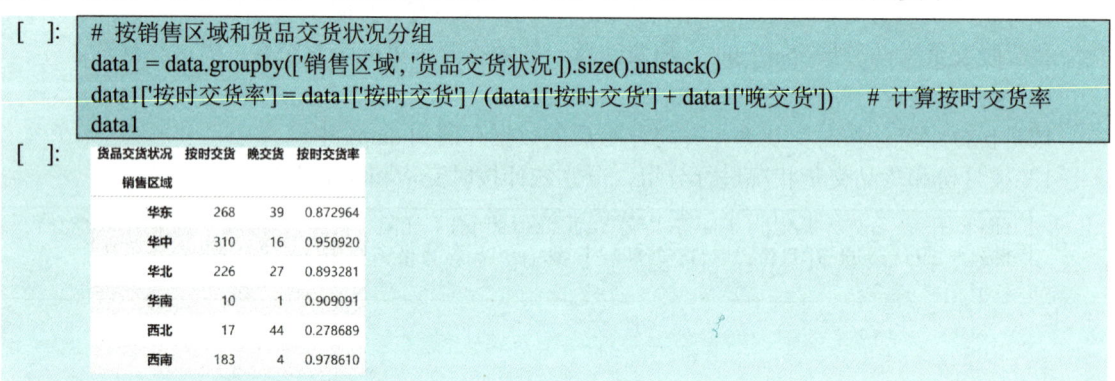

从按销售区域统计的按时交货率结果来看，华东地区的按时交货率约为 0.87。为了便于对比，可以将按时交货率按降序排列。

```
data1.sort_values(by='按时交货率', ascending=False)    # 按时交货率降序排列
```

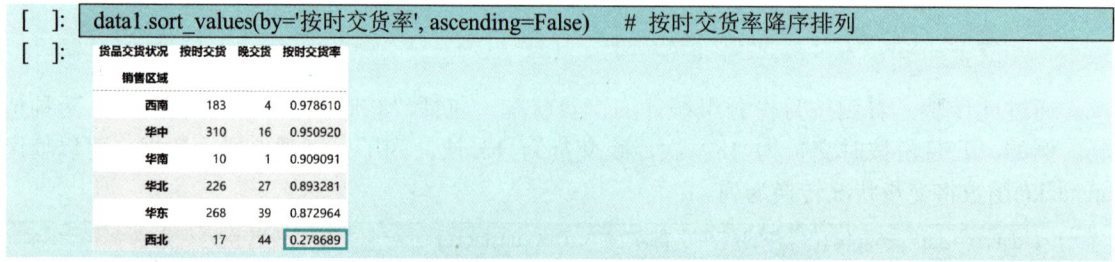

从统计结果中可以看出，西北地区的按时交货率较低，存在严重的延时交货问题。

3. 从货品角度分析配送服务的情况

类似地,可以将"销售区域"替换为"货品",并保持"货品交货状况"不变,按货品分组分析按时交货率。

```
data1 = data.groupby(['货品', '货品交货状况']).size().unstack()    # 按货品和货品交货状况分组
data1['按时交货率'] = data1['按时交货'] / (data1['按时交货'] + data1['晚交货'])    # 计算按时交货率
data1.sort_values(by='按时交货率', ascending=False)    # 按时交货率降序排列
```

货品交货状况	按时交货	晚交货	按时交货率
货品			
货品5	183	4	0.978610
货品6	309	7	0.977848
货品1	27	2	0.931034
货品3	212	26	0.890756
货品2	269	48	0.848580
货品4	14	44	0.241379

从结果来看,按时交货率最高的是货品5,最低的是货品4,其余商品的按时交货率相对较好。

4. 从货品与销售区域结合的方式分析配送服务的情况

结合货品和销售区域两个维度来统计按时交货率,可以按照以下方式进行分析。

```
# 按货品和销售区域、货品交货状况分组
data1 = data.groupby(['货品', '销售区域', '货品交货状况']).size().unstack()
data1['按时交货率'] = data1['按时交货'] / (data1['按时交货'] + data1['晚交货'])    # 计算按时交货率
data1.sort_values(by='按时交货率', ascending=False)    # 按时交货率降序排列
```

货品	货品交货状况 销售区域	按时交货	晚交货	按时交货率
货品5	西南	183.0	4.0	0.978610
货品6	华中	309.0	7.0	0.977848
货品1	华北	14.0	1.0	0.933333
	华南	10.0	1.0	0.909091
货品3	华北	212.0	26.0	0.890756
货品2	华东	268.0	39.0	0.872964
货品4	西北	14.0	44.0	0.241379
货品2	华中	1.0	9.0	0.100000
货品1	西北	3.0	NaN	NaN

从这组数据中可以得出以下结论:

1)销售区域:按时交货率最低的是西北地区。对于西北地区,主要的原因是货品4的按时交货率较低。经查看 data_goods.csv 中的货品1,发现该货品没有晚交货记录,因而计算出的按时交货率显示为 NaN。

2)货品:从货品的角度分析,按时交货率最低的是货品2,尤其是在华东和华中地区,主要是由华中地区的延时交货问题导致的。

10.4.2 销售区域潜力分析

从多个维度分析不同销售区域的潜力,明确哪些区域具有更大的发展空间。

1. 从月份角度分析

通过月份维度,查看每个月货品的销售情况。假设数据覆盖 6 个月,并包含 6 种商品,需要统计每个月每种货品的销售数量,并分析各月份的销售份额。

(1)分组统计

按月份和货品分组,统计各月份中每种货品的销售数量,将结果保存在 data1 中。例如,

统计 7 月份中货品 1 和货品 2 的销售数量。

```
[ ]: data1 = data.groupby(['月份', '货品'])['数量'].sum()    # 按月份和货品分组，统计销售数量
     data1
```

```
[ ]: 月份  货品
     7    货品1    283.0
          货品2    491.0
          货品3   2041.5
          货品4    414.0
          货品5    733.0
          货品6   1649.0
     8    货品1   1413.0
          货品2   3143.0
          ...
```

上述数据按月份分组显示，再按每种货品统计销售数量。为了更直观地查看数据，可以将货品转换为列显示，unstack()会将"货品"这一层从行索引转换成列索引，类似"透视表"。

```
[ ]: data1 = data.groupby(['月份', '货品'])['数量'].sum().unstack()    # 将货品转换为列显示
     data1       # 每一行表示一个"月份"，每一列表示一个"货品"，单元格中是"销售数量"
```

货品	货品1	货品2	货品3	货品4	货品5	货品6
月份						
7	283.0	491.0	2041.5	414.0	733.0	1649.0
8	1413.0	3143.0	1045.0	1188.0	2381.0	1181.0
9	1693.0	3020.0	2031.0	NaN	271.0	343.0
10	4.0	28420.0	1684.0	2542.0	1984.0	2358.0
11	20.0	2042.0	100.0	3.0	14.0	383.0
12	4.0	18205.0	2172.0	1082.0	350.0	2487.0

（2）绘制折线图

使用折线图展示每种货品在各月份的销售情况。

```
[ ]: data1.plot(kind='line')    # 绘制折线图
```

```
[ ]: <Axes: xlabel='月份'>
```

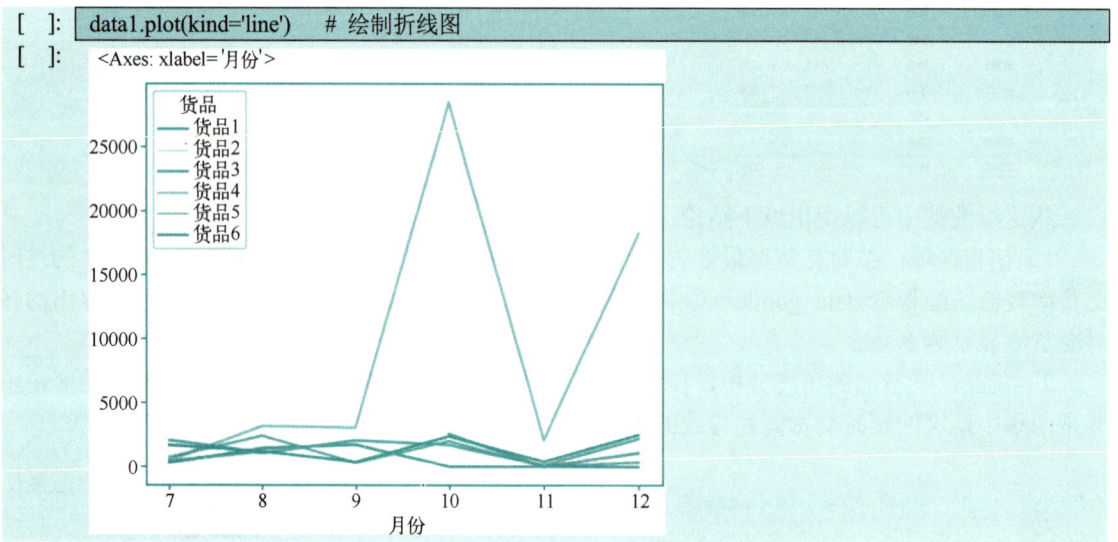

通过分析折线图，可以发现货品 2 在 10 月和 12 月的销量异常地高于其他月份，而其他月份的销量相对平稳。这可能是由于公司在这些月份加大了推广力度或开拓了新市场（可以通过分析销售区域数据进一步确认）。这一现象需要与公司进一步核实原因。

2．从销售区域角度分析

从销售区域的角度，分析各区域不同货品的销售情况。统计每个销售区域中各货品的销售数量。

（1）分组统计

将分组字段中的"月份"替换为"销售区域"，统计各销售区域中货品的销售数量。

```
[ ]:    data1 = data.groupby(['销售区域', '货品']).size().unstack()
        data1
```

```
[ ]:    货品    货品1   货品2   货品3   货品4   货品5   货品6
        销售区域
        华东    NaN   307.0  NaN   NaN   NaN   NaN
        华中    NaN   10.0   NaN   NaN   NaN   316.0
        华北    15.0  NaN    238.0 NaN   NaN   NaN
        华南    11.0  NaN    NaN   NaN   NaN   NaN
        西北    3.0   NaN    NaN   58.0  NaN   NaN
        西南    NaN   NaN    NaN   NaN   187.0 NaN
```

（2）结果分析

从分组结果可以看到，每种货品的销售区域数在 1～3 之间。例如，货品 1 在 3 个销售区域有销售，货品 2 在两个销售区域有销售，其余货品仅在 1 个销售区域有销售。NaN 表示该销售区域没有销售该货品。

如果需要进一步分析，可以使用堆叠表结构将数据展平。

```
[ ]:    # 堆叠数据，转换为层次化索引
        data1 = data.groupby(['销售区域', '货品'])['数量'].sum().unstack().stack()
        data1
```

```
[ ]:    销售区域  货品
        华东    货品2   307.0
        华中    货品2   10.0
              货品6   316.0
        华北    货品1   15.0
              货品3   238.0
        华南    货品1   11.0
        西北    货品1   3.0
              货品4   58.0
        西南    货品5   187.0
        dtype: float64
```

3. 从月份和销售区域的结合角度分析

结合月份和销售区域两个维度，统计每个月中每个销售区域的各货品销售数量。分组字段包括"月份""销售区域"和"货品"，统计项目为"数量"。

（1）分组统计

按月份、销售区域和货品分组，统计销售数量。

```
[ ]:    data1 = data.groupby(['月份', '销售区域', '货品'])['数量'].sum()
        data1    # 限于篇幅，仅显示部分数据
```

```
[ ]:    月份  销售区域  货品
        7   华东    货品2   489.0
            华中    货品2   2.0
                  货品6   1649.0
            华北    货品1   1.0
                  货品3   2041.5
            华南    货品1   282.0
            西北    货品4   414.0
            西南    货品5   733.0
        8   华东    货品2   1640.0
        ...
```

为了更好地展示数据，可以使用 unstack() 将数据展开。

```
[ ]:    data1 = data.groupby(['月份', '销售区域', '货品'])['数量'].sum().unstack()   # 展开数据，将货品作为列
        data1
```

```
[ ]:        货品1  货品2  货品3  货品4  货品5  货品6
     月份 销售区域
     7    华东    NaN  489.0  NaN    NaN    NaN    NaN
          华中    NaN    2.0  NaN    NaN    NaN  1649.0
          华北    1.0   NaN  2041.5  NaN   NaN    NaN
          华南  282.0  NaN   NaN    NaN    NaN    NaN
          西北   NaN   NaN   NaN  414.0   NaN    NaN
          西南   NaN   NaN   NaN   NaN   733.0   NaN
     8    华东   NaN  1640.0  NaN    NaN    NaN    NaN
          ...
```

（2）聚焦货品 2 的销售情况

进一步查看货品 2 在不同销售区域的销售情况。

```
[ ]:  data1['货品 2']    # 查看货品 2 在不同销售区域的销售数量
[ ]:  月份  销售区域
      7    华东     489.0
           华中       2.0
           华北     NaN
           华南     NaN
           西北     NaN
           西南     NaN
      8    华东    1640.0
      ...
```

（3）结果分析

从统计结果中可以发现：

1）在 10 月和 12 月，华东地区的销量大幅增加，但其他销售区域未见显著变化。

2）增长主要集中在华东地区原有的销售渠道，未开拓新的市场。可能是公司在华东地区加大了营销力度，导致销量显著增长。

建议：基于分析结果，货品 2 在华东地区具有较大的发展潜力。建议公司进一步加大营销力度，同时尝试开拓其他潜在区域市场，以进一步提升整体销量。

10.4.3 商品质量分析

商品质量问题可以通过"货品用户反馈"列进行分析，如图 10-1 所示。"货品用户反馈"列的内容包括"质量合格""返修"和"拒货"。可以按照货品种类和销售区域分组，统计不同货品在不同区域的用户反馈情况。

1. 数据预处理与分组统计

首先，对"货品用户反馈"列进行基本清理。由于该字段为字符串类型，需要删除首尾的空格。接着，按照"货品"和"销售区域"分组，统计不同反馈值的数量。

注意：这里不需要对字符串进行求和，而是通过统计每种值的数量完成分析。

```
[ ]:  data.loc[:, '货品用户反馈'] = data['货品用户反馈'].str.strip()   # 删除"货品用户反馈"列中首尾空格
      # 按货品和销售区域分组，统计用户反馈数量
      data1 = data.groupby(['货品', '销售区域'])['货品用户反馈'].value_counts().unstack()
      data1
```

```
[ ]:          货品用户反馈  拒货  质量合格  返修
     货品   销售区域
     货品1    华北       NaN    3.0   12.0
            华南        5.0    4.0    2.0
            西北       NaN    1.0    2.0
     货品2    华东       72.0  184.0  51.0
            华中        6.0    1.0    3.0
     货品3    华北       31.0  188.0   7.0
     货品4    西北       NaN    9.0   49.0
     货品5    西南       14.0  144.0  29.0
     货品6    华中       56.0  246.0  14.0
```

运行结果显示了不同货品在各销售区域的"拒货""质量合格"和"返修"的数量分布。

2．计算拒货率、合格率和返修率

为了深入分析商品质量问题，计算每件货品在不同销售区域的拒货率、合格率和返修率。具体计算公式如下：

$$拒货率 = 该货品在某区域的拒货数量 / 该区域用户反馈总数$$

$$返修率 = 该货品在某区域的返修数量 / 该区域用户反馈总数$$

$$合格率 = 该货品在某区域的质量合格数量 / 该区域用户反馈总数$$

```
# 按行汇总用户反馈总数
data1['拒货率'] = data1['拒货'] / data1.sum(axis=1)
data1['返修率'] = data1['返修'] / data1.sum(axis=1)
data1['合格率'] = data1['质量合格'] / data1.sum(axis=1)
# 按合格率、返修率和拒货率排序，便于分析
data1.sort_values(['合格率', '返修率', '拒货率'], ascending=False)
```

货品	货品用户反馈 销售区域	拒货	质量合格	返修	拒货率	返修率	合格率
货品3	华北	31.0	188.0	19.0	0.130252	0.079788	0.789219
货品6	华中	56.0	246.0	14.0	0.177215	0.044279	0.777936
货品5	西南	14.0	144.0	29.0	0.074866	0.155018	0.769108
货品2	华东	72.0	184.0	51.0	0.234528	0.165997	0.598568
货品1	华南	5.0	4.0	2.0	0.454545	0.174603	0.343963
	西北	NaN	1.0	2.0	NaN	0.666667	0.272727
	华北	NaN	3.0	12.0	NaN	0.800000	0.189873
货品4	西北	NaN	9.0	49.0	NaN	0.844828	0.152945
货品2	华中	6.0	1.0	3.0	0.600000	0.283019	0.091886

通过上述计算，可以清晰地分析各货品在不同销售区域的质量反馈。

3．分析与建议

从统计结果中可以得出以下结论：

1）合格率较高的货品：货品3、6、5的合格率较高，返修率较低，质量问题较少。

2）合格率较低的货品：货品2、1、4的合格率较低，返修率较高，说明这几类货品存在较多质量问题。

3）区域分析。货品2在华中地区的拒货率最高。同时结合之前的按时交货率分析，货品2在华中地区的按时交货率也非常低。这可能表明，华中地区的客户对送货时效性要求较高，如果不能按时到货，往往会选择拒收。

货品2在华东地区销售量较大且质量反馈良好。

建议：

1）对于货品2，应加大对华东地区的市场投入，进一步扩大市场占有率。

2）考虑到货品2在华中地区的拒货率和交货率较低，可以适当减少华中地区的营销投入，并优化该地区的配送服务。

3）针对货品1和4，应分析质量问题的根源，重点改善生产和供应链管理，提升产品质量和客户满意度。

参 考 文 献

[1] 黑马程序员. Python 数据分析与应用：从数据获取到可视化[M]. 2 版. 北京：中国铁道出版社，2024.
[2] 李辉，倪健. Python 大数据分析与可视化[M]. 北京：清华大学出版社，2023.
[3] 吴道君，沈阳，陈素霞. Python 大数据分析[M]. 北京：中国铁道出版社，2024.
[4] 曾文权，张良均. Python 数据分析与应用[M]. 2 版. 北京：人民邮电出版社，2021.
[5] 杨国俊. Python 数据分析入门与实战[M]. 北京：机械工业出版社，2020.